RASPBERRY PI

라즈베리파이 3 을 이용한

사물인터넷 기초부터 실무까지

와이파이, 블루투스, 적외선리모컨, 센서, 모터, 안드로이드폰

김경희 · 김장욱 · 김경연 공저

동일출판사

PREFACE

머리말

현대를 살아가고 있는 우리는, 직장이나 가정에서 많은 시간을 컴퓨터와 더불어 생활하고 있다, 컴퓨터로부터 많은 정보와 지식을 얻기도 하고, 컴퓨터를 이용하여 쇼핑도 하고, 교통편이나 숙박시설을 예약하기도 한다.

정말 대단한 장비다!!! 컴퓨터를 사용할 때마다 드는 생각이다.
그런데 문제는… 이렇게 거의 모든 일을 처리할 수 있는 능력을 가지고 있는 장비를 가지고 있으면서, 나는 왜? 눈앞에 있는 저 전등 하나도 끄지 못하는 걸까? 전자를 공부한 나에게는 많은 I/O Bit 중 하나만이라도 제어할 수 있는 방법만 있으면 되는데……
이것이 바로 라즈베리파이를 선택하게 된 동기이다.

라즈베리파이는 사실상 컴퓨터로 만들어진 제품이고, 기능면에서도 컴퓨터와 크게 다르지 않다. 속도 면에서 조금 뒤지는 것은 사실이지만, 그 대신 컴퓨터에 없는 단순 I/O 포트를 가지고 있다. 이 말은 하드웨어를, 상위 레벨 Language를 사용하여 제어할 수 있는 방법이 생겼다는 뜻이다.
쉽게 배울 수 있는 Language만 있다면, 누구나 하드웨어를 제어할 수 있다!!! 얼마나 멋있는 말인가?

저자가 파이선을 선택한 이유이기도 하다.
파이선은 문법이 매우 간단하다. 배우기 쉬울 뿐 아니라, OOP를 기반으로 하고 있기 때문에 –전문가들의 전문 지식을– 초보자들이 라이브러리로 활용할 수 있는 장점을 가진 언어이다,
다시 말하면 라이브러리만 있다면 거의 모든 일을 할 수 있다는 뜻이며, 실질적으로 엄청난 양의 라이브러리가 제공되는 언어이기도 하다.
저자는 프로그램에 익숙하지 않고, 하드웨어 제어에 대한 지식이 없는 독자들을 위하여 이 책을 집필하였다.

PREFACE

머리말

이 책은 Language에 익숙하지 않은 독자들을 위하여 4편으로 구성하였다.

1편은 라즈비안 OS를 인스톨하는 방법과 프로그램을 작성할 때 필요한 환경을 설정하는 방법에 대하여 집필하였으며,

2편은 파이선 Language를 사용하는 방법을 설명하기 위하여 마련하였는데, 프로그램과 하드웨어에 익숙하지 않은 독자들을 위하여 파이선 언어를 사용할 때 발생하는 변화를 눈으로 보고 느낄 수 있도록 집필하였다.

3편은 라즈베리파이가 가지고 있는 통신 방법과 하드웨어의 활용법을 설명하려고 마련하였는데, 라즈베리파이를 휴대용 장비로 사용하려는 독자층을 위하여, 컴퓨터나 안드로이드 폰을 이용하여 원격으로 제어할 수 있는 방법을 추가하였다.

4편은 라즈베리파이를 이용하여 각종 센서와 모터 등을 제어하는 방법과 응용하는 방법에 대하여 집필 하였는데, 컴퓨터나 안드로이드 폰으로 하드웨어를 원격으로 제어할 수 있는 방법도 같이 설명하였다.

저자 씀

CONTENTS

차 례

제1편 라즈베리파이

1. 라즈베리파이의 발전사 / 12
2. 하드웨어 / 13
3. Respbian의 설치 / 15
4. 라즈베리파이의 IP Address / 18
   - 4-1) 고정 IP 설정 방법 ······ 19
5. Winscp / 20
6. 라즈베리파이 헤드리스 모드 / 21
   - 6-1) Putty 연결 ······ 21
   - 6-2) Tightvncserver 인스톨 ······ 23
     - (1) tightvncserver 인스톨 ······ 23
     - (2) tightvncserver의 실행 ······ 23
7. 하드웨어 실험을 위한 준비물 / 25

제2편 파이선

1. 파이선 프로그램을 작성하는 방법 / 30
   - 1-1) 파이선 프로그램을 작성하는 방법 ······ 30
     - (1) 대화형 프로그램 ······ 31
     - (2) 프로그램 파일을 이용한 프로그램 ······ 33
   - 1-2) 프로그램 Test ······ 35
2. 디지털 신호의 출력 1 / 36
   - 2-1) 디지털 신호의 출력 ······ 38
   - 2-2) 변수의 사용 ······ 40
   - 2-3) Time Chart의 사용 ······ 40
   - 2-4) Function의 사용 ······ 42
   - 2-5) Function의 사용 : Function에서 다른 Function 호출 ······ 45
   - 2-6) Time Chart의 사용 2 ······ 47
3. 디지털 신호의 출력 2 / 54
   - 3-1) For 명령, range ······ 54
   - 3-2) For 명령, PWM, duty 비 ······ 56
   - 3-3) Global 명령 ······ 58

CONTENTS

차 례

3-4) while 명령 59
3-5) while 명령 : 조건절 62

4. 디지털 신호의 입력 / 69

4-1) Digital Input 71
4-2) Digital Input : if 명령 71
4-3) break 명령 73
4-4) Chattering 75
4-5) return 77
4-6) return 2 80
4-7) Function을 인수로 사용 82
4-8) Event 84

5. String, 상수, 변수 / 97

5-1) print, # : Comment 98
5-2) input 99
5-3) isdigit() , 오브젝트 99
5-4) String, bytes, 정수, 실수 102
5-5) String, binary, Hexa 105
5-6) bit stream 107
5-7) binary number, bool 109
5-8) complex number 110
5-9) math, int(), float() 111
5-10) try : error 처리 111

6. List, Tuple, Dict / 116

6-1) tuple 116
6-2) List 117
6-3) dict(Dictionary) 119

7. Bytearray, struct, Array / 127

7-1) bytearray 127
7-2) struct 128
7-3) String => bytearray => bit stream 131
7-4) Array 133
7-5) Array=>bytearray=>bit stream 135

8. Class와 모듈 / 142

8-1) Class 143

CONTENTS

차 례

8-2) Inheritance 1 ··· 144
8-3) 다형성 : Overload, Override ··· 145
(1) Overload ··· 145
(2) Override ··· 145
8-4) Class 사용 방법 ··· 147
8-5) 프로그램의 재사용 ··· 149
8-6) os : os.listdir(), os.path.isdir, os.path.isfile ··· 151
8-7) sys : Little Endian, Big Endian ··· 152
8-8) random ··· 153
8-9) time ··· 153
8-10) time : 시간 측정 ··· 154

9. The File System / 165

9-1) Text File Write ··· 166
9-2) Text file Append ··· 167
9-3) Text File Read 1 ··· 168
9-4) Text File Read 2 ··· 168
9-5) Binary file Write ··· 169
9-6) Binary file Append ··· 169
9-7) Binary file Read 1 ··· 170
9-8) Binary file Read 2 ··· 170

제3편 통신 및 IO Interface

1. TCP/IP / 175

1-1) 서버(Server) ··· 176
1-2) Client ··· 178
1-3) TcpIp Class ··· 179
(1) Server 프로그램 ··· 180
(2) 클라이언트 프로그램 ··· 181
1-4) Non Blocking Mode ··· 181
1-5) 프로토콜 ··· 184
(1) Client : File 전송 ··· 184
(2) Client : File 수신 ··· 187

2. 안드로이드 폰을 이용한 원격제어 / 194

2-1) Input, print 명령 ··· 194

CONTENTS

차 례

2-2) 라즈베리파이 Booting할 때 프로그램 실행하는 방법 ····· 196

3. Serial 통신(RS232, RS422, RS423, RS485) / 198

3-1) Rs232 통신 ····· 201

3-2) Class의 재사용 ····· 203

4. Bluetooth / 204

5. i2c(EEPROM 사용) / 208

6. SPI(93C46 사용) / 214

6-1) SPI 통신 프로그램 1 ····· 218

6-2) SPI 통신 프로그램 2 ····· 222

7. 1_Wire 통신(온도 및 습도 측정) / 226

8. 적외선 통신(리모컨 송수신) / 231

8-1) 리모컨 수신 ····· 233

8-2) 리모컨 송신하기 ····· 236

9. PWM / 240

10. AUDIO(녹음 및 재생) / 242

10-1) Audio 신호의 녹음 ····· 243

10-2) Wave File의 재생 ····· 245

10-3) Wave File의 재생(Callback이용) ····· 247

10-4)Wave File의 재생(aplay 사용) ····· 248

10-5) MP3 File의 재생 ····· 248

11. Camera(사진 촬영 및 비디오) / 251

11-1) Camera 사용하는 방법(Terminal 명령) ····· 252

11-2) Camera 사용하는 방법(Python 프로그램) ····· 254

11-3) 컴퓨터로 사진 전송하기 ····· 257

제4편 하드웨어 제어

1. 7 세그먼트 제어(StopWatch 제작) / 263

1-1) FND Class ····· 265

1-2) Stop Watch의 제작 ····· 270

2. Serial LCD 사용(날짜 시계 제작) / 273

2-1) Lcd Class ····· 274

2-2) 날짜 시계의 제작 ····· 277

3. RTC(DS1302) / 283

CONTENTS

차 례

4. A/D Converter(전압 측정기) / 294
4-1) Single-Ended A/D Read(MCP3008) ··· 295
4-2) Differential A/D Read(MCP3008) ··· 297
4-3) 안드로이드 폰으로 전압 변화 감시하기 ··· 300
5. 직류 전압 출력하기 / 301
6. 초음파 거리 측정(후방 감지기) / 305
6-1) 거리측정 ··· 307
6-2) 후방 감지기 ··· 308
7. 조도 센서 / 309
8. 진동 센서 / 312
9. 동작 감지 센서 / 314
9-1) 침입자 감시 ··· 315
10. 근접 센서 / 317
10-1) 근접 센서 사용 ··· 318
10-2) 감시 카메라 ··· 319
11. Level Transmitters / 321
11-1) Driver IC ··· 321
11-2) 트랜지스터 사용 ··· 323
12. DC 모터 / 326
12-1) DC 모터의 구동 ··· 327
12-2) DC 모터의 시동과 종료 ··· 330
12-3) 안드로이드 폰으로 DC 모터 제어하기 ··· 331
12-4) DC 모터의 제어 ··· 335
13. 서보(Servo) 모터 / 339
13-1) 리모컨 제어 ··· 340
14. 스텝 모터 / 344
(1) 1상 여자 방식 ··· 345
(2) 2상 여자 방식 ··· 346
(3) 1-2상 여자 방식 ··· 346
14-1) 1상 여자 방식 ··· 348
14-2) 2상 여자 방식 ··· 350
14-3) 1-2상 여자 방식 ··· 352
14-4) 스텝 모터의 구동 ··· 354

14-5) Slow-Start, Slow-Stop 355
14-6) 안드로이드 폰으로 제어 357

부록 1

1. JK Comm.exe / 362
2. JK_Srl.exe / 363
3. JK_Phone.exe / 364

부록 2

1. 고정 IP 설정 방법 / 368
2. Key Board 설정 방법 / 371
3. 온라인 지원 및 제품 구매 / 373
4. 교재에서 사용된 제품 소개 / 374

Raspberry Pi 3

제 1 편

라즈베리파이

제 1편은 라즈베리파이의 특징과 OS 설치 방법을 소개하기 위하여 편성하였다. 라즈베리파이는 성능이 우수한 GPU를 가지고 있기 때문에 고해상도의 HD Video를 지원할 뿐 아니라, 컴퓨터에 필요한 모니터, 키보드, 마우스와 같은 컴퓨터 주변 장치를 사용할 수 있으며, Ethernet, Rs232, Bluetooth 등의 통신 수단과, Bit I/O, SPI, I2C, 1-wire 통신...등 다양한 I/O 인터페이스를 가지고 있기 때문에 개인용 소형 컴퓨터의 역할 뿐 아니라, 하드웨어를 제어하는 임베디드 시스템으로서의 역할도 수행할 수 있는 제품이다.
저자는 라즈베리파이를 개인용 소형 컴퓨터로 생각하는 것 보다, 하드웨어를 제어할 때 필요한 임베디드 시스템이란 관점에서 생각하는 것이 더 유용하다고 보았다, 그래서 이 책의 내용도 하드웨어를 제어할 때 필요한 임베디드 시스템이란 관점으로 저술하였다.

1 라즈베리파이의 발전사

라즈베리파이는 2012년 라즈베리파이 모델 B가 처음으로 일반인에게 출시되었으며, 2013년 저가형으로 만들어진 라즈베리파이 모델 A가 출시되었다. 라즈베리파이 모델 A는 모델 B를 개선하여 저가형으로 만들어진 제품이며, 모델 A는 메모리가 256 MB이고 모델 B는 512 MB이고, 사용할 수 있는 USB 포트의 수와 카메라 인터페이스 및 비디오 출력 부분 등이 조금 다르지만, 모델 A와 모델 B는 동일한 CPU(700 MHz Arm 11)와 GPU(250 MHz VideoCore IV)를 사용하고 있기 때문에 성능에서의 차이는 크지 않았다.

2014년 4월 라즈베리파이 컴퓨터 모델이 출시된 다음, 7월에는 B의 성능을 보완한 라즈베리파이모델 B+가 출시되었고, 뒤이어 11월에는 저가형 라즈베리파이 모델 A+가 출시 되었다.

2015년 라즈베리파이 2B 모델이 출시되었는데, 라즈베리파이 2B 모델은 Quad Cotex A7 900 MHz를 CPU로 체택 하였으며 메모리의 크기도 1GB로 확장된 제품으로 500만개 이상 판매되었다.

라즈베리파이 재단에서는 2015년 말 초저가형(5$)인 라즈베리파이 제로를 출시하였는데, 이 제품은 출시되자마자 매진이 되어 재생산을 해야 할 정도로 인기가 높은 제품이다.

2016년 라즈베리파이 3B 모델이 출시되었다. 라즈베리파이 3B 모델은 Wifi와 bluetooth가 추가되었고, 라즈베리파이 2 보다 속도가 개선된 Quad Cotex A53 1.2 GHz를 CPU로 사용하고 있으며, 전력관리 기능 등 라즈베리파이 2의 기능을 개선한 제품이기 때문에, 저자는 이 책을 라즈베리파이 3B 모델을 대상으로 집필하였다.

2 하드웨어

이 장은 독자들에게 자료를 제공하려는 것뿐이다. 가볍게 생각하자.

표 2-1에 라즈베리파이의 Type별 사양을 비교하였다.

|표 2-1| 라즈베리파이 모델별 사양

	pi model B+	pi 2 model B	pi zero	pi 3 model B
Soc	BCM2835	BCM2836	BCM2835	BCM2837
CPU	Arm11 @700MHz	Quad Cortex A7@900 MHz	Arm11 @1GHz	Quad Cortex A53@1.2GHz
Instruction set	ARMv6	ARMv7-A	ARMv6	ARMv8-A
GPU	250 MHz VideoCore IV	250 MHz VideoCore IV	250 MHz VideoCore IV	400 MHz VideoCore IV
RAM	512 MB	1 GB	512 MB	1 GB
Storage	micro-SD			
Ethernet	10/100	10/100	none	10/100
Wireless	none	none	none	802.11n /Bluetooth 4.0
Audio Out	HDMI/Headphone	HDMI/Headphone	HDMI	HDMI/Headphone
Video Out	HDMI/Composite			
GPIO	40	40	40	40
cost	$35	$35	$5	$35
Date	2014	2015	2015	2016

표 2-1을 보면 라즈베리파이 2에 비하여 라즈베리파이 3은 CPU 속도와 Video의 속도가 조금 더 빨라졌고, 무엇보다 큰 차이는 Wireless 부분이 새로이 추가 되었다는 것을 알 수 있다.

간단히 말해서 라즈베리파이 3B의 주목할 만한 변화는 Wifi와 Bluetooth가 내부에 실장 되었기 때문에 무선 인터넷이 가능하고, Bluetooth에 의한 무선 제어가 가능해 졌다는 것이다.

그림 2-1은 라즈베리파이 3 모델 B의 외형이다.

|그림 2-1| 라즈베리파이 3 모델 B의 외형도

라즈베리파이 3 Model B에 부착되어 있는 Connector의 Spec은 다음과 같다.

```
1. Ethernet : 10/100 BaseT Ethernet socket
2. Video Output : HDMI (rev 1.3 & 1.4)
                  Composite RCA (PAL and NTSC)
3. Audio Output : Audio Output 3.5mm jack,
                  HDMI
                  USB 4 x USB 2.0 Connector
4. GPIO : GPIO 27 pins
          +3.3 V, +5 V and GND supply lines
5. Camerator Connector : 15-pin MIPI Camera Serial Interface(CSI-2)
6. Display Connector : Display Serial Interface (DSI) 15 way flat
   flex cable connector with two data lines and a clock line
7. Memory Card Slot : Micro SDIO
```

라즈베리파이 3B의 물리적 Spec은 앞에 설명한 바와 같지만, 실질적으로 라즈베리파이 3B를 이용하여 구사하고 있는 기능들을 대략적으로 정리해 보면 다음과 같다.

```
1. USB        2. Ethernet    3. Wifi     4. Bluetooth
5. RS232      6. Audio       7. Video    8. Camera
9. SPI        10. I2C        11. PWM     12. Ir
13. 1-Wire    14. Bit I/O
```

참고로 이 책의 독자들은 위에 있는 모든 기능들을 구현해 볼 수 있을 것이다.

3 Respbian의 설치

Raspbian OS를 설치하려면 라즈베리파이 홈페이지(www.raspberrypi.org)에 방문하여 NOOBS를 다운 받아야 한다.

라즈베리파이 홈페이지(www.raspberrypi.org)에 접속해보면, Raspbian OS가 image 형태로도 제공되고 있지만, NOOBS를 다운 받아 Raspbian OS를 설치하는 것이 쉬운 방법이다.

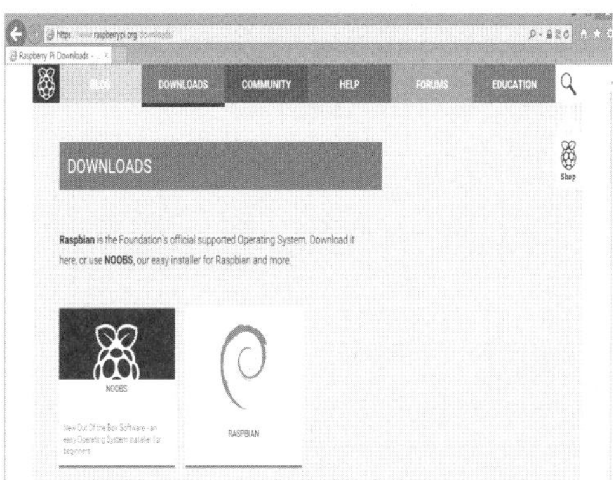

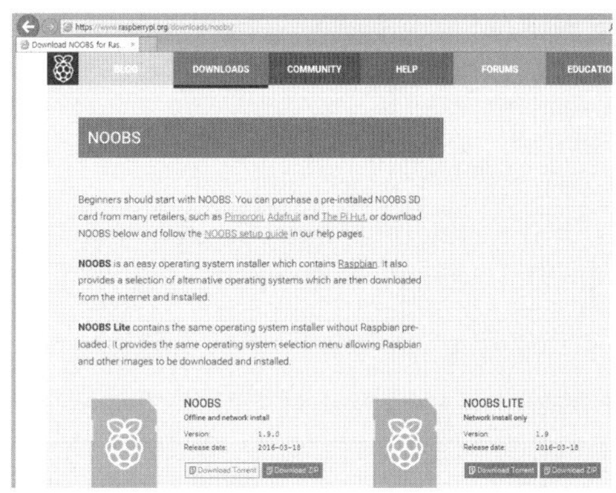

다운 받은 NOOBS의 압축을 풀면 Raspbian OS를 설치할 때 필요한 File들이 생성된다. 생성된 파일들을 SD Card에 모두 복사하자. SD Card는 FAT32로 Foramt 되어 있어야 하고, 용량은 4 G-byte 이상이어야 한다.

라즈베리파이에 Raspbian OS를 설치하려면 모니터와 키보드, 마우스가 필요하다. 특별히 준비된 모니터와 마우스가 없으면 사용하고 있는 컴퓨터의 장비를 임시로 활용하여도 된다. 헤리스 모드까지 설치하면 문제가 해결된다.

모니터는 HDMI 포트에 연결되어야 하고, 마우스와 키보드는 USB 포트에 연결되어 있어야 한다. (저자는 NOOBS_v1_9_2를 설치하였다.)

Sd Card를 라즈베리파이의 Sd Card 슬롯에 삽입하고(라즈베리파이 보드 뒷면에 있다) 라즈베리파이에 전원을 공급하면, OS를 인스톨할 수 있는 준비 화면이 생성된다.

Raspbian을 선택하고 Install 버튼을 Click하면 Raspbian OS가 Install된다.(ver 1.9 이전에는 Raspbian OS 뿐 아니라 다른 OS를 선택할 수 있는 탭도 가지고 있었지만 ver 1.9 이후부터는 Raspbian을 선택하는 탭만 제공하고 있다.)

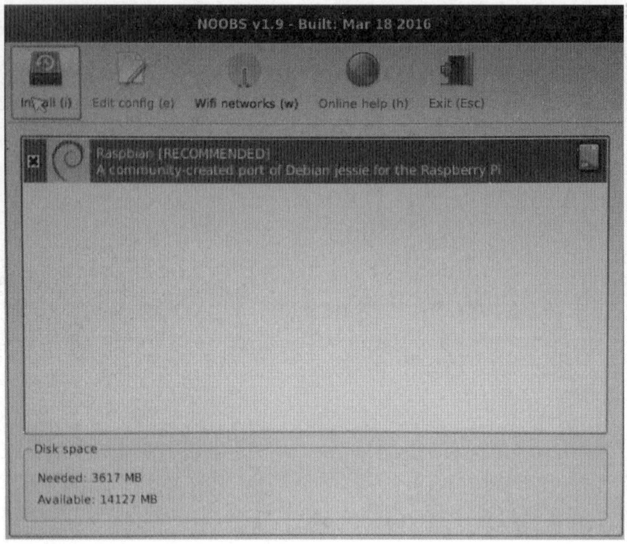

Rasbian OS가 install 되고, rebooting 까지 하고 나면, Raspbian OS의 인스톨 과정이 완료 된다. 하지만 이것으로 완료된 것은 아니다.

라즈베리파이의 기능을 제대로 활용하려면 upgrade와 update를 실행하여야 한다. 화면 좌측 상단에 Terminal 아이콘이 있다.

Terminal Icon을 클릭하여, Terminal을 실행하면 Terminal 화면이 생성된다. Terminal 화면에서 다음 명령을 실행하자.

```
$ sudo apt-get update
```

update 명령이 한번 실행된 다음, 화면 우측에 있는 통신 상태 아이콘을 Click하면 무선랜과 연결 할 수 있다.

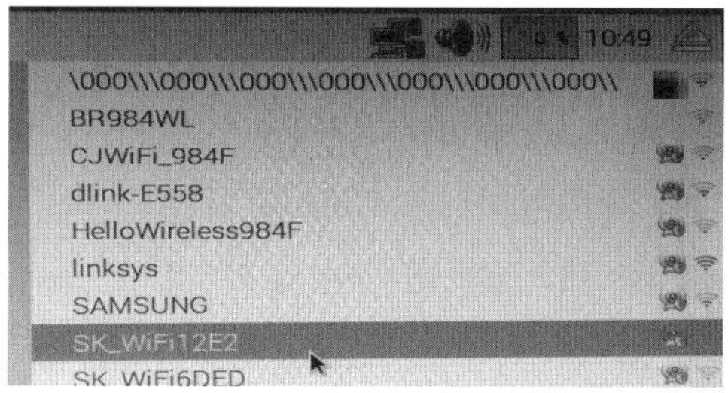

라즈베리파이 3보다 이전 버전의 라즈베리를 사용하는 경우나 무선 공유기가 없는 경우에는 Wifi를 사용할 수 없으므로, Ethernet 커넥터에 인터넷 선을 연결하면 된다.

이제는 인터넷이 연결되었으므로

```
$ sudo apt-get update
```

명령을 다시 실행하자. update 명령이 다시 실행되었으면 Upgrade를 하여야 한다. 다음 명령을 실행하자.

```
$ sudo apt-get upgrade
```

어려운 과정은 아니지만 처음 접하는 독자들에게는 혼란스러울 수 있으므로 위의 과정을 다시 정리하면 다음과 같다.

1. Raspbian OS가 인스톨한 다음, update 명령을 1회 실행한다.

   ```
   $ sudo apt-get update
   ```

   처음 이 명령이 실행될 때는 internet에 연결이 되어 있지 않은 상태이기 때문에 Error 메시지도 발생하고, update가 제대로 되지 않는다.
2. update 명령이 1회 실행이 된 다음에는 Wifi 혹은 Lan 선을 통하여 인터넷과 연결이 된다. 이 시점에서 라즈베리파이의 IP 값도 결정이 된다.
3. 인터넷에 연결된 다음 Updata와 Upgrade를 다시 실행하여야 한다.

   ```
   $ sudo apt-get update
   $ sudo apt-get upgrade
   ```

참고로 저자는 처음 시작할 때 Update와 upgrade를 2회 이상 실행하고 나서 라즈베리파이를 사용하였다.

마지막으로 Terminal 화면에서

```
$ ifconfig
```

명령을 실행하면 라즈베리파이의 IP 값을 알 수 있다. 또 다른 방법은 화면 좌측에 있는 통신 상태 아이콘에 마우스를 가져가도 IP 값을 알 수 있다. 다른 Utility를 사용하려면 IP 값은 알고 있어야 한다.

4 라즈베리파이의 IP Address

라즈베리파이는 자신이 이더넷에 연결 될 때 server로부터 할당 받은 IP Address를 사용한다. 라즈베리파이 유틸리티를 사용하려면 자신이 사용하고 있는 라즈베리파이의 IP Address를 알고 있어야 한다.

IP 값을 찾지 못한 독자들은 구글에서 "ipscan24.exe."를 찾고, 그것을 다운 받아서 사용하면 IP 값을 알 수 있다. 그림 4-1)은 ipscan24.exe를 실행한 결과이다. 저자는 라즈베리파이에 Ethernet(Lan)도 연결하였기 때문에 Mac Address가 B8:27:EB:85:EF:98인 라즈베리파이가 2개이다.

Ethernet IP Address(192.168.1.104)와, Wifi Address(192.168.1.103)가 보인다. 라즈베리파이 3에서는 Wifi를 사용하는 것이 좀 더 편리하다.

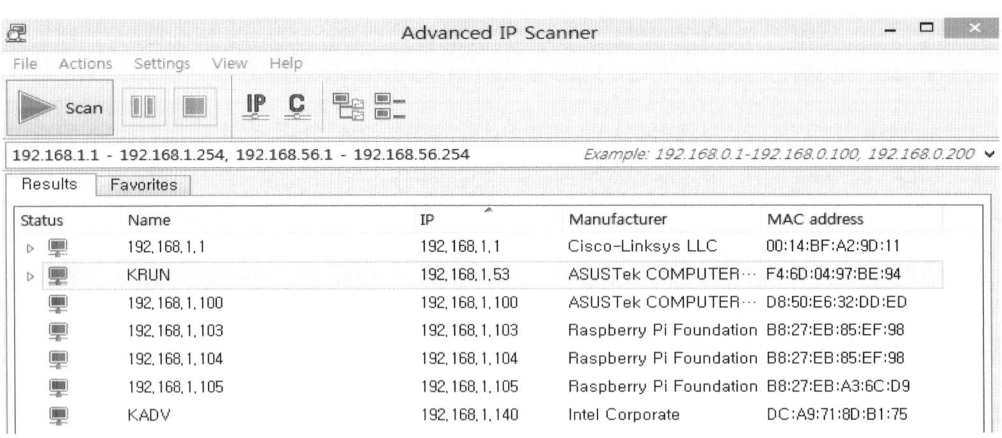

|그림 5-1| ipscan24.exe 화면

라즈베리파이에 모니터가 연결 되어 있다면 다음과 같은 방법도 있다.

• 라즈베리 화면에서 통신아이콘에 마우스를 가져가면 IP값을 알 수 있다.

화면에서 eth0는 Ethernet의 IP Address(저자의 경우 192.168.1.104)이고, wlan0가 wifi IP Address(저자의 경우 192.168.1.103)이다.

• 터미널 화면에서 ifconfig 명령을 수행하면 IP address를 알 수 있다.

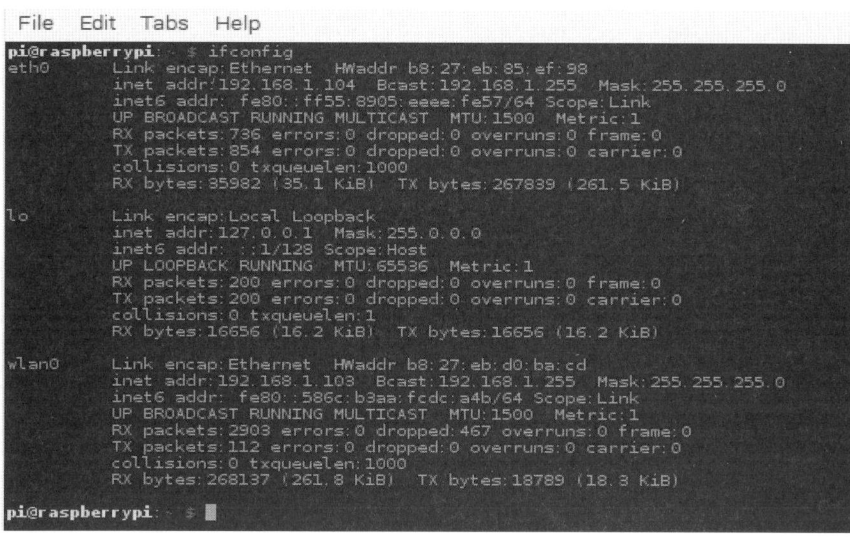

4-1) 고정 IP 설정 방법

라즈베리파이를 고정 IP로 사용하면 라즈베리파이를 Portable로 사용하기 곤란한 경우가 발생하기 때문에 추천하고 싶지는 않다.

그래도 고정 IP를 사용하고 싶은 독자들은 부록 2를 참조하기 바란다.

5 Winscp

라즈베리파이의 file system을 main computer에서 관리할 수 있는 방법으로 저자는 WinScp를 추천한다. WinSCP는 Windows용 그래픽 SFTP 및 FTP 클라이언트 프로그램이며 오픈 소스 프리웨어이다.

WinScp를 사용하면 Windows에서 라즈베리파이의 file system을 관리할 수 있고, file의 교환도 가능하다.

WinScp는 https://winscp.net/eng/download.php에서 Down 받을 수 있다. WinScp를 실행하면 Host name과 User Name, password를 묻는다.

Host Name은 raspberry pi의 IP 값이고, User Name은 'pi', password는 'raspberry'로 하는 것이 좋다. 위의 값들을 입력하고 Login을 Click하면 WinScp가 실행된다.

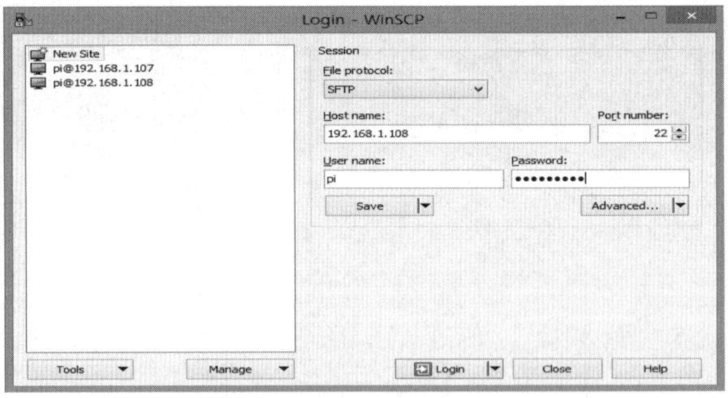

다음은 WinScp 실행 화면이다.

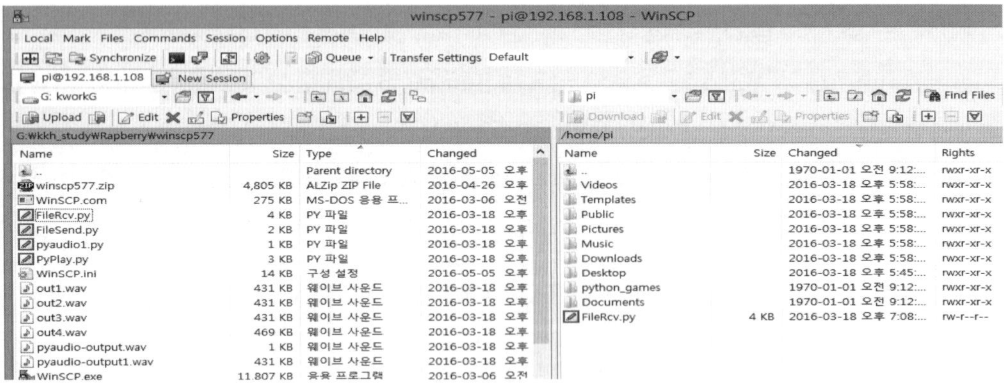

좌측이 PC쪽이고 우측이 라즈베리파이 쪽이다. 라즈베리파이에서 PC쪽으로 프로그램을 전송할 때는 'Down Load'이고, 라즈베리 쪽으로 전송할 때는 'Upload'이다. 파일에 변화가 있을 때는 우측 마우스를 클릭하여, 'Reflush'를 해주어야 새로운 변화가 WinScp에 적용된다.

6 라즈베리파이 헤드리스 모드

독자의 라즈베리파이에 키보드와 마우스 및 모니터가 부착 되어 있고, 라즈베리파이가 이더넷으로 연결되어 있다면 저자가 생각하고 있는 프로그램 작업 환경을 충분히 만족하기 때문에 6장은 생략하여도 좋지만, 라즈베리파이의 keyboard 설정이 우리가 사용하는 자판과 설정이 다르기 때문에 부록2를 참조하여 keyboard 설정을 변경해 주어야 한다.

라즈베리파이에 OS를 인스톨 할 때는 라즈베리파이에 마우스와 모니터 및 이더넷이 연결되어 있어야 한다.

하지만 라즈베리파이에 OS가 인스톨 된 다음에는 헤드리스 모드를 사용할 수 있기 때문에 라즈베리파이에 키보드나 마우스 및 모니터가 연결 되어 있지 않아도 라즈베리파이를 사용할 수 있다.

저자는 라즈베리파이를 헤드리스 모드로 운영하기 위하여 putty와 TightVNC를 사용하고 있다. 라즈베리파이의 환경이 저자와 같아야만 하는 것은 아니지만, 저자와 같은 환경으로 헤드리스 모드로 운영하려면 putty와 tightVNC가 필요하다.

다음은 헤드리스 모드를 설정하는 방법이다.

① putty : "http://www.chiark.greenend.org.uk"에서 free version을 다운 받을 수 있다.

② TightVNC : "http://www.tightvnc.com"에서 다운 받을 수 있다.
다운 받은 TightVNC 프로그램을 컴퓨터에 인스톨하자.
(저자는 tightvnc-2.7.10-setup-32bit.msi를 인스톨하였다)

6-1) Putty 연결

헤드리스 모드로 운영하려면 먼저 putty를 실행하여야 한다.

다음은 Putty.exe를 수행하였을 때의 화면이다.

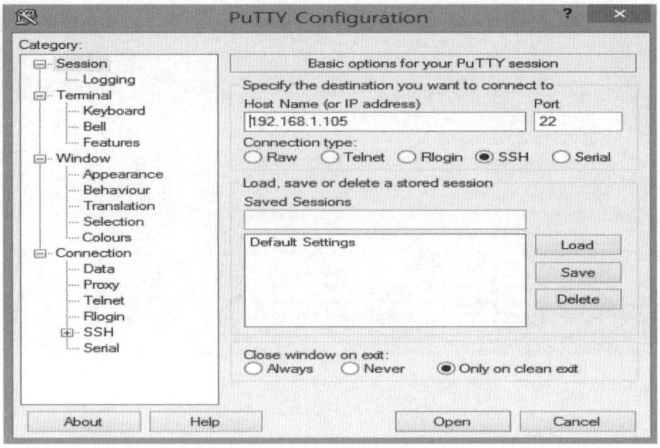

라즈베리파이의 IP Address를 입력하고 "Open" 버튼을 클릭하면 다음과 같은 화면이 나타난다. login 이름은 "pi"이다.

화면에 보는 것처럼 로그 이름에 "pi"라 입력하면 패스워드를 요구한다.

패스워드에 "raspberry"를 입력하면 다음과 같이 라즈베리파이의 터미널 모드로 연결된다.

※ 패스워드 입력시 화면에 표시되지 않아도 그대로 입력한다.

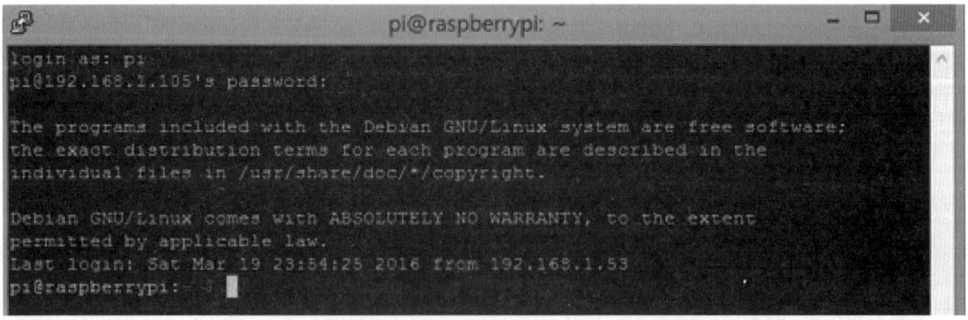

- 연결이 실패한 경우는 라즈베리파이의 설정에서 SSH가 disable상태이면 Putty로 라즈베리파이와 연결이 되지 않는다. 이 경우는 라즈베리파이에 마우스와 모니터를 연결하고 아래 그림처럼 SSH를 enable로 설정해 주어야 한다.

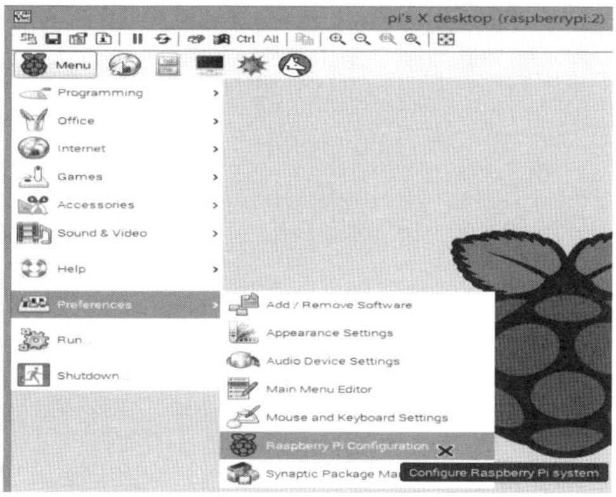

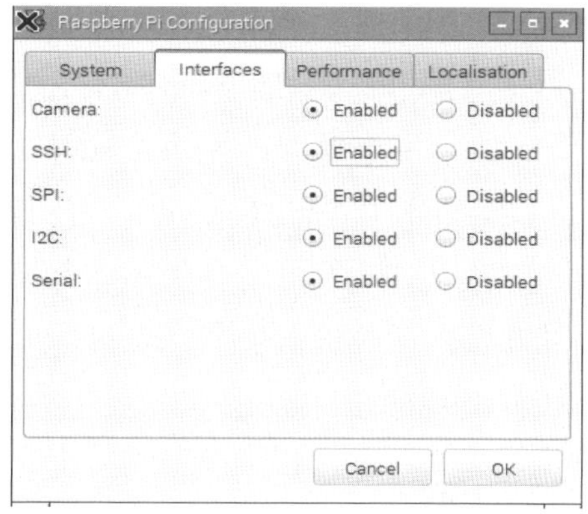

6-2) Tightvncserver 인스톨

앞에서 소개한 TightVNC 프로그램이 컴퓨터에 인스톨 되어 있어야 한다.

(1) tightvncserver 인스톨

먼저 putty를 실행하여 라즈베리파이의 터미널 화면이 나타나면, 다음과 같은 명령을 입력하여 tightvncserver를 인스톨 하여야 한다.

```
sudo apt-get update
sudo apt-get install tightvncserver
```

(2) tightvncserver의 실행

① 먼저 putty를 실행하여 로그인 이름(pi)과 패스워드(raspberry)를 입력하여 컴퓨터와 연결된 터미널 화면을 만든다.

② 터미널 화면에서 아래 그림처럼 "tightvncserver"를 2번 실행하자.

```
@raspberrypi:~ $ tightvncserver

w 'X' desktop is raspberrypi:1

arting applications specified in /home/pi/.vnc/xstartup
g file is /home/pi/.vnc/raspberrypi:1.log

@raspberrypi:~ $ tightvncserver

w 'X' desktop is raspberrypi:2

arting applications specified in /home/pi/.vnc/xstartup
```

• 처음 인스톨 하였을 때는 "tightvncserver"를 1번만 입력해도 되지만 그 이후 부팅

하였을 때는 -이유는 모르겠지만- "tightvncserver"를 2번 실행해야 -에러 없이- 컴퓨터와 통신이 된다.

- 처음 구동할 때는 Password를 2회 요구한다. "raspberry"를 입력하자.

③ 컴퓨터에서 "Tightvnc viewer"를 실행하면 다음과 같은 화면이 생성된다. "5902"는 포트 번호이다 이 값은 바꾸면 안 된다.

④ IP값을 독자가 사용하는 raspberry pi의 IP값으로 변경한다.
(화면에서 연결하려는 라즈베리파이의 IP는 "192.160.1.105"이다.)

⑤ "Connect" 버튼을 click하면 패스워드를 묻는다.

⑥ 패스워드 입력란에 "raspberry"를 입력하면 모니터에 다음과 같은 화면이 생성되면, 라즈베리파이를 헤드리스 모드로 사용할 수 있다.

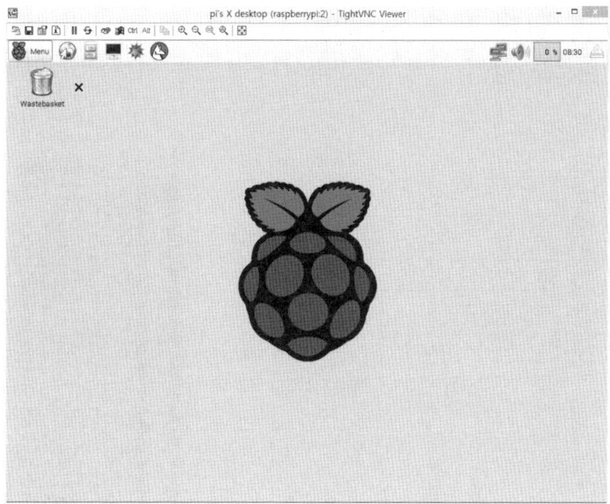

7 하드웨어 실험을 위한 준비물

이 책은 하드웨어에 익숙하지 않은 독자들도 대상으로 하고 저술하였다. 하드웨어를 제작하려면 다음 사항들은 알고 있어야 한다.

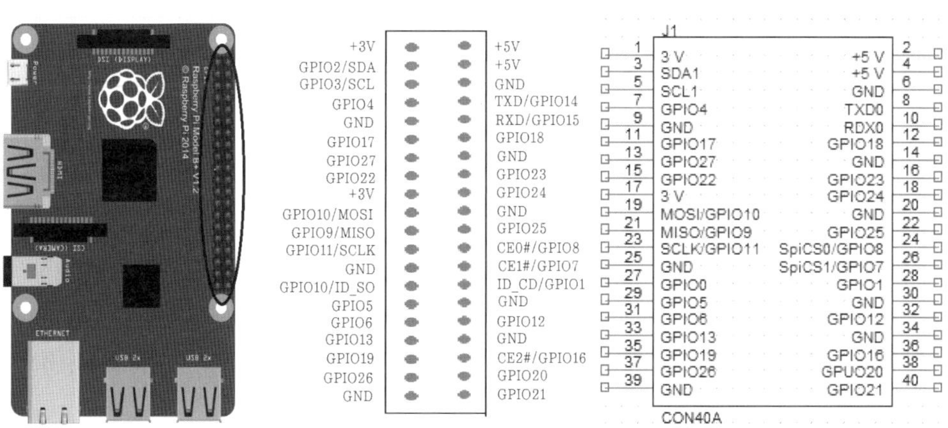

(a) 라즈베리파이 (b) Port 정의 (c) 회로도 상의 Port

|그림 7-1| 라즈베리파이의 I/O Port

그림 7-1(a)는 라즈베리파이를 나타낸 그림이다. **그림 7-1(a)**에서 타원으로 둘러싸인 부분이 라즈베리파이의 I/O Port이다.

그림 7-1(b)는 각 Port의 정의를 설명하는 그림이다.

그림 7-1(c)는 회로도 상에서 라즈베리파이의 포트를 표현하고 있는 그림이다.

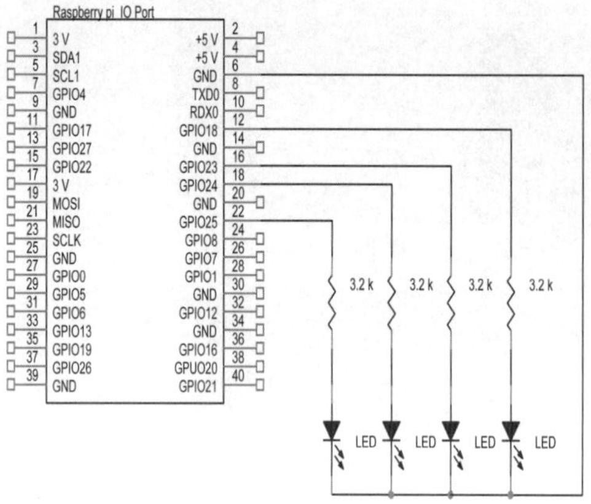

|그림 7-2| 회로도

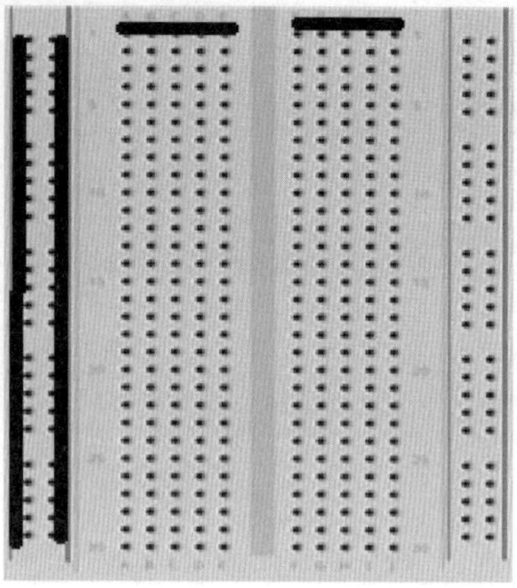

|그림 7-3|브 레드보드

그림 7-2 회로도의 일부분을 간략히 설명하면 "GPIO25"(pin 번호 22)라는 Port가 있다. 이 포트와 3.2 K Ohm의 저항을 연결하고, 저항의 다른 쪽 끝을 LED 라는 부품과 연결한 후 LED의 다른 한쪽은 GND(pin 번호 6)와 결선하라는 의미의 그림이 된다.

회로를 결선할 때는 브레드보드를 이용하는 것이 좋다.

그림 7-3은 브레드보드의 그림이다. 그림에 4개의 선을 표시하였다.

그림 7-3의 브레드보드의 좌측과 우측에 점 5개씩 5개의 group이 있는데 이 그룹들은 각기 내부적으로 연결되어 있고 그룹끼리도 연결되어 있다. 간단히 말하면 브레드보드 사용자는 25개의 연결점을 갖는 4개의 서로 다른 줄을 가지고 있다는 뜻이 된다.

중간 부분을 위쪽에 선을 그어 놓았는데. 간단히 하자 모든 5개의 점들은 서로 내부적으로 연결되어 있지만, 다른 그룹과는 연결이 되어 있지 않다. 따라서 5개의 연결점을 갖는 선을 좌우로 2개 아래위로 30개이므로 독자들은 5개의 연결점을 갖는 선을 2×30=60개를 가지고 있는 셈이다.

그림 7-4(a)는 라즈베리파이와 브레드보드를 연결할 때 많이 사용되며 **그림 7-4(b)**는 브레드보드에서 부품끼리 연결할 때 자주 사용된다.

공구 상가 등에서 구입이 가능하다.

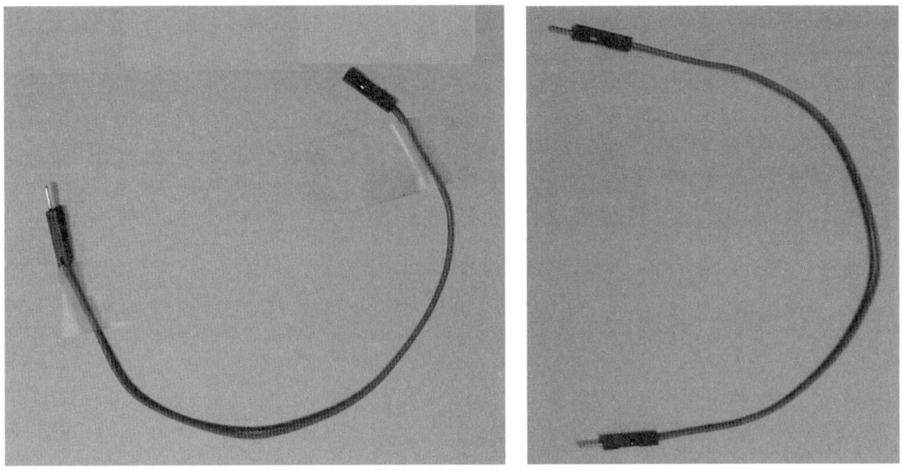

(a) (b)

|그림 7-4| 연결선

Raspberry Pi 3

제 2 편

파이선

언어는 단어 보다 문장을 암기하여야 한다는 이야기가 있다.
저자는 프로그램 언어도 명령어 자체 보다 명령어를 사용하는 방법을 배우는 것이 좀 더 빠르게 프로그램에 익숙해지는 방법이라 생각하고 있다.
그래서 저자는 -명령어의 사용 방법을 보여주는- 프로그램을 작성하여

1. 독자들이 명령어의 용도와 사용 방법을 알 수 있도록 하였고,
2. 프로그램 작성에 필요한 알고리듬을 추가하고 있으며,
3. 동시에 명령어를 사용하였을 때 하드웨어가 어떻게 반응하는지 알 수 있도록 하였다.

그리고 저자는 독자들이 스스로 연습을 할 수 있는 예제와 스스로 평가할 수 있는 평가 문제를 만들어 두었다.
모든 예제는 -그 예제의- 앞에 설명하였던 명령과 알고리듬만 사용하여 작성할 수 있도록 제작하였기 때문에, 예제 프로그램을 작성하는데 어려움을 느끼는 독자는 그 앞의 설명과 프로그램들을 다시 읽어 보고 실행해 보는 것이 좋을 것 같다.
평가 문제는 스스로 풀어 보기 바라며, 평가 문제가 어려운 것은 머리가 좋고 나쁨이 아니라, 독자의 논리적 사고에 대한 훈련이 미흡하기 때문이라 생각하고, 예제와 마찬가지로 앞 절에 주어진 프로그램을 다시 분석하여 논리적 사고에 대한 훈련을 쌓는 것이 바람직하다.
참고로 이 책은 프로그램의 문법 체계에 맞추어서 명령어를 설명하지 않는다. 명령어를 설명하지 않겠다는 것이 아니다.
저자는 소프트웨어에 익숙하지 않은 독자에게는, 쉽게 이해할 수 있는 방법이 중요하다고 생각하였고. 쉽게 이해 할 수 있는 명령어를 먼저 소개하는 것이 우선이라고 생각하였다.

1 파이선 프로그램을 작성하는 방법

라즈베리파이에서 파이선 프로그램을 작성하려면 먼저 프로그램의 환경 설정이 되어 있어야하고 프로그램을 작성하는 방법을 알아야 한다.

이번 장에 저술되어 있는 내용은 다음과 같다.

① 파이선 프로그램을 작성할 수 있는 환경의 설정

② 파이선 프로그램을 작성하는 방법

③ source 프로그램 테스트 방법

1-1) 파이선 프로그램을 작성하는 방법

파이선은 인터프리터 언어이다. 인터프리터 언어는 프로그램을 컴파일 하여 한꺼번에 처리하는 것이 아니라 프로그램을 한줄 씩 읽으면서 명령을 수행하는 언어를 말한다.

파이선에서 프로그램을 수행하는 방법은 2가지 있다.

첫 번째 방법은 대화형으로 사용자의 입력을 기다리고 있다가 사용자가 명령어를 입력하면 입력한 명령을 수행한 다음, 다시 사용자의 입력을 기다리는 방법이 있고,

2번째 방법은 사용자가 작성한 프로그램 파일을 읽은 다음 파일에 기록되어 있는 명령을 한 줄씩 처리해나가는 방법이 있다.

파이선 프로그램을 수행하려면 다음과 같이 메뉴에서

① "Menu" → "Programming" → "Python3(IDLE)"을 차례로 클릭하면

② 그림과 같이 화면에 IDLE이 열린다. 이 화면을 “Shell 화면”이라 하자.

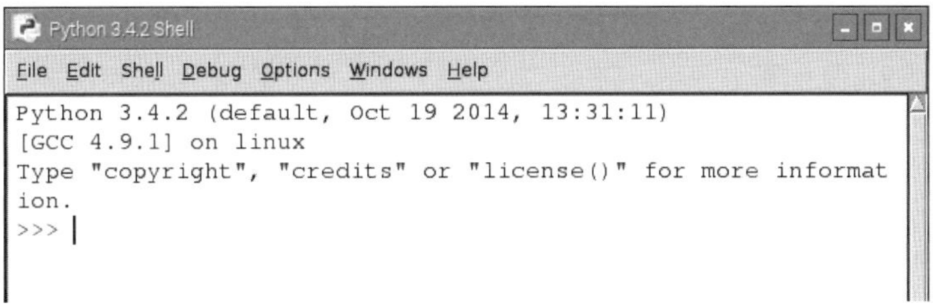

③ Shell 화면에서 “print(‘Hello World’)”를 입력하면 다음과 같이 밑줄에 “Hello World”가 나타난다.

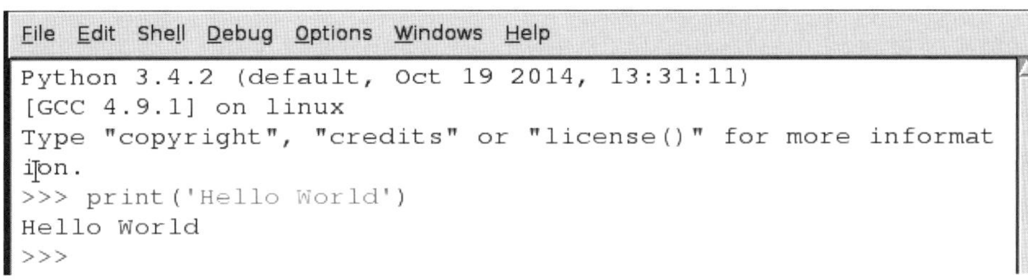

(1) 대화형 프로그램

여기서 명령어를 설명하려는 것이 아니다. 다만 방법만 보여 주려는 것이다. 명령어의 의미는 생각하지 말고 결과만 확인하자.

Shell 화면에서 다음과 같이 입력을 하자.

```
>>> 12* 35+24* 45
```

화면에 1500이 나타난다. 이번에는 변수를 아용해서 위와 같은 결과를 얻어 보자. 다음과 같이 입력 하자.

```
>>> v1 = 12* 35
>>> v2 = 24* 45
>>> v1+v2
```

화면에 다시 1500이 나타난다. 이것을 보면 파이센의 Shell 화면은 앞에서 수행한 명령을 기억하고 있음을 알 수 있다.

한 걸음만 더 들어가 보기로 하자.

가끔 필요할 때 사용해 볼만한 방법이다.

```
>>> import math           ..................................(1)
>>> math.sqrt(2)          ..................................(2)
```

결과 값으로 1.41421...이 나타난다. $\sqrt{2}$의 값이다.

위에 입력한 프로그램에서

(1)번 "import math"의 의미는 python이 내부에 가지고 있는 module 중에서 "math"라 명명된 module을 사용하겠다는 선언이다.

(1)번에 의해 "math" module의 사용이 가능해 졌으므로

(2)번 명령으로 $\sqrt{2}$의 값을 계산할 수 있게 되었다.

이것이 바로 OOP를 기반으로 하고 있는 파이선을 이용하여 프로그램을 작성하는 방법이다. 얼핏 보면 별거 아닌 것처럼 생각하기 쉽지만, 다시 생각해 보라. 프로그래머는 $\sqrt{2}$를 계산하는 수학적 이론을 전혀 모르고 있어도 $\sqrt{2}$를 계산할 수 있지 않는가? 우리는 결국 "math" module을 작성한 프로그래머의 지식을 이용하고 있는 것이다. 파이선을 제대로 이용하면 나의 능력을 벗어나는 작업도 가능하다는 이야기가 된다.

화면에 원을 그릴 필요가 있다고 생각해보자.

파이선 프로그래머가 해야 할 일은 화면에 원을 그리는 것이 아니다.

① 그림을 그리는 모듈을 찾아서 그 모듈을 사용하겠다고 선언한 다음

② 원의 반경과 위치를 설정해 주는 것이 프로그래머가 해야 할 일이다.

파이선에서 window 화면을 관리하는 모듈중 하나가 "turtle"이다.

turtle 모듈을 이용하여 원을 그려 보자. 원을 그리려면 원을 그릴 수 있는 window가 먼저 만들어져야 한다.

다음을 입력해 보자.(파이선은 대소문자를 구분하므로 입력 시 주의하여야 한다.)

```
>>> import turtle         ......................................(3)
>>> turtle.Screen()       ......................................(4)
>>> turtle.circle(50)     ......................................(5)
```

(3)번으로 "turtle" module을 사용하겠다고 선언하였고,

(4)번으로 window 화면이 만들어 지고

(5)번에서 원을 그리는 것을 볼 수 있을 것이다.(**그림 1-1**)

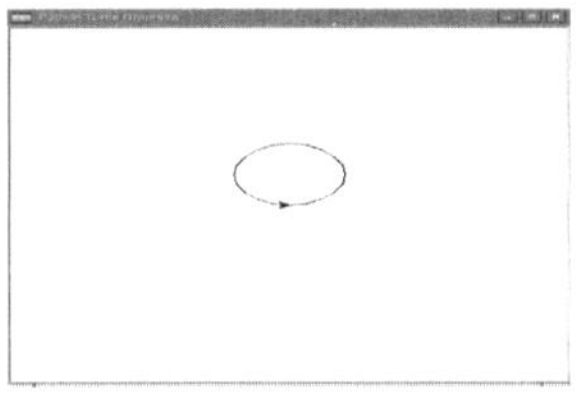

|그림 1-1| 윈도우

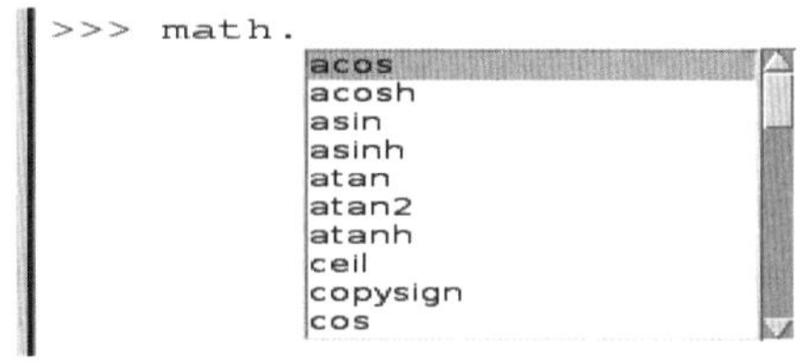

|그림 1-2| 사용 가능한 명령어

이러한 프로그래밍 방법은 OOP를 기반으로 하는 컴퓨터 언어에서는 어디에서나 적용되는 방법이지만, 파이선은 이러한 기법을 기반으로 프로그램을 작성하도록 되어 있다.

이번에는 "math"라 입력한 다음 '.' 까지 입력하고 잠시 기다려 보자.

그림 1-2와 같이 화면에 popup 화면이 생성된다.

popup dialog의 내용은 "math" 모듈에 정의되어 있는 함수들이 나열되고 있다. 이런 기능이 있기 때문에 프로그램에서 사용 가능한 명령어를 선택하기가 쉬워진다. 프로그램을 작성할 때 사용하면 많은 도움을 받을 수 있는 기능이다.

(2) 프로그램 파일을 이용한 프로그램

이번에는 프로그램 파일을 작성하여 프로그램을 실행해 보기로 하자

① IDLE 화면의 메뉴에서 "File" → "New File"을 Click하면

② Editor 화면이 나타난다.

③ Editor 화면에 다음과 같이 프로그램을 작성하자.

```
v1 = 12 * 35
v2 = 24 * 45
v3 = v1 + v2
print(v3)
```

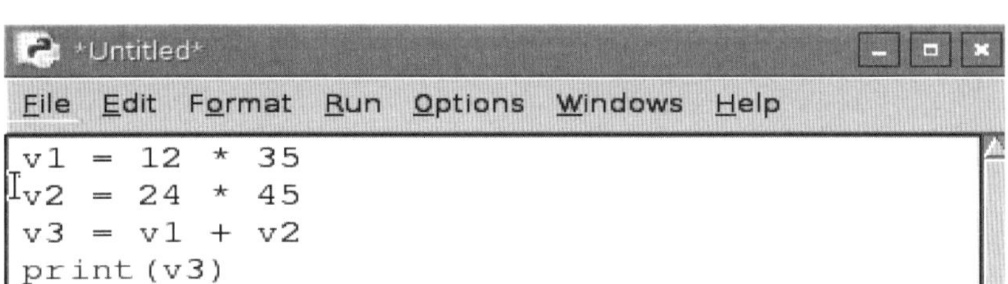

④ 프로그램 작성이 완료 되었으면, F5-key를 누르거나, 메뉴에서 "Run" → "Run Module" 눌러보자.

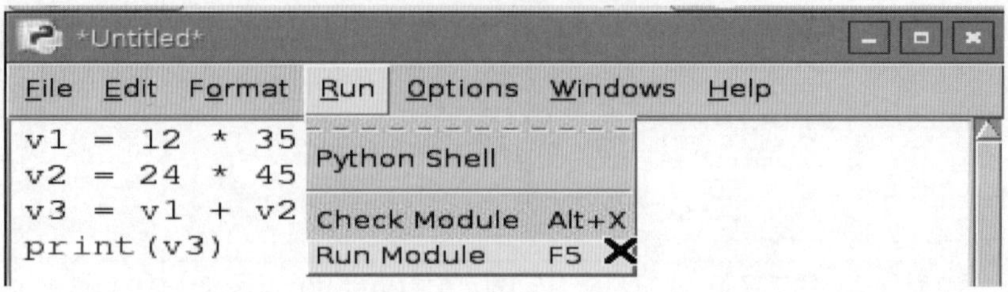

⑤ 다음과 같이 파일로 저장할 것인지를 묻어 보면 "OK"를 Click한다.

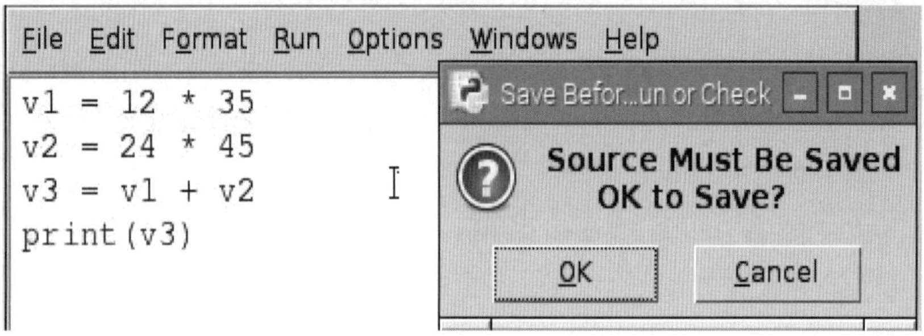

⑥ 파일 명을 입력하고 "save"를 누르면 shell화면에 프로그램 실행 결과가 나타난다.
아래 그림에는 프로그램명을 "First.py"로 설정하였다.
다음절에서 "First,py"를 사용한다. 일단 작성하자.

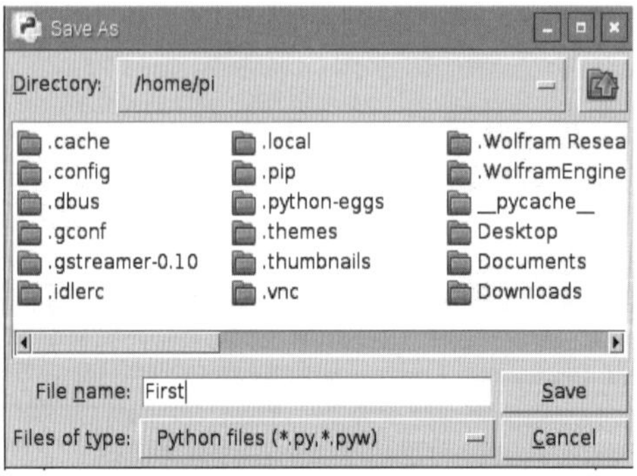

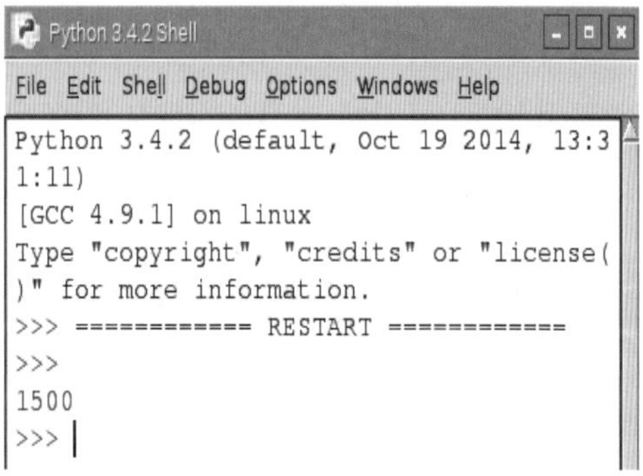

1-2) 프로그램 Test

마지막으로 putty화면 이나 Terminal 화면에서 다음과 같이 입력해 보라.
위에서 작성한 "First.py" 프로그램이 실행될 것이다.

```
pi@raspberrypi:~$ python3 First.py
```

프로그램을 실행할 때 권한이 필요한 경우가 있다. 예를 들어서 라즈베리파이 내부의 시계는 함부로 변경하면 곤란하기 때문에 프로그램 실행을 위한 권한을 요구하기도 한다. 이런 경우에는 앞에 "sudo"를 사용하면 관리자 권한으로 프로그램을 실행할 수 있다.

```
pi@raspberrypi:~$ sudo python3 First.py
```

2 디지털 신호의 출력 1

프로그램을 작성하고 결과를 눈으로 확인하는 것이 프로그램을 이해할 수 있는 가장 좋은 방법이다. 그렇기 때문에 필자는 디지털 포트를 이용하여 신호를 출력하는 방법에 대하여 먼저 설명하기로 한다.

신호를 입출력하려면, Io Port 모듈이 이미 설치되어 있을 수 있지만, 확실히 하기 위하여 Putty 화면에서 다음과 같이 install하는 것이 좋다.

```
$ sudo apt-get install python3-dev
```

위와 같이 install하였으면 reboot한 후 다음을 install하여야 한다.

```
$ sudo apt-get install python3-rpi.gpio
```

독자들이 이 장을 읽으면 다음 사항들을 알게 될 것이다.

① 디지털 포트를 출력 포트로 설정하는 방법

② 디지털 포트로 신호를 출력하는 방법

③ 함수를 작성하고 사용하는 방법

④ time chart에 대한 이해

라즈베리파이는 외부 하드웨어를 제어할 수 있는 40개의 port를 가지고 있다. 독자들은 외부 하드웨어를 제어할 때 이 포트들을 이용하여야 한다. 라즈베리파이의 port의 위치와 각 포트의 기능은 **그림 2-1**과 같다.

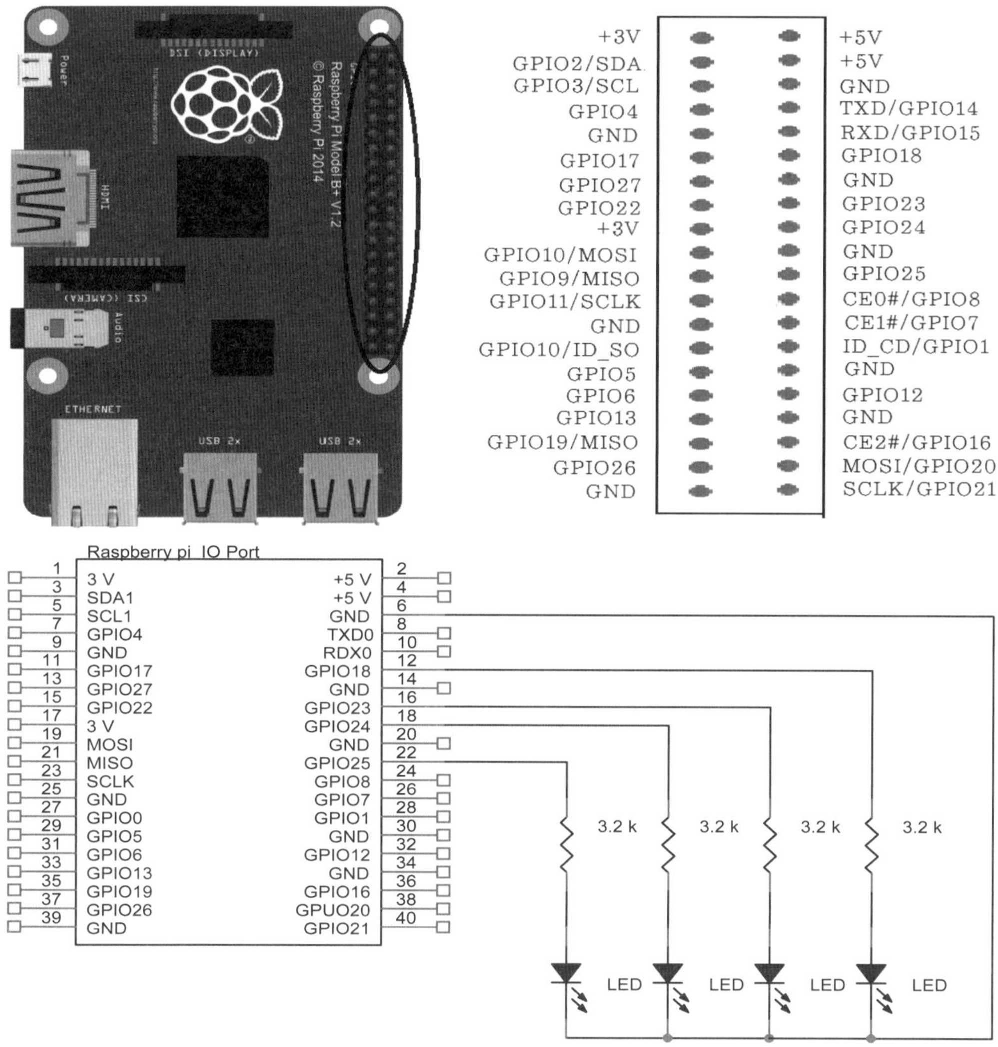

+3V
GPIO2/SDA
GPIO3/SCL
GPIO4
GND
GPIO17
GPIO27
GPIO22
+3V
GPIO10/MOSI
GPIO9/MISO
GPIO11/SCLK
GND
GPIO10/ID_SO
GPIO5
GPIO6
GPIO13
GPIO19/MISO
GPIO26
GND
+5V
+5V
GND
TXD/GPIO14
RXD/GPIO15
GPIO18
GND
GPIO23
GPIO24
GND
GPIO25
CE0#/GPIO8
CE1#/GPIO7
ID_CD/GPIO1
GND
GPIO12
GND
CE2#/GPIO16
MOSI/GPIO20
SCLK/GPIO21
Raspberry pi IO Port
3 V
SDA1
SCL1
GPIO4
GND
GPIO17
GPIO27
GPIO22
3 V
MOSI
MISO
SCLK
GND
GPIO0
GPIO5
GPIO6
GPIO13
GPIO19
GPIO26
GND
+5 V
+5 V
GND
TXD0
RDX0
GPIO18
GND
GPIO23
GPIO24
GND
GPIO25
GPIO8
GPIO7
GPIO1
GND
GPIO12
GND
GPIO16
GPUO20
GPIO21
3.2 k
3.2 k
3.2 k
3.2 k
LED
LED
LED
LED

|그림 2-1| 회로도

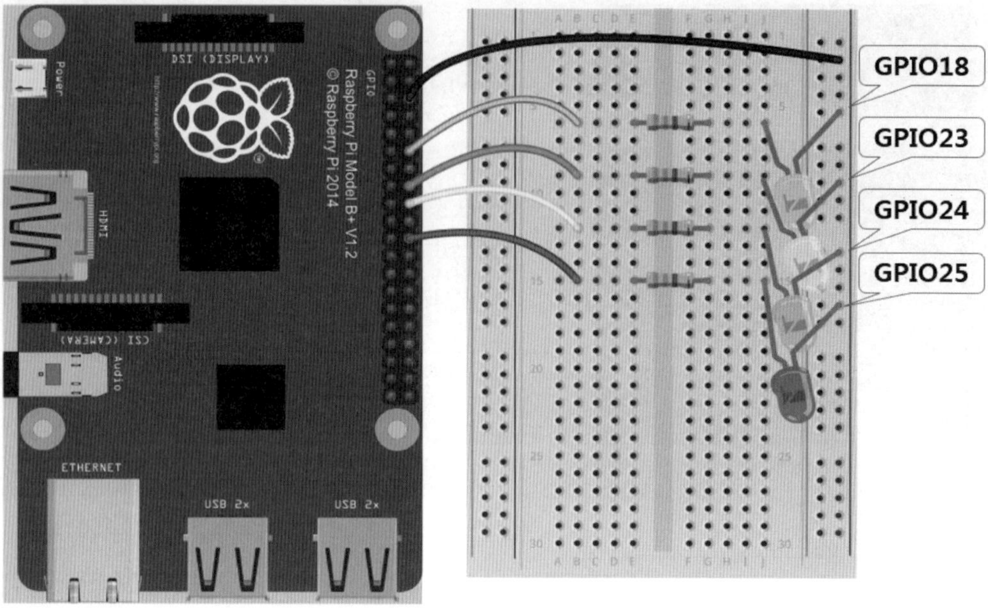

|그림 2-2| 하드에어 결선도

이번 장에서 사용할 회로는 4개의 Led와 3.2 KΩ 4개가 필요하다.

그림 2-1은 라즈베리파이의 출력 포트와 Led를 표시한 회로도 이고

그림 2-2는 실질적인 하드웨어 결선도이다.

Led는 극성을 가진 부품이다. 2-1) 절을 실험해 보고 방향을 맞추어도 된다.(쉽게 망가지지 않는다.)

이 장을 공부하는 동안 이 회로를 계속 사용하게 될 것이다.

2-1) 디지털 신호의 출력

다음은 I/O Port GPIO18을 이용하여 LED를 제어하는 프로그램이다.

프로그램에서 (1)~(4)번까지는 선언문이고, (5)~(7)번이 실지로 실행되는 명령이다. 하드웨어 제어가 익숙하지 않은 독자들은 조금 당황스러움을 느낄 수도 있을 것 같다. 처음에는 (1)~(4)의 의미를 알려고 하지 말고, 그런가 보다 하고 실행해 보기 바란다. 차츰 익숙해 지리라 본다.

작성한 프로그램은

① Led를 켜고

② 2초 지난 다음

③ Led를 끄는 프로그램이다.

```
Digitalout1.py
import RPi.GPIO as IoPort       #.................................(1)
import time                     #.................................(2)
IoPort.setmode(IoPort.BCM)      #.................................(3)
IoPort.setup(18,IoPort.OUT)     #.................................(4)

IoPort.output(18,True)          #.................................(5)
time.sleep(2)                   #.................................(6)
IoPort.output(18,False)         #.................................(7)
```

이 프로그램을 실행하면 GPIO18번에 연결되어 있는 LED가 2 Sec동안 On 되었다가 Off 되는 것을 볼 수 있다.

프로그램의 내용을 분석하면 다음과 같다.

(1) 프로그램에서 RPi.GPIO 모듈을 사용할 수 있도록 선언하고 있다.
import는 라즈베리파이에 내장되어 있는 프로그램 모듈을 사용할 때 모듈을 선언하는 목적으로 사용한다.
이 프로그램에서는 "RPi.GPIO" 모듈과 "time" 모듈을 사용한다.
"as IoPort"는 작성하는 프로그램 속에서 RPi.GPIO라는 명칭 대신 "IoPort"라는 이름으로 사용 하겠다는 의미이다.

(2) 프로그램에서 "time" module을 사용하겠다고 선언하고 있다.
"as"를 사용하지 않았기 때문에 "time"라는 명칭을 그대로 사용한다.

(3) raspberry pi의 I/O Port는 디지털 입출력용으로 사용되기도 하지만, 때로는 통신 포트 혹은 특정 부품을 제어하는 신호원으로 사용되기도 하므로 Port를 사용하기 전에 IoPort의 mode를 변경할 수 있도록 하여야 한다.

(4) GPIO18을 출력 Port로 설정하는 명령이다.

(5) GPIO18에 3 volt 전압을 출력하라는 명령이다.
디지털 I/O Port는 0 volt 혹은 3 volt 중 하나를 출력한다.
Python에서는 Port의 입출력 전압이 0 volt이면 False로 표현하고, 3 volt이면 True로 표현한다.

(6) 2 sec 동안 기다리라는 명령이다.

(7) GPIO18의 출력을 0 volt로 설정하라는 명령이다.

- Led는 극성을 가진 부품이다. 동작이 안되면 뒤집어 연결해 보라.

2-2) 변수의 사용

파이선의 변수를 사용하게 되면, C 혹은 다른 Language를 사용해 본 사람들은 조금 혼란스러울 것 같다. 변수의 정의가 없기 때문이다.

파이선 에서는 변수의 타입을 정의하지 않는다. 숫자, 문자 혹은 다른 기호 까지도 무조건 수용하고 본다.

이러한 원칙은 나중에 배우겠지만 List에서도 마찬가지다.

대신 변수를 프로그램에서 사용할 때 그 변수가 적절한지 여부를 판단하는 방식이다. 파이선이 원칙적으로 인터프리터 언어이기 때문이라고 생각해도 좋지만 List 등을 사용해 보면, 다른 언어에 비해서 상당히 융통성이 높다는 것을 알게 된다.

1)절의 프로그램을 다음과 같이 변경해 보자.

```
digitalout2.py
import RPi.GPIO as IoPort
import time
Led = 18                         #................................(1)
IoPort.setmode(IoPort.BCM)
IoPort.setup(Led, IoPort.OUT)    #................................(2)
IoPort.output(Led, True)         #................................(3)
time.sleep(2)
IoPort.output(Led,False)         #................................(4)
```

Led = 18이라 정의 하였으므로 (2),(3),(4)에서 18이란 숫자를 변수 Led로 대치하였다.

프로그램을 이렇게 수정하면 출력 포트를 GPIO18 대신 GPIO23로 사용하고 싶을 때 (1)에 있는 Led = 18을 Led = 23으로 변경하는 것만으로 Port를 변경할 수 있다. 이것이 프로그램에서 변수가 필요한 중요한 이유 중 하나이다.

Led 값을 23, 24, 25로 바꾸어가면서 프로그램을 변경해 보기 바란다.

2-3) Time Chart의 사용

하드웨어를 제어할 때, 생각해야 할 중요한 요소 중 하나는 시간에 따라 하드웨어를 다르게 제어해야 한다는 것이다.

그래서 시간에 따른 변화를 표현할 수 있는 방법이 필요한데, 그 방법으로 가장 많이 사용되고 있는 것이 Time Chart이다.

PLC의 시퀀스제어, 디지털 공학의 순서논리 등에서는 거의 대부분 Time Chart를 가지고 신호의 상태를 표시하고 있다.

다음은 모르스부호를 타임 차트로 표현한 그림이다.

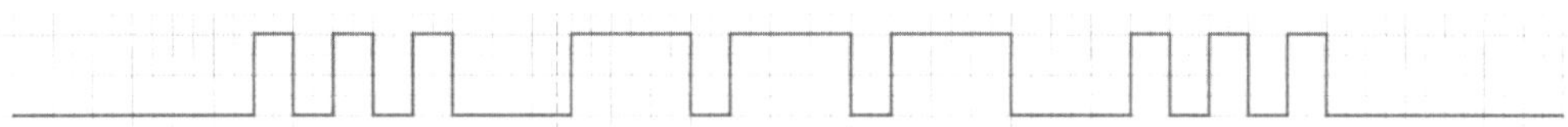

|그림 2-3| 한 눈금은 0.2Sec이다

모르스 부호로 SOS는 "뜬뜬뜬 쓰쓰쓰 뜬뜬뜬"이다.

그림 2-3은 SOS 신호의 타임 차트이다.

그림 2-3의 SOS 신호를 -GPIO18에 연결되어 있는- Led로 출력하는 프로그램을 작성해 보자. 사실은 프로그램을 귀찮더라도 직접 작성해보는 것이 좋은 방법이다. 하지만 프로그램이 너무 길어서 힘들면, 저자가 제공한 파일을 사용하여 프로그램을 실행해 보는 것도 한 가지 방법이다.

MorseSos1.py

```
import RPi.GPIO as IoPort                  #.......................(1)
import time                                #.......................(2)
Led = 18                                   #.......................(3)
IoPort.setmode(IoPort.BCM)                 #.......................(4)
IoPort.setup(Led, IoPort.OUT)              #.......................(5)
IoPort.output(Led, False)                  #.......................(6)
time.sleep(2.4)                            #.......................(7)
IoPort.output(Led, True)                   #.......................(8)
time.sleep(0.4)
IoPort.output(Led, False)
time.sleep(0.4)
IoPort.output(Led, True)
time.sleep(0.4)
IoPort.output(Led, False)
time.sleep(0.4)
IoPort.output(Led, True)
time.sleep(0.4)
IoPort.output(Led, False)
time.sleep(1.2)

IoPort.output(Led, True)
time.sleep(1.2)
IoPort.output(Led, False)
time.sleep(0.4)
IoPort.output(Led, True)
```

```
time.sleep(1.2)
IoPort.output(Led, False)
time.sleep(0.4)
IoPort.output(Led, True)
time.sleep(1.2)
IoPort.output(Led, False)
time.sleep(1.2)

IoPort.output(Led, True)
time.sleep(0.4)
IoPort.output(Led, False)
time.sleep(0.4)
IoPort.output(Led, True)
time.sleep(0.4)
IoPort.output(Led, False)
time.sleep(0.4)
IoPort.output(Led, True)
time.sleep(0.4)
IoPort.output(Led, False)
time.sleep(1.2)
```

- 프로그램을 실행하면 SOS 신호가 Led로 출력되는 것을 볼 수 있다.

(1),(2) RPi.GPIO모듈과 time 모듈을 선언하고 있다.
(3) 사용할 포트는 GPIO18로 지정 하였다.
(4),(5) 지정한 포트를 출력 포트로 설정한다.
(6) 0V를 출력한다.(False는 0V를 의미한다.)
(7) 2.4Sec 동안 대기한다.
(8) 3V를 출력한다.(True는 3V를 의미한다.)
나머지는 대기 시간만 다르게 할 뿐 타임 차트에 따라 (6)~(8)을 반복해서 사용하고 있다.

2-4) Function의 사용

3)절의 프로그램을 다시 읽어 보자.무언가 낭비하고 있는 것 같은 생각이 든다. 간단히 생각해서 Led를 xx sec 동안 on하라는 명령과, yy sec동안 off 하라는 명령이 있다면 프로그램은 다음과 같을 것이다.

```
(2.4 sec on)
(0.4 sec off)
(0.4 sec on)
...............
```

이러한 역할을 해 줄 수 있는 것이 Function이다.

파이선의 Function은 다른 언어에서의 Function보다 융통성이 높기 때문에 다양한 기법을 구사 할 수 있다.

하지만, 이 책은 프로그램을 처음 접하는 독자들도 대상으로 생각하고 있기 때문에 Function의 기법을 한꺼번에 설명하지 않고, 프로그램을 작성해 가면서 Function의 사용 기법을 하나씩 설명하기로 하였다.

여기서는 Function을 사용하는 간단한 방법과 구조만 익히기로 하자.

파이선 프로그램에서는 명령어의 위치가 의미를 갖는다. 명령어의 위치가 그보다 앞에 있는 명령어 보다 뒤에 있으면 그 명령어가 앞에 있는 명령어에 종속되어 있음을 뜻한다.

따라서 명령어가 서로 종속되어 있지 않을 때는 명령어 첫 글자의 위치가 서로 같아야 한다.

Function의 구조는 다음과 같다. 앞에서 설명한 바와 같이 Function의 내부 명령어는 “def”의 첫 글자 d 보다 한 칸 이상 뒤에 있어야 한다.

```
def FunctionName(arg1,arg2,...):
        function에서 수행하여야 할 명령들.....
        return value
```

Function을 예를 들어 간단히 설명하는 것이 이해하기 좋을 것 같다.

다음의 예를 보자.

```
def LedOn( Portno, Delay):
        IoPort.output(Portno, True)               #....................(1)
        time.sleep(Delay)                         #....................(2)
```

① Function이 되려면 “def”가 먼저 선언 되어야 한다.

② “LedOn”은 Function의 이름 나타낸다. 프로그램에서 Function을 호출할 때 사용하는 이름이다.

③ Portno, Delay는 Function을 호출하는 측에서 -Function이 수행될 때 사용해야 하는- 값을 전달하기 위한 변수이다

④ Function의 선언문 마지막에는 ':' 가 있어야 한다.

⑤ IoPort.output(Portno, True)와 time.sleep(Delay)은 function이 호출되었을 때 수행되는 명령이다.

(1) Portno가 지정하는 포트로 true(3 volt 전압)을 출력하고

(2) Delay 시간만큼 기다리라는 명령이다.

따라서 위에 있는 LedOn Function은 Portno로 지정된 Port에 True(3 volt)를 출력한 다음 Delay 만큼의 시간을 기다리는 명령이 된다.

이 Function에서는 return해야 할 데이터가 없으므로 return 명령은 사용하지 않는다.

main routine에서 다음 명령을 실행하면

```
LedOn(18,0.4)
```

GPIO18의 출력은 True(3 volt)가 되고 그 상태에서 0.4 sec 동안 대기하라는 명령이 된다.

3)절의 프로그램을 Function을 이용하여 변경해 보자.

morseSoS2.py

```
import RPi.GPIO as IoPort          #...............(1)
import time
def LedOn(Port,Delay):             #...............(2)
    IoPort.output(Port,True)
    time.sleep(Delay)
def LedOff(Port,Delay):            #...............(3)
    IoPort.output(Port,False)
    time.sleep(Delay)

Led = 18                           #...............(4)
IoPort.setmode(IoPort.BCM)
IoPort.setup(Led, IoPort.OUT)
LedOff(Led,2.4)                    #...............(5)

LedOn(Led,0.4)                     # Led를 On하고 0.4 Sec만큼 기다린다
LedOff(Led,0.4)                    # Led를 Off하고 0.4 Sec만큼 기다린다
LedOn(Led,0.4)
LedOff(Led,0.4)
LedOn(Led,0.4)
LedOff(Led,1.2)

LedOn(Led,1.2)
```

```
LedOff(Led,0.4)
LedOn(Led,1.2)
LedOff(Led,0.4)
LedOn(Led,1.2)
LedOff(Led,1.2)

LedOn(Led,0.4)
LedOff(Led,0.4)
LedOn(Led,0.4)
LedOff(Led,0.4)
LedOn(Led,0.4)
LedOff(Led,1.2)
```

(1) 사용할 모듈을 선언하고 있다.
(2) Port로 지정된 Led를 On하고, Delay로 지정된 시간만큼 대기하는 Function이다.
(3) Port로 지정된 Led를 Off하고, Delay로 지정된 시간만큼 대기하는 Function이다.
(4) 프로그램은 여기서 부터 시작된다. GPIO18을 출력포트로 설정하였다.
(5) 프로그램 시작할 때 Led는 off상태로 시작하고 2.4 sec 지난 다음 신호를 출력한다.

프로그램이 2-3)절 보다는 좀 더 읽기 쉽고 간단하다.

이절에서 Function이란 용어를 사용하였는데 앞으로는 Function이란 용어와 함수란 용어를 같은 의미로 사용하기로 하자.

가끔 Math 모듈의 수학적 함수와 혼돈할 수 있기 때문이다.

2-5) Function의 사용 : Function에서 다른 Function 호출

함수는 그 함수의 내부에서 다른 함수를 호출할 수 있다. 다음은 함수의 내부에서 다른 함수를 호출하는 예를 보여주기 위한 프로그램이다

SOS는 "뚜뚜뚜 쓰쓰쓰 뚜뚜뚜"이라 하였다. 그렇다면 "뚜" 명령과 "쓰"를 함수로 만들면 프로그램이

```
"뚜"
"뚜"
"뚜"
"쓰"
"쓰"
.....
```

와 같은 형태로 프로그램을 작성할 수 있고 작성도 쉬워 질 것이다.

여기서 좀 더 생각해보자, 그렇다면 차라리 "S" 함수와 "O" 함수를 만들면 프로그램이

```
"S"
"O"
"S"
```

와 같이 되도록 만드는 것이 더 나을 것 같다.

이런 프로그램을 작성해 보자.

프로그램을 작성하는 방법은 복잡하게 생각할 필요 없다. 2-4)절의 프로그램에서 "S"와 "O"에 해당하는 부분을 오려 가지고 함수로 만들기만 하면 된다.

morseSoS3.py

```
import RPi.GPIO as IoPort
import time
def LedOn(Port,Delay):
  IoPort.output(Port,True)
  time.sleep(Delay)
def LedOff(Port,Delay):
  IoPort.output(Port,False)
  time.sleep(Delay)
def Send_S():                                  #.................(1)
  LedOn(Led,0.4)
  LedOff(Led,0.4)
  LedOn(Led,0.4)
  LedOff(Led,0.4)
  LedOn(Led,0.4)
  LedOff(Led,1.2)
def Send_O():                                  #.................(2)
  LedOn(Led,1.2)
  LedOff(Led,0.4)
  LedOn(Led,1.2)
  LedOff(Led,0.4)
  LedOn(Led,1.2)
  LedOff(Led,1.2)
Led = 18                                      #..................(3)
IoPort.setmode(IoPort.BCM)
IoPort.setup(Led, IoPort.OUT)
LedOff(Led,2.4)
Send_S()                                      #..................(4)
Send_O()
Send_S()
```

(1) “S”를 전송하는 함수
(2) “O”를 전송하는 함수
(3) 프로그램은 여기서부터 시작된다. GPIO18을 출력 포트로 정의하였다.
(4) “S”, “O”, “S”를 호출한다.

이 프로그램은 누가 보아도 SOS를 전송하는 프로그램임을 알 수 있다.

저자는 이와 같이 누가보아도 알 수 있는 프로그램이 가장 좋은 프로그램이라 생각하고 있다. 저자는 쉽게 읽을 수 있는 프로그램은 프로만이 가능한 능력이라 생각하고 있다. 알기 쉬운 프로그램이란 것은 software 공학의 관점에서도 중요한 목표 중 하나이다.

여기서 프로그램을 다시 분석해 보자.

Send_S 함수와 Send_O 함수의 구조를 보면 같은 형식이다.

```
def Send_S() 혹은 Send_O():
  LedOn(Led,x)
  LedOff(Led,0.4)
  LedOn(Led,x)
  LedOff(Led,0.4)
  LedOn(Led,x)
  LedOff(Led,1.2)
```

두 함수의 차이점은 x의 값이 0.4와 1.2라는 점만 다르다.

```
Send_X(0.4) 또는 Send_X(1.2)
```

와 같이 사용한다면 하나의 함수로 Send_S와 Send_O 2개의 함수를 모두 구현 할 수 있다. 이와 같이 변형하여 함수의 개수를 줄여서 사용하는 방법도 생각해 볼 수 있다, 하지만 프로그램 자체는 어려워지기 마련이다. 과연 이것이 좋은 방법인지? 그것은 다시 생각해 보아야 한다.

참고로 모르스 부호에는 “S”와 “O”만 있는 것이 아니다. 다른 문자도 함수를 만들어야 한다고 생각해 보라.

2-6) Time Chart의 사용 2

다음은 Clock 신호를 포함한 Time Chart이다. 실질적으로 사용되는 Clock 신호는 이보다 더 세분화 되어있는 것이 일반적이지만, 나중에 알고리듬 기법을 보여 주기 위하여, 의도적으로 Clock신호를 이렇게 만들었다.

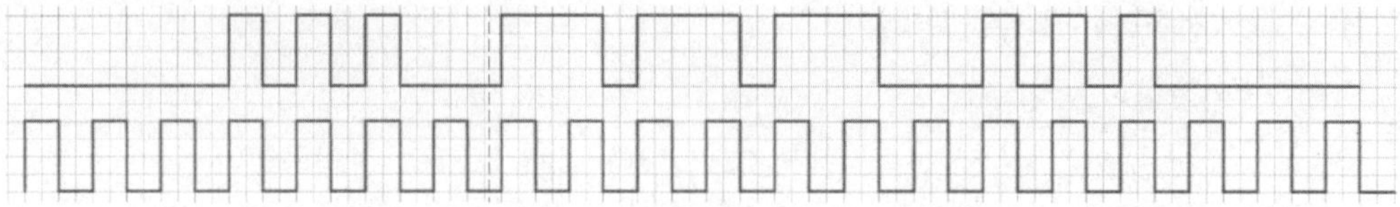

|그림 2-4| Clock을 포함한 신호의 파형

SOS 신호는 GPIO18, Clock 신호는 GPIO23으로 출력하기로 하자

2개의 신호를 동시에 출력한다 생각하고, 어떻게 프로그램을 해야 할지 생각해보라. 직관적으로 프로그램을 할 수 있는 방안을 찾았다면 당신은 정말 우수한 머리를 가지고 있다고 생각해도 좋을 것 같다.

프로그램을 작성하는 과정은 먼저 업무 분석을 하고, 분석된 결과를 가지고 Coding 하여 프로그램이 완성된다.

그런데 여기서 생각할 점은, 프로그램에 익숙하지 못한 프로그래머 들이 수행한 업무분석의 결과물은 대체적으로 -결과물- 그 자체 그대로 Coding 하지 못하고, 분석한 결과물을 이용하여 Coding하는 과정에서 분석 내용을 다시 수정해야 하는 경우가 대부분이다.

업무 분석의 결과가 그렇게 될 수밖에 없는 것은 여러 가지 이유가 있다. 저자의 생각으로는 첫 번째로 Coding에 대한 훈련 부족이 큰 이유 중 하나이다. 하지만 그 보다 더 큰 이유는 논리적 사고를 하는 방법에 대한 훈련이 부족하기 때문이라 생각하고 있다. 많은 사람들은 그것을 머리의 좋고 나쁨이라 생각하는 것 같은데, 저자는 머리와는 관계없는 일이라 생각하고 있다. 훈련되지 않은 사람이 머리가 좋다고 한들 무슨 소용이 있겠는가? 머리가 좋다고 해서 배운 적이 없는 삼각함수를 계산해 낼 수는 없지 않는가.

프로그램도 마찬가지로 생각하기 바란다. 프로그램이란 제한된 언어를 이용하여 무작정으로 순종하는 CPU로 하여금 일을 하게 하는 과정이다. 언어에 대한 연습도 중요하지만 컴퓨터에 적합한 논리적 사고 방법도 훈련이 되어야 한다.

아직 미숙한 프로그래머에게 충고하고 싶은 것은, 힘들고 잘 맞지 않더라도 먼저 업무분석을 하고 난 다음, Coding을 할 것을 권하고 싶다. 다시 말해서 Keyboard를 만지기 전에 먼저 업무를 분석해 보고 시작할 것을 권한다. 처음에는 힘들고 짜증나는 일이기도 하고 맞지도 않는다. 하지만 길게 보면 논리적 사고력을 키우는데 그보다 좋은 방법은 없는 것 같다.

다시 프로그램으로 돌아가자. 파형을 지세히 분석해보면 파형은 다음과 같은 3가지 패턴으로 만들어지고 있음을 알 수 있다.

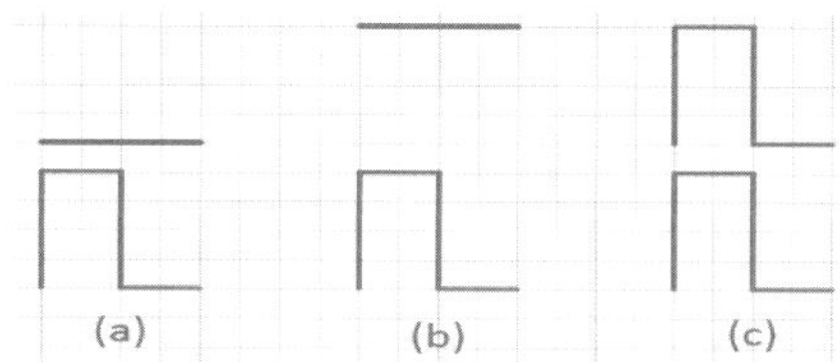

|그림 2-5| 분석 파형

위의 신호를 3가지 패턴으로 표현하면 aaacccabcbcbcacccaaa가 된다.
이것을 SOS에 적용해보면
① S는 ccc이고
② O는 bcbcbc이며,
③ S,O 문자 뒤에는 a가 추가 된다
이렇게 분석한 결과를 가지고 4)절의 프로그램을 수정하면 다음과 같다.

morsesos4.py

```
import RPi.GPIO as IoPort
import time
def Sig_a(Port1,Port2,Delay):                          #..................(1)
  IoPort.output(Port1,False)
  IoPort.output(Port2,True)
  time.sleep(Delay)
  IoPort.output(Port2,False)
  time.sleep(Delay)
def Sig_b(Port1,Port2,Delay):                           #..................(2)
  IoPort.output(Port1,True)
  IoPort.output(Port2,True)
  time.sleep(Delay)
  IoPort.output(Port2,False)
  time.sleep(Delay)
def Sig_c(Port1,Port2,Delay):                           #..................(3)
  IoPort.output(Port1,True)
  IoPort.output(Port2,True)
  time.sleep(Delay)
  IoPort.output(Port1,False)
  IoPort.output(Port2,False)
  time.sleep(Delay)
def Send_S(Port1,Port2):                               #..................(4)
  Sig_c(Port1,Port2,0.4)
  Sig_c(Port1,Port2,0.4)
  Sig_c(Port1,Port2,0.4)
```

```
  Sig_a(Port1,Port2,0.4)
def Send_O(Port1,Port2):                              #....................(5)
  Sig_b(Port1,Port2,0.4)
  Sig_c(Port1,Port2,0.4)
  Sig_b(Port1,Port2,0.4)
  Sig_c(Port1,Port2,0.4)
  Sig_b(Port1,Port2,0.4)
  Sig_c(Port1,Port2,0.4)
  Sig_a(Port1,Port2,0.4)
Led = 18                                               #..................(6)
Clk = 23
IoPort.setmode(IoPort.BCM)
IoPort.setup(Led, IoPort.OUT)
IoPort.setup(Clk, IoPort.OUT)
Sig_a(Led,Clk,0.4)                                    #...................(7)
Sig_a(Led,Clk,0.4)
Sig_a(Led,Clk,0.4)

Send_S(Led,Clk)
Send_O(Led,Clk)
Send_S(Led,Clk)

Sig_a(Led,Clk,0.4)
Sig_a(Led,Clk,0.4)
```

(1) **그림 2-5(a)** 신호를 만드는 함수

(2) **그림 2-5(b)** 신호를 만드는 함수

(3) **그림 2-5(c)** 신호를 만드는 함수

(4) 분석한 결과 "S"는 ccc이다. "S" 부호 뒤에 추가적으로 a가 있다.

(5) 분석한 결과 "O"는 bcbcbc이다. "O" 부호 뒤에 추가적으로 a가 있다.

(6) 프로그램 시작점이다.

(7) SOS 신호를 출력하는 부분이다.

예 제 1

다음은 동기 신호를 사용한 모르스 부호의 Time Chart이다. GPIO18로 SOS 신호를 방출하고 GPIO23으로 동기 신호를 출력하는 프로그램을 작성하라.

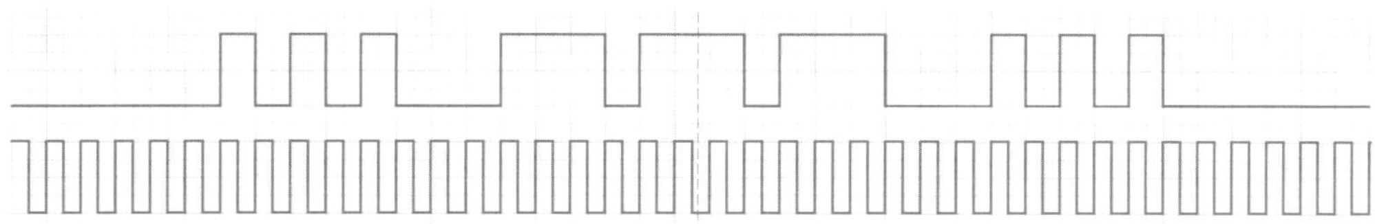

풀이 Time Chart를 다시 분석해 보면 a,b 2가지 상태가 있음을 알 수 있다. 따라서 모둔 파형은 a,b로 표현할 수 있다.

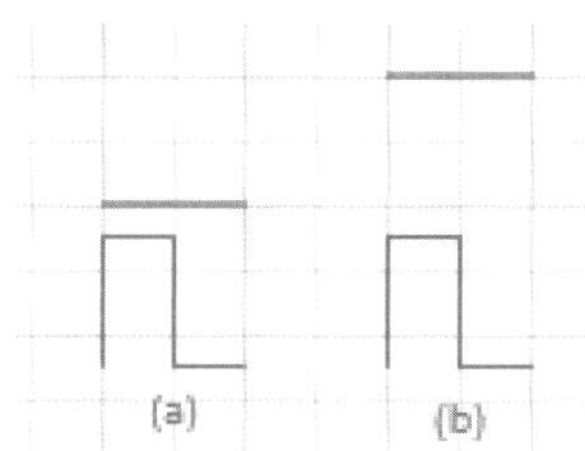

따라서 SOS의 Time Chart는 aaaaaababaaabbbabbbabbbaaabababaaaaaa로 표현된다. a,b로 표현된 것을 다시 분석해 보면 다음과 같이 4가지로 값으로 구성되어 있음을 알 수 있다.
① ton : ba
② thu : bbba => bb ba => bb ton
③ dly : aa
이 값을 다시 "S","O"에 적용해보면 "S"는 ton, ton, ton, "O"는 thu, thu, thu이고 부호와 부호 사이는 dly, 단어와 단어 사이는 3×dly가 추가 되는데, 이것은 모르스 규약과 일치하는 결과이다.
참고로 다른 문자도 "S","O"와 같은 방법으로 함수를 만든다고 생각해 보라! 함수 그 자체가 모르스 부호로 보이지 않을까?
저자가 작성한 프로그램은 다음과 같다.

morsesos5.py

```
import RPi.GPIO as IoPort
import time
def Sig_a():
  IoPort.output(Led,False)
  IoPort.output(Clk,True)
  time.sleep(tmin)
  IoPort.output(Clk,False)
  time.sleep(tmin)
def Sig_b():
  IoPort.output(Led,True)
  IoPort.output(Clk,True)
  time.sleep(tmin)
  IoPort.output(Clk,False)
```

```
  time.sleep(tmin)
def ton():
  Sig_b()
  Sig_a()
def thu():
  Sig_b()
  Sig_b()
  ton()
def dly():
  Sig_a()
  Sig_a()
def Send_S():
  ton()
  ton()
  ton()
def Send_O():
  thu()
  thu()
  thu()
Led = 18
Clk = 23
tmin = 0.2
IoPort.setmode(IoPort.BCM)
IoPort.setup(Led, IoPort.OUT)
IoPort.setup(Clk, IoPort.OUT)
dly()
dly()
dly()
Send_S()
dly()
Send_O()
dly()
Send_S()
dly()
dly()
dly()
```

평가문제

다음 그림과 같은 신호를 출력하는 프로그램을 작성하라.
Sig_A는 GPIO18로 출력하고 Sig_B는 GPIO23로 출력하라. x축 한 눈금의 길이는 0.2 sec이다.

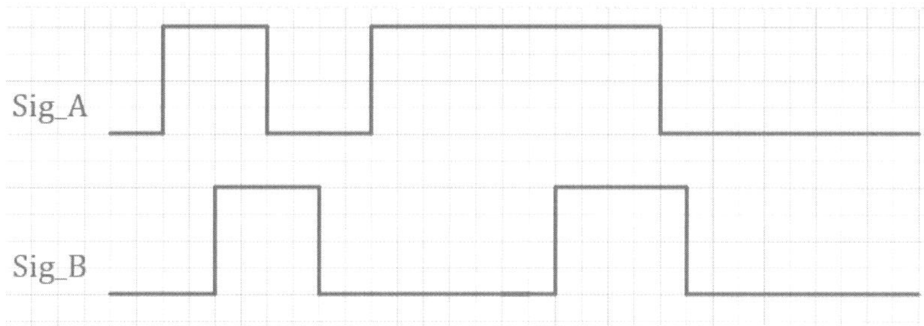

풀이 신호를 분석하면 다음 4가지로 구성되어 있다.

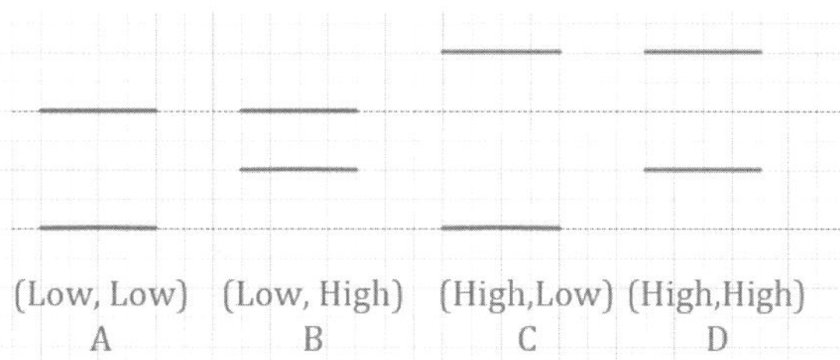

따라서 출력 신호는 A,B,C,D 4가지로 구분할 수 있지만, A,B,C,D가 지속되는 시간은 다르다. 2가지 방법을 생각할 수 있다.
① 최소 지속시간이 0.2 Sec이므로 신호를 0.2 Sec 단위로 신호를 모두 표시하는 방법
② A,B,C,D의 지속시간을 별도로 지정하는 방법
여기서는 2번째 방법으로 프로그램을 작성하자.
신호를 분석하면 A(0.4), C(0.4), D(0.4), B(0.4), A(0.4), C(1.4), D(1.0), B(0.2), A(1.8)가 된다.
분석한 결과를 이용하여 프로그램을 작성하면 다음과 같다.

signal1.py

```
import RPi.GPIO as IoPort
import time
def State_A(Dly):
  IoPort.output(SigA,False)
  IoPort.output(SigB,False)
  time.sleep(Dly)
def State_B(Dly):
  IoPort.output(SigA,False)
  IoPort.output(SigB,True)
  time.sleep(Dly)
def State_C(Dly):
  IoPort.output(SigA,True)
  IoPort.output(SigB,False)
  time.sleep(Dly)
def State_D(Dly):
  IoPort.output(SigA,True)
  IoPort.output(SigB,True)
  time.sleep(Dly)
SigA = 18
SigB = 23
IoPort.setmode(IoPort.BCM)
```

```
IoPort.setup(SigA, IoPort.OUT)
IoPort.setup(SigB, IoPort.OUT)
State_A(0.4)
State_C(0.4)
State_D(0.4)
State_B(0.4)
State_A(0.4)
State_C(1.4)
State_D(1.0)
State_B(0.2)
State_A(1.8)
```

3 디지털 신호의 출력 2

이 장은 –반복된 작업을 수행할 수 있는– 프로그램의 작성 방법을 위주로 설명하고 있다.

이 장에서 사용하는 Hardware는 앞장(디지털 신호의 출력 1)에서 사용하는 회로와 동일하다.

독자들이 이 장을 읽으면 다음 사항들을 알게 될 것이다.

① for 명령을 사용하는 방법

② PWM, duty 비

③ while 명령을 사용하는 방법

④ 변수를 global로 선언하는 의미와 방법

⑤ State diagram에 대한 이해

3–1) For 명령, range

프로그램을 작성하다 보면 반복된 작업을 해야 하는 경우가 많다.

이럴 때 필요한 명령이 for 명령이다.

for 명령의 문법은 다음과 같다.

```
for 변수 in command:
    for 루프 속에서 사용할 명령어...
```

• 앞에서 설명한 것과 같이 for 명령에 종속된 명령어는 f 보다 뒤에 기록되어야 한다.

파이선의 for 문장은 다른 언어의 for 문장보다 융통성이 높다.

for 문장을 컴퓨터의 다른 언어와 비교한다면 C 언어의 "foreach" 명령에 가깝다.

여기서는 먼저 for 문장을 사용해 보자. 먼저 for 문장을 사용해보고, 익숙해 진 다음, for 문장을 자세히 검토해 보는 것이 좋을 것 같다.

여기서는 "command"에 range(시작 번호, 종료번호)를 사용한다.

range는 "시작번호 ≦ x 〈 종료번호" 사이의 숫자를 순서대로 출력해 주는 명령어 이다. 다시 말하면 range(0,10) 이라면 0,1,2,...,9의 숫자를 순서대로 출력해 준다. 따라서 range(0,10)은 10개의 숫자를 출력하기 때문에 for 내부의 명령을 10번 반복하도록 카운트 하는 역할을 한다.

For 문장을 사용하는 간단한 예를 보자.

```
for i in range(0,10):
        LedOn(18,0.4)
        LedOff(18,0.4).
```

위의 프로그램은 명령어 부분이 GPIO18 Led를 1회 On-Off하는 명령이고, range가 0~10이므로 GPIO18을 10번(0,1...,9)번 On-Off 하는 프로그램이 된다.

2-5)절에서 작성한 프로그램을 변경하여 SOS를 10번 연속으로 송출하는 프로그램으로 변경해 보자. 다음과 같이 for 명령어 한 줄만 넣으면 된다.

morseSoS6.py

```
import RPi.GPIO as IoPort
import time
def LedOn(Port,Delay):
  IoPort.output(Port,True)
  time.sleep(Delay)
def LedOff(Port,Delay):
  IoPort.output(Port,False)
  time.sleep(Delay)
def Send_S(Port):
  LedOn(Led,0.4)
  LedOff(Led,0.4)
  LedOn(Led,0.4)
  LedOff(Led,0.4)
  LedOn(Led,0.4)
  LedOff(Led,1.2)
def Send_O(Port):
  LedOn(Led,1.2)
  LedOff(Led,0.4)
```

```
  LedOn(Led,1.2)
  LedOff(Led,0.4)
  LedOn(Led,1.2)
  LedOff(Led,1.2)
Led = 18
IoPort.setmode(IoPort.BCM)
IoPort.setup(Led, IoPort.OUT)
for I in range(0,10):                         #.....................(1)
  LedOff(Led,2.4)                             #.....................(2)
  Send_S(Led)
  Send_O(Led)
  Send_S(Led)
```

(1) 내부명령을 10회 반복하라는 명령이다.

(2) 내부명령 : "SOS"를 출력하는 프로그램이다.

3-2) For 명령, PWM, duty 비

디지털 하드웨어에서 D/A converter를 사용하지 않고, Analog 신호를 만드는 방법 중 하나가 PWM을 이용하는 방법이다.

라즈베리파이의 PWM 기능은 3편에서 다루기로 하고 여기서는 소프트웨어로 PWM 신호를 만들어 보자.

PWM은 간단히 설명하면 ON시간과 Off시간이 –출력하려는 analog의 값–에 따라 달라지는 펄스라고 해도 좋을 것 같다.

설명을 쉽게 하기 위하여 미리 용어를 하나를 정의해 두자. On–Off가 한 주기라면 $\frac{On\ time}{On\ time + Off\ time}$ 으로 계산된 값을 "duty 비"라 부른다.

상식선으로 생각해도 On(3V) 시간이 Off(0V)시간에 비해 크다면 에너지도 큰 값이 될 것이다. 이것이 PWM을 사용하는 이유 중 하나이다.

저자의 설명을 잘못 이해하면 PWM이 에너지의 크기를 바꾸기 위한 수단으로만 생각하기 쉽지만 그것이 전부는 아니다, 어떤 경우에는 통신 목적으로도 사용되기 때문이다. 저자의 생각으로는 통신 목적으로 사용하는 경우가 더 많을 것 같다.

여기서 우리는 PWM에 의해 에너지가 달라진다는 것을, Led의 밝기 변화로 확인해 보자.

사람의 눈은 약 1/16초 동안 잔상효과를 가지기 때문에, 영화나 애니메이션은 30~60 프레임(1초에 30~60번 화면을 교체한다.)으로 촬영함으로써 사람의 눈에는 연속동작으로 보인다. 일단 우리는 30 프레임을 기준으로 생각하기로 하자.

그렇다면 1/30 = 0.0333 sec 이내에 Led를 on–off하면 사람들은 Led가 Off되는 것을

인식하지 못하고 Led가 계속 On 상태를 유지하는 것처럼 느끼게 된다. **그림 3-1**에 있는 2개의 타임차트를 비교해 보자.

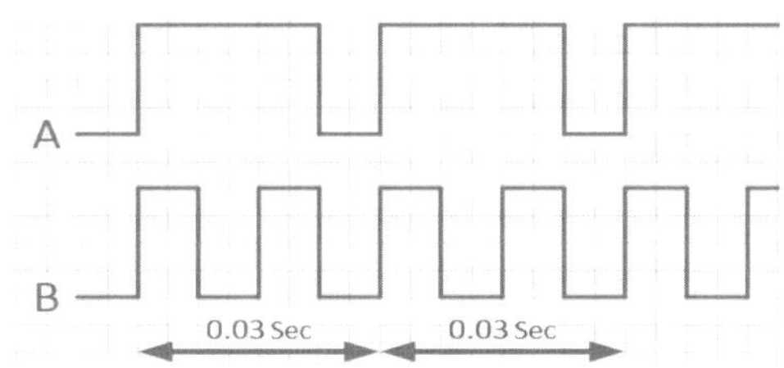

|그림 3-1| 타임 차트

신호 A와 B 모두 0.03 Sec 이내에 Led를 On-Off 하기 때문에 Led가 계속 On상태를 유지하는 것으로 보인다. 여기서 A와 B 두 가지 파형의 차이는 On 상태를 유지하는 시간이다. B 보다는 A가 On 상태인 시간이 길다. 상식선으로 생각하자 A가 B보다 밝게 보일 것이다.

그렇다면 처음 Led가 On되는 시간을 최댓값으로 설정한 다음 On시간을 점진적으로 줄여 나가면 Led의 밝기가 차츰 어두워지는 효과를 만들어 낼 수 있을 것이다.

프로그램을 다음과 같이 작성해 보자.

Candle1.py

```
import RPi.GPIO as IoPort
import time
def candle(Port,on,off):                    #.........................(1)
  for i in range(0,30):
    IoPort.output(Port,True)
    time.sleep(on)
    IoPort.output(Port,False)
    time.sleep(off)
Led = 18
IoPort.setmode(IoPort.BCM)
IoPort.setup(Led, IoPort.OUT)
for i in range(0,40):                       #.........................(2)
  sub = i * 0.0005
  candle(Led,0.02-sub,0.01)                 #.........................(3)
```

(1) 함수 candle에서는 메인 함수에서 지정한 on, off 시간에 따라 Led를 On-Off하는 루프를 30번 반복한다. 반복 횟수가 너무 작으면 사람이 어두워지는 것을 느끼기도 전에 프로그램이 종료한다.

(2) on 시간을 계속 줄여가면서 candle() 함수를 40번 반복 호출한다.

(3) on time과 off time을 합한 값이 $\frac{1}{30}$=0.0333보다 적은 값이기 때문에 잔상으로 인하여 Led가 계속 켜져 있는 것처럼 보인다.
루프가 반복될 때 마다 sub 값이 커지기 때문에, candle 함수의 duty 비는 차츰 줄어들고 계속 어두워진다.

duty비를 변경할 때마다 변경된 duty비를 가진 Pulse를 30개씩 출력하기 때문에 Led의 밝기가 점점 어두워지는 것처럼 보이게 된다.

참고로 실험을 해보면 Led의 밝기가 직선적으로 어두워지지 않는다는 것을 느낄 수 있을 것이다. 그리고 Led가 On을 유지하는 시간은, Led가 밝은 상태로 있는 시간이 어두운 상태로 있는 시간보다 길 다는 것을 알 수 있다.

Pulse의수는 동일한데 off시간은 고정되어있고 On시간만 변경하니 당연한 결과이다. 이것을 보완하려면 duty비와 출력 Pulse의 수를 비 직선적으로 변경할 필요가 있다. 이렇게 보완 하려면 Led의 Manual에서 전류와 조도의 관계를 알아야 하고, duty비 대 pulse의 에너지의 관계를 고려하여야 하는데, 그것은 이 책의 범위를 넘는 것 같다.

시중에는 이러한 효과들을 이용하여 Led를 촛불처럼 보이도록 프로그램 하는 방법이 많이 소개 되고 있다.

3-3) Global 명령

3-2)절의 프로그램에서 off 시간 0.01을 0.03 혹은 그보다 조금 더 큰 값으로 변경한 다음 프로그램을 실행해 보기 바란다. 무언가 다른 느낌이 들것이다. 3-2)절의 프로그램에서 사용한 상수 값을 변경하면 시각적으로 여러 가지 다른 효과를 얻을 수 있다.

이런 식으로 프로그램을 변경하려면 프로그램 중에 사용되는 정수 값을 동적으로 변경할 수 있는 방법이 필요하다, 한 예로 프로그램 수행 중에 Off시간을 변경하려면 0.01을 다른 변수로 대치하고 프로그램 진행 중에 그 변수의 값을 바꾸면 Off 시간을 동적으로 변경할 수 있다.

하지만 3-2)절의 프로그램에서 Pulse의 출력 횟수를 지정하는 값 30은 변수로 대치하여도, Candle 함수의 내부 변수이기 때문에 -원칙적으로는- Candle 변수의 값을 외부에서 변경할 수 있는 방법은 없다.(간접적으로 변경하는 방법은 있지만...)

이럴 때 사용할 수 있는 명령이 global이다. 함수 내부의 변수를 global로 지정하면 그 변수의 값을 외부에서 변경할 수 있다.

3-2)번 프로그램의 단점 중 하나가 duty비가 크면 지속 시간도 길어진다는 점이다. 이러한 단점을 조금이나마 보완해 보기로 하자.

```
Candle2.py
import RPi.GPIO as IoPort
import time
def candle(Port,on,off):
  global Count                         #..........................(1)
  for i in range(0,Count):             #..........................(2)
    IoPort.output(Port,True)
    time.sleep(on)
    IoPort.output(Port,False)
    time.sleep(off)
Led   = 18
IoPort.setmode(IoPort.BCM)
IoPort.setup(Led, IoPort.OUT)
for i in range(0,40):
  Count = 10 + i                       #..........................(3)
  sub = i * 0.0005
  candle(Led,0.02-sub,0.01)
```

(1) Count를 global로 선언 하였다.

(2) on, off로 지정된 duty 비의 펄스를 count 횟수만큼 출력한다.

(3) Count의 횟수를 동적으로 변경한다.

맘에 드는 수준은 아니다. 하지만 (2)번에서 사용하고 있는 Count값을 (3)번과 같이 main 프로그램에서 변경할 수 있다는 것은 알 수 있다.

3-4) while 명령

while 명령의 구조는 다음과 같다.

```
while 조건문:
   조건이 만족되었을 때 수행되는 명령어
```

while 명령은 조건이 만족되면, 그 밑에 지정한 명령을 수행하고, 다시 조건이 만족되는지를 검토하기 때문에 조건이 만족되고 있는 동안은 while 내부 명령이 무한히 반복된다.

조건 절에서 자주 사용되는 연산자는 **표 3-1**에 정리하였다.

|표 3-1| 조건절의 연산자

연산자	의미
〈	작다
〈=	작거나 크다
〉	크다
〉=	크거나 같다
==	같다
!=	같지 않다

그림 3-2와 같은 출력을 끝없이 방출하는 프로그램을 작성해 보자.

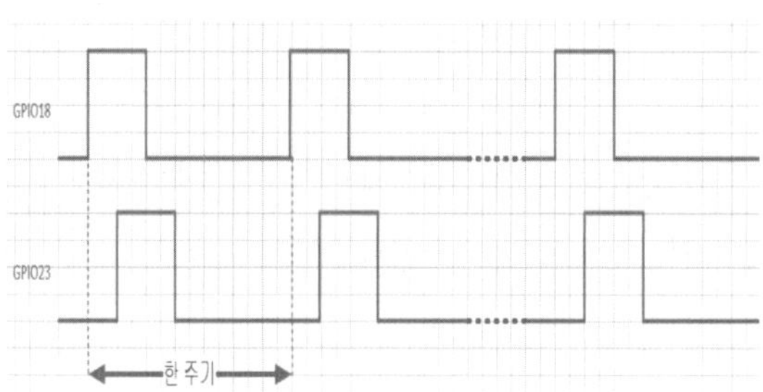

|그림 3-2| 출력 파형

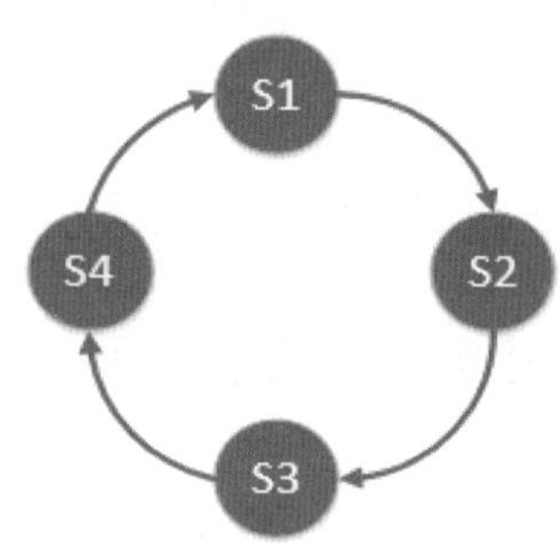

|그림 3-3| State Diagram

앞에서 for 문장을 배우긴 하였지만 이 경우는 for문장으로 해결 되지 않는다. 반복 횟수가 무한해야하기 때문이다.

이럴 때 사용할 수 있는 명령이 while이다.

Coding을 하기 전에 먼저 파형을 분석해 보자.

그림에 한 주기라 표시한 부분이 계속 반복 되고 있다.

신호의 형태를 분석해 보자. 하지만 그림으로 표현하는 것은 조금은 귀찮은 면이 있다. 이번에는 다음과 같이 표현해 보자.

(True, False) → (True, True) → (False, True) → (False,False)

다시 (True,False)가 되기 전에 3회 정도의 delay가 필요하다.

앞의 값은 GPIO18의 출력이고, 뒤의 값은 GPIO23의 출력이다.

(True, False) ≡ s1

(True, True) ≡ s2

(False, True)≡ s3

(False, False)≡ s4 : 3회의 delay가 필요하다.

이라 정의하고 s1,s2,s3,s4를 state라 부르자.

참고로 S4는 3회의 delay가 필요하다. 이것은 S4의 특성이다.

디지털 공학에서는 이러한 상태(state) 변화를 **그림 3-3**과 같이 표현하고 이를 State Diagram이라 부른다.

지금은 그런 표현 방법이 있구나 하는 정도로 넘어가자.

프로그램은 다음과 같다.

state1.py

```
import RPi.GPIO as IoPort
import time

def State_1(Delay):                                  #.................(1)
  IoPort.output(Port1,True)
  IoPort.output(Port2,False)
  time.sleep(Delay)
def State_2(Delay):                                  #.................(2)
  IoPort.output(Port1,True)
  IoPort.output(Port2,True)
  time.sleep(Delay)
def State_3(Delay):                                  #.................(3)
  IoPort.output(Port1,False)
  IoPort.output(Port2,True)
  time.sleep(Delay)
def State_4(Delay):                                  #.................(4)
  IoPort.output(Port1,False)
  IoPort.output(Port2,False)
  time.sleep(Delay)
  time.sleep(Delay)
  time.sleep(Delay)
  time.sleep(Delay)

Port1 = 18
Port2 = 23
IoPort.setmode(IoPort.BCM)
IoPort.setup(Port1, IoPort.OUT)
IoPort.setup(Port2, IoPort.OUT)
time.sleep(0.4)
```

```
while True:                                   #..................(5)
  State_1(0.4)
  State_2(0.4)
  State_3(0.4)
  State_4(0.4)
```

(1)(2)(3)(4) State1,2,3,4에서 수행되는 명령이다.

(5) 무한 루프이다. 종료하려면 CTRL-C로 중단해야 한다.

State, State Diagram이라며, 떠벌린 것에 비하여 프로그램이 무언가 싱겁다. 하지만 main routine을 다시 읽어 보면 State_1 → State_2 → State_3 → State_4 → State_1... 으로 바뀐다는 것은 쉽게 이해 할 수 있지 않은가? 그보다 좋은 프로그램이 어디 있겠는가?

Shell 화면에서 Ctrl-C를 누르면 프로그램이 멈춘다.

참고로 위의 파형을 State로 표현하지 않고 말로서 설명해 보라.

제대로 표현하려면 대단히 복잡하게 설명해야 할 것이다.

이러한 표현법을 잘 기억해 두면 업무 분석에 큰 도움이 된다.

3-5) while 명령 : 조건절

while 명령은 어떤 조건을 만족하면 무한히 수행된다.

그렇기 때문에 무한 루프에 사용하거나, 특정 조건을 만족하지 못하게 되는 시점까지 기다리는 목적으로 자주 사용된다. 여기서는 프로그램 수행 중 조건을 바꾸어서 while 문장을 벗어나는 방법을 연습해 보자.

3-4)절의 프로그램을 변경하여 while을 사용하지만 10번만 반복하도록 만들어 보자. while 명령이 10번만 실행 되도록 하려면, 프로그램이 10번 실행되었을 때 while 문장의 조건을 만족하지 못하도록 만들어야 한다.

0 부터 시작하여 루프가 1회 실행 될 때 마다 0.1씩 더하면 10번 만에 1이 되기 때문에 while의 조건을 만족하지 못하므로 while 루프를 벗어나게 된다. 프로그램은 다음과 같다.

state2.py

```
import RPi.GPIO as IoPort
import time

def State_1(Delay):
  IoPort.output(Port1,True)
  IoPort.output(Port2,False)
  time.sleep(Delay)
```

```
def State_2(Delay):
  IoPort.output(Port1,True)
  IoPort.output(Port2,True)
  time.sleep(Delay)
def State_3(Delay):
  IoPort.output(Port1,False)
  IoPort.output(Port2,True)
  time.sleep(Delay)
def State_4(Delay):
  IoPort.output(Port1,False)
  IoPort.output(Port2,False)
  time.sleep(Delay)

Port1 = 18
Port2 = 23
IoPort.setmode(IoPort.BCM)
IoPort.setup(Port1, IoPort.OUT)
IoPort.setup(Port2, IoPort.OUT)
time.sleep(0.4)
no=0                                    #.................(1)
while no < 1:                           #.................(2)
  State_1(0.4)
  State_2(0.4)
  State_3(0.4)
  State_4(0.4)
  no += 0.1                             #.................(3)
```

(1) no의 값을 0으로 설정하고 프로그램을 실행한다.

(2) "no 〈 10"는 no 〈 10을 만족하면 True이고 no 〈 10을 만족하지 않으면 False이다. no의 값이 1보다 작은 값이면 조건을 만족하기 때문에 while에 종속되어 있는 명령이 계속 수행된다.

(3) no = no + 0.1과 동일한 의미를 갖는 연산이다. no *= 2, no /= 2 등도 같은 의미를 갖는다. 따라서 no의 값은 명령이 수행될 때마다 0.1씩 증가 하므로 10번 수행되면 1이 되고 while 명령이 종료된다.

예 제 1

for 문장을 이용하여 다음과 같은 파형을 출력하라.

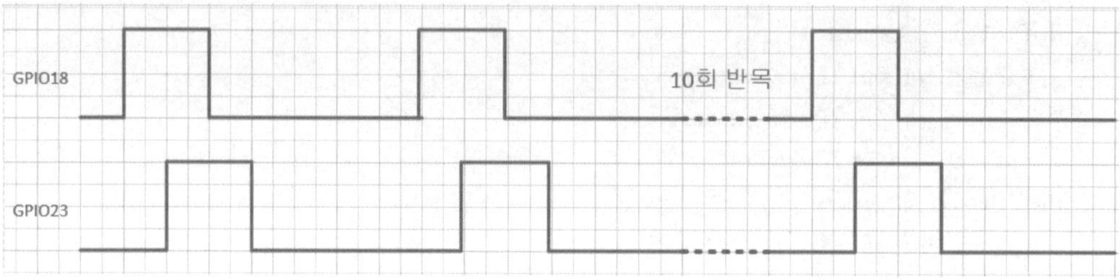

풀이 3-5)절 프로그램에서 while 명령 대신 for 문장으로 바꾸기만 하면 된다

state3.py

```
import RPi.GPIO as IoPort
import time
Port1 = 18
Port2 = 23
def State_1(Delay):
  IoPort.output(Port1,True)
  IoPort.output(Port2,False)
  time.sleep(Delay)
def State_2(Delay):
  IoPort.output(Port1,True)
  IoPort.output(Port2,True)
  time.sleep(Delay)
def State_3(Delay):
  IoPort.output(Port1,False)
  IoPort.output(Port2,True)
  time.sleep(Delay)
def State_4(Delay):
  IoPort.output(Port1,False)
  IoPort.output(Port2,False)
  time.sleep(Delay)
IoPort.setmode(IoPort.BCM)
IoPort.setup(Port1, IoPort.OUT)
IoPort.setup(Port2, IoPort.OUT)
time.sleep(0.4)
for I in range(0,10):
  State_1(0.4)
  State_2(0.4)
  State_3(0.4)
  State_4(0.4)
```

예 제 2

다음의 State Diagram을 만족하는 프로그램을 작성하라. Led는 GPIO18, GPIO23, GPIO24, GPIO25를 사용하고, 모든 경우에 대하여 On 상태인 Led는 1개만 허용 된다.

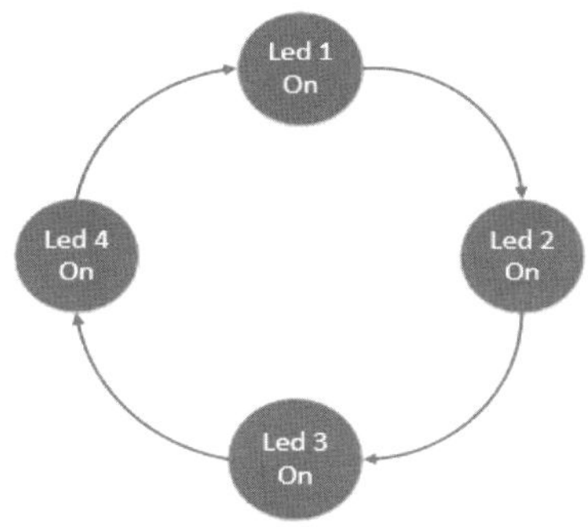

풀이 예제 1) 프로그램에 while 명령을 사용하고, State에서 수행되어야 할 명령만 변경하면 된다.

state4.py

```
import RPi.GPIO as IoPort
import time

def State_1(Delay):
  IoPort.output(Port1,True)
  IoPort.output(Port4,False)
  time.sleep(Delay)
def State_2(Delay):
  IoPort.output(Port2,True)
  IoPort.output(Port1,False)
  time.sleep(Delay)
def State_3(Delay):
  IoPort.output(Port3,True)
  IoPort.output(Port2,False)
  time.sleep(Delay)
def State_4(Delay):
  IoPort.output(Port4,True)
  IoPort.output(Port3,False)
  time.sleep(Delay)

Port1 = 18
Port2 = 23
Port3 = 24
Port4 = 25
IoPort.setmode(IoPort.BCM)
IoPort.setup(Port1, IoPort.OUT)
```

```
IoPort.setup(Port2, IoPort.OUT)
IoPort.setup(Port3, IoPort.OUT)
IoPort.setup(Port4, IoPort.OUT)
time.sleep(0.4)
while True:
  State_1(0.4)
  State_2(0.4)
  State_3(0.4)
  State_4(0.4)
```

예 제 3

GPIO18, GPIO23, GPIO24, GPIO25를 이용하여 다음과 같은 Time Chart를 만족하는 프로그램을 작성하라.

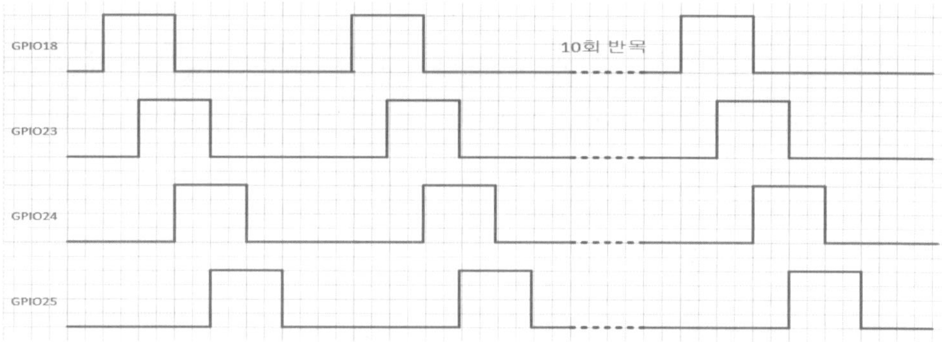

풀이 4-bit로 구성된 State를 만들면 6개의 State가 만들어진다.

S1 ≡ (True, False, False, False)
S2 ≡ (True, True, False, False)
S3 ≡ (False, True, True, False)
S4 ≡ (False, False, True, True)
S5 ≡ (False, False, False, True)
S6 ≡ (False, False, False, False)

예제 2) 프로그램에 State 2개 추가하고, State에서 수행되어야 할 명령어만 바꾸어 주면 된다.

state5.py

```
import RPi.GPIO as IoPort
import time
def State_1(Delay):
  IoPort.output(Port1,True)
  IoPort.output(Port2,False)
  IoPort.output(Port3,False)
```

```
  IoPort.output(Port4,False)
  time.sleep(Delay)
def State_2(Delay):
  IoPort.output(Port1,True)
  IoPort.output(Port2,True)
  IoPort.output(Port3,False)
  IoPort.output(Port4,False)
  time.sleep(Delay)
def State_3(Delay):
  IoPort.output(Port1,False)
  IoPort.output(Port2,True)
  IoPort.output(Port3,True)
  IoPort.output(Port4,False)
  time.sleep(Delay)
def State_4(Delay):
  IoPort.output(Port1,False)
  IoPort.output(Port2,False)
  IoPort.output(Port3,True)
  IoPort.output(Port4,True)
  time.sleep(Delay)
def State_5(Delay):
  IoPort.output(Port1,False)
  IoPort.output(Port2,False)
  IoPort.output(Port3,False)
  IoPort.output(Port4,True)
  time.sleep(Delay)
def State_6(Delay):
  IoPort.output(Port1,False)
  IoPort.output(Port2,False)
  IoPort.output(Port3,False)
  IoPort.output(Port4,False)
  time.sleep(Delay)
Port1 = 18
Port2 = 23
Port3 = 24
Port4 = 25
IoPort.setmode(IoPort.BCM)
IoPort.setup(Port1, IoPort.OUT)
IoPort.setup(Port2, IoPort.OUT)
IoPort.setup(Port3, IoPort.OUT)
IoPort.setup(Port4, IoPort.OUT)
time.sleep(0.4)
while True:
  State_1(0.4)
  State_2(0.4)
  State_3(0.4)
  State_4(0.4)
  State_5(0.4)
  State_6(0.8)
```

예 제 4

3-3)절의 프로그램은 어두워지는 속도가 너무 느리다. 속도를 좀 더 빠르게 하려면 어떻게 수정하여야 하는가?

풀이 Count 값을 줄이는 것도 속도를 빠르게 하는 방법이고 sub의 값의 변화량을 크게하는 것도 방법이다. off time을 바꾸는것도 방법이다. 다양한 변화를 만들어 낼 수 있다. 각자 Test를 해 보라. 값을 크게도 만들어 보라.....

평가문제

GPIO18의 Led가 서서히 밝아 졌다가, 가장 밝아 졌을 때 부터 다시 서서히 어두워지는 과정을 무한히 반복하는 프로그램을 작성하라. 단 출력되는 PWM의 주기가 일정한 값이 되도록 만들어라.

풀이 서서히 밝아지는 상태와 어두워지는 상태가 반복 되고 있다.
서서히 어두워지는 상태를 S1, 서서히 어두워지는 상태를 S2라 하자.

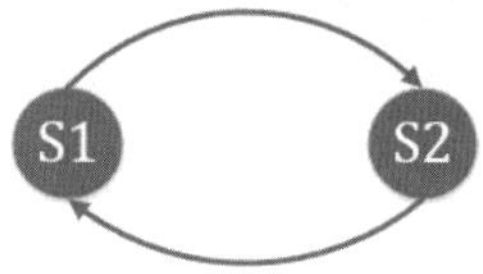

서서히 어두워지는 프로그램은 3-3)절에서 작성해 보았다.

```
  global Count
for i in range(0,40):
  Count = 20 + int(10*i/40)
  sub = i * 0.0005
  candle(Led,0.02-sub,0.01)
```

여기서 PWM의 주기가 일정하려면 on time과 off time을 합한 값이 일정한 값이 되어야 한다.
한주기의 값을 0.03 sec라 하면
On Time + Off Time = 0.03
의 관계를 만족하여야 하고 주기가 일정하므로 Count의 값을 변경할 필요가 없다. 이러한 관계를 생각하고 프로그램을 변경하면

```
for i in range(0,40):                         ..............................(1)
  sub = i * 0.03/40
  candle(Led,0.03-sub,sub)
```

와 같이 된다. 서서히 밝아지는 프로그램을 작성하면

```
  for i in range(0,40):                       ..............................(2)
    sub = i * 0.03/40
    candle(Led,sub,0.03-sub)
```

가 된다. (1)을 State1이라 두고 (2)를 State2라 두고 State가 운영될 수 있도록 작성하면 프로그램은 다음과 같이 된다.

Candle3.py

```
import RPi.GPIO as IoPort
import time
def candle(Port,on,off):
  global Count
  for i in range(0,Count):
    IoPort.output(Port,True)
    time.sleep(on)
    IoPort.output(Port,False)
    time.sleep(off)
def State1(Led):
  for i in range(0,40):
    sub = i * 0.03/40
    candle(Led,0.03-sub,sub)
def State2(Led):
  for i in range(0,40):
    sub = i * 0.03/40
    candle(Led,sub,0.03-sub)
Led   = 18
Count = 30
IoPort.setmode(IoPort.BCM)
IoPort.setup(Led, IoPort.OUT)
while True:
  State1(Led)
  State2(Led)
```

4 디지털 신호의 입력

디지털 신호를 입력 받으려면 먼저 사용할 포트를 입력으로 설정하여야 한다. 디지털 신호는 입력이 3V일 때는 True, 0V일 때는 False로 입력된다. 이장에서 사용할 회로는 1장에서 사용한 회로에 Key가 2개 추가되었다. Key는 디지털 입력을 받기 위한 것이다.

Key는 눌렸을 때 False가 입력되고 key가 해제 되어 있을 때는 True가 입력되도록 설계되어 있다.

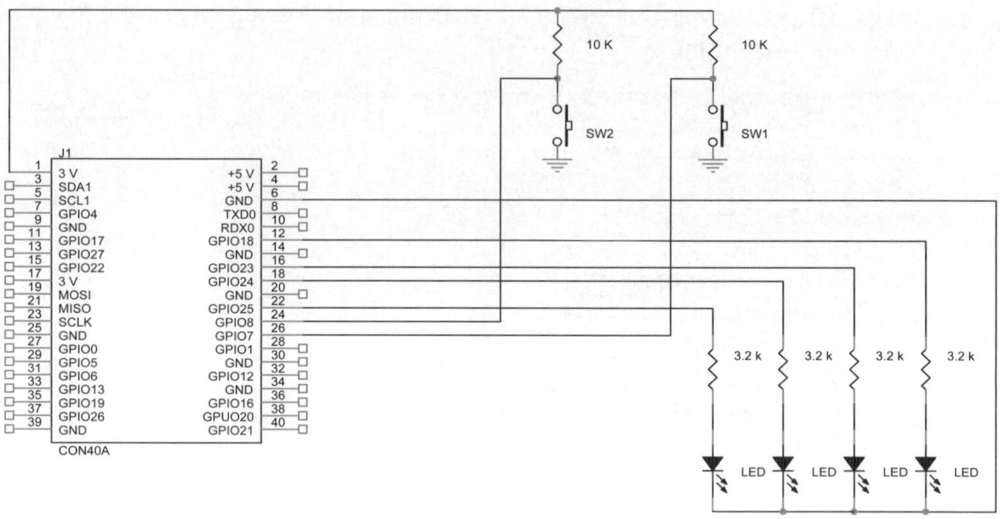

|그림 4-1| 디지털 신호의 입력 회로도

독자들이 이 장을 읽으면 다음 사항들을 알게 될 것이다.

① 디지털 신호를 입력 받는 방법

② if 명령을 사용하는 방법

③ break 명령

④ Chattering 현상과 대응 방법

⑤ Function의 return

⑥ Function을 인수로 하는 Function의 사용법

⑦ key event 사용방법

이 장에서 사용할 회로는 **그림 4-1**과 같다.

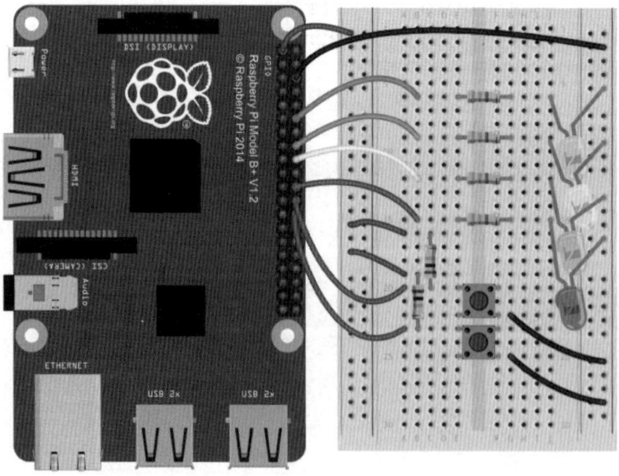

|그림 4-2| 디지털 신호의 입력 결선도

4-1) Digital Input

Digital 입력을 받으려면 다음과 같이 사용하려는 Port를 입력으로 설정하여야 한다.

```
IoPort.setup(Port, IoPort.IN)
```

Digital 입력은 3V일 때는 "True"가 반환되고, 0V일 때는 False가 반환된다.

GPIO8을 Key 입력으로 설정하고, GPIO8 key의 상태를 알기 위하여 GPIO8 key의 입력을 GPIO18 Led로 출력하는 프로그램을 작성해 보자.

Switch1.py

```
import RPi.GPIO as IoPort
Sw1 = 8
Led = 18
IoPort.setmode(IoPort.BCM)
IoPort.setup(Led, IoPort.OUT)
IoPort.setup(Sw1, IoPort.IN)          #............................(1)
while True:
  rcv = IoPort.input(Sw1)             #............................(2)
  IoPort.output(Led,rcv)              #............................(3)
```

(1) GPIO8번 Port를 입력으로 설정하였다.

(2) GPIO8번 Port의 입력의 상태를 읽는다.

(3) GPIO8번의 상태를 GPIO18로 출력한다.

참고로 (2),(3)을 다음과 같이 한 줄로 대치하여도 된다.

```
IoPort.output(Led, IoPort.input(Sw1))
```

4-2) Digital Input : if 명령

if 명령은 조건에 따라 프로그램이 다르게 진행되어야 할 때 사용하는 명령이다. if 문장의 기본 형태는 다음과 같다.

```
if 조건1:
  조건1 을 만족하였을 때 수행해야 하는 명령
elif 조건2:
  조건1을 만족하지 않고 조건2를 만족할 때 수행해야 하는 명령
else:
   앞의 조건을 모두 만족하지 않을 때 처리해야할 명령
```

4-1)절의 프로그램은 Ctrl-C key를 사용하여야 프로그램이 종료된다.

4-1)절의 프로그램에 Sw2를 추가하여 Sw2를 누르면 프로그램이 종료되도록 프로그램을 작성하자.

프로그램은 GPIO8의 상태를 GPIO18로 출력하는 것은 4-1)절의 프로그램과 같지만, GPIO7 key가 눌리면 프로그램을 종료하는 기능이 추가 되어야 하므로 프로그램 실행 중에 GPIO7 포트가 False가 되었는지를 검사하는 루틴이 추가되어야 한다.

Switch2.py

```
import RPi.GPIO as IoPort
Sw1 = 8
End = 7
Led = 18
IoPort.setmode(IoPort.BCM)
IoPort.setup(Led, IoPort.OUT)
IoPort.setup(End, IoPort.IN)                    #...............(1)
IoPort.setup(Sw1, IoPort.IN)

Count = 0
while Count == 0:
  rcv = IoPort.input(Sw1)
  if IoPort.input(End)==False:                  #................(2)
    Count = 1                                   #................(3)
  IoPort.output(Led, rcv)                       #.............(ref)
IoPort.output(Led, False)                       #................(4)
```

(1) Sw1, End key를 입력으로 정의하였다.

(2) End key가 눌렸는지 여부를 검사를 하고 있다.

(3) End key가 눌렸으면 Count 값을 변경하여 while 루틴을 벗어난다. 조건을 바꾼다는 데 초점을 두었기 때문에 이런 방식을 사용하였지만 다음에 설명할 break 명령을 사용하여도 된다. 차이점은 (ref)가 수행 된다는 점이다.

(4) "Ioport"의 첫 글자 'I'가 while의 'w'와 같은 위치에 있다. (이와 같은 위치의 값을 indentation level이라 부른다.) (4)번의 indentation level이 while과 같으므로 (4)번 명령은 while명령에 종속되지 않고 while 명령과 동등한 조건이므로 while 명령이 종료된 다음 수행된다.

따라서 프로그램이 종료되면 Led는 Off 상태가 된다.

4-3) break 명령

break 명령은 for 명령, while 명령과 같이 반복되는 routine을 실행 하는 도중에, 어떤 이유로 loop를 종료하고 싶을 때 사용하는 명령이다.

4-2)에서는 while 명령의 조건을 변경하였지만, break는 조건과 상관없이 루틴을 벗어난다.

그림 4-3과 같은 State Diagram을 운행해 보자.

State Diagram의 내용은 간단하다. key가 눌릴 때마다 State 1에서 출발하여 State 2, State 3을 지나면 프로그램을 종료하라는 것이다.

Key1은 GPIO8로 정의하고, GPIO18, GPIO23은 State를 표시하는 용도로 사용하기로 하자. State의 정의는 다음과 같이하자.

S1 : GPIO18=On, GPIO23=Off

S2 : GPIO18=Off, GPIO23=On

S3 : GPIO18=On, GPIO23=On

S4 : GPIO18=Off, GPIO23=Off

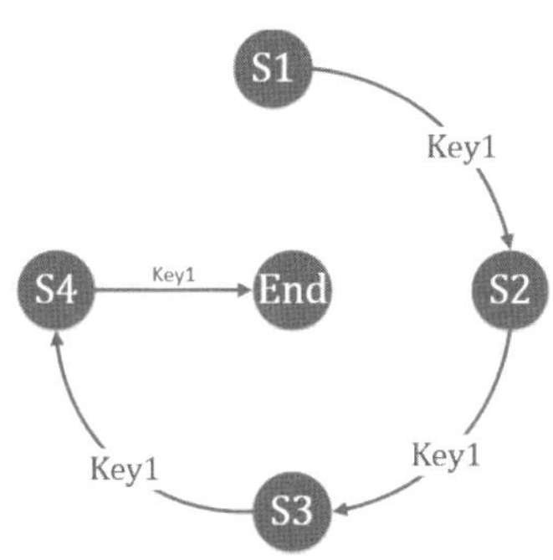

|그림 4-3|

프로그램이 정상적으로 수행된다면 S1 → S2 → S3 → S4 → End을 운행하므로 Key1을 4번 누르면 프로그램이 종료 되어야 한다.

프로그램은 다음과 같다.

switch3.py

```
import RPi.GPIO as IoPort
def DisplayState(St):                          #....................(1)
  if St == 1:
    IoPort.output(Led1,False)
    IoPort.output(Led2,False)
```

```
  elif St == 2:
    IoPort.output(Led1,True)
    IoPort.output(Led2,False)
  elif St == 3:
    IoPort.output(Led1,False)
    IoPort.output(Led2,True)
  else:
    IoPort.output(Led1,True)
    IoPort.output(Led2,True)

Key1 = 8
Led1 = 18
Led2 = 23
IoPort.setmode(IoPort.BCM)
IoPort.setup(Led1, IoPort.OUT)
IoPort.setup(Led2, IoPort.OUT)
IoPort.setup(Key1, IoPort.IN)
State = 1
while State <= 4:                                  #....................(2)
  DisplayState(State)                              #....................(3)
  while True:                                      #....................(4)
    if IoPort.input(Key1)== False:
      break
  while True:                                      #....................(5)
    if IoPort.input(Key1)== True:
      break
  State += 1                                       #....................(6)
DisplayState(1)                                    #....................(7)
```

(1)은 State를 Led로 표현하기 위한 Function이다.

(2)는 State가 3 보다 크면 loop가 종료되도록 하였으며, loop가 순환 할 때 마다 (6)에 의해서 State가 1씩 증가하므로 loop는 4번 순환된다.

(3)에서 현제의 State를 Led로 Display 되도록 Function을 호출하였다.

(4)는 Key가 눌려질 때까지 기다리는 routine이다.

Key가 눌리지 않으면 Key1의 값이 True이므로 while loop가 계속 순환 되지만 Key가 눌리면 key1 값이 False가 되기 때문에 while loop를 빠져 나간다.

(5)는 (4)번에서 눌려졌던 Key가 해제 되어서 다시 원상태로 복귀되었는지를 확인하기 위한 routine이다.

(6) loop가 순환 될 때마다 State 값이 1씩 증가하도록 하고 있다.

(7) while loop가 모두 종료된 다음 수행된다.

그런데 프로그램이 정상적으로 운행되고 있는가?

정상적으로 운행이 되었으면 다시 몇 번 더 해보라.

이 프로그램은 비정상적으로 운행될 가능성이 큰 프로그램 이다.

그렇다고 프로그램의 잘못된 것은 아니다. 물리적인 현상 때문이다.

그림 4-4는 Key가 눌렀을 때 전압이 3V에서 0V로 바뀔 때 나타나는 전압의 변화를 알 수 있는 파형과 Key가 해제 되어 전압이 다시 0V에서 3V로 바뀔 때 나타나는 전압의 변화를 Oscilloscope로 측정한 그림이다.

이러한 현상을 채터링이라 부른다.

이 현상이 발생하면 사용자는 Key를 한번만 눌렀지만 이 신호를 입력 받는 측에서는 key가 2번 혹은 그 이상의 횟수로 눌린 것으로 착각하게 된다. 그래서 프로그램이 불안정하게 동작하는 것처럼 보인다.

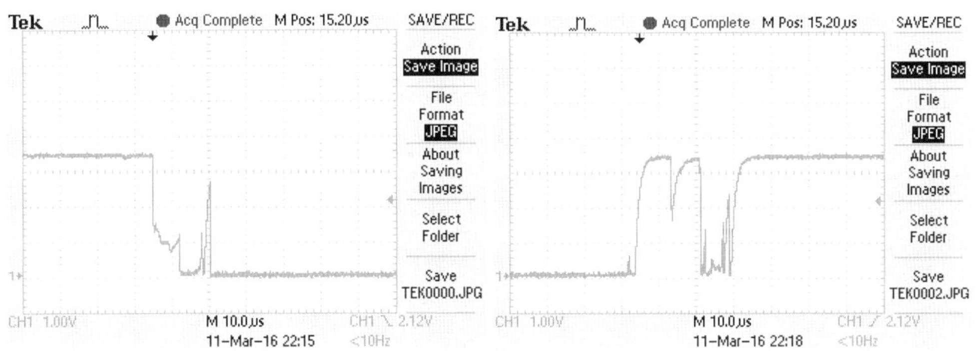

|그림 4-4| Chattering 파형

4-4) Chattering

Chattering 현상을 피할 수 있도록 프로그램을 작성하는 것은 생각 보다 쉽지 않다. 그것은 사용되는 switch의 종류, 제조 방법, 허용되는 전류량에 따라 Chattering 현상이 다르게 나타나기 때문이다.

일반적으로 채터링을 피하기 위하여 시간적으로 지연하는 방법을 자주 사용하는데 정밀한 기계를 제어할 때는 그다지 바람직한 방법은 아니다.

Key 입력신호에 시간지연 방법을 적용하면 지연시간이 클수록 채터링을 피하기 쉽지만, 그로 인하여 Key의 반응이 늦어지기 때문에 사용자가 불편을 느끼게 된다. 그렇기 때문에 Hardware와 OS의 상황에 따라 적절한 지연 시간을 찾아야 한다.

4-3)절의 프로그램에 지연시간을 추가하여 채터링을 피해 보자.

저자는 지연시간을 0.1sec로 설정하였는데, 독자가 사용하고 있는 key에 따라서는 0.05 sec까지 지연시간을 낮추어 사용하여도 문제가 없을 수도 있다. 참고로 0.3 Sec 혹은 그 이상의 값으로 실험을 해보면 독자들에게 좋은 경험이 되리라 본다. 실험해 보기 바란다.

프로그램에 지연시간을 추가하고 실험을 위하여 프로그램이 무한 loop로 동작하도록 변경하자.

chattering.py

```
import RPi.GPIO as IoPort
import time
def DisplayState(St):
  global State                                    #....................(1)
  if St == 1:
    IoPort.output(Led1,False)
    IoPort.output(Led2,False)
  elif St == 2:
    IoPort.output(Led1,True)
    IoPort.output(Led2,False)
  elif St == 3:
    IoPort.output(Led1,False)
    IoPort.output(Led2,True)
  else:
    IoPort.output(Led1,True)
    IoPort.output(Led2,True)
    State = 0                                     #....................(2)
Key1 = 8
Led1 = 18
Led2 = 23
IoPort.setmode(IoPort.BCM)
IoPort.setup(Led1, IoPort.OUT)
IoPort.setup(Led2, IoPort.OUT)
IoPort.setup(Key1, IoPort.IN)

State = 1
while State <= 4:
  DisplayState(State)
  while True:
    if IoPort.input(Key1)== False:
      break
  time.sleep(0.1)                                 #....................(3)
  while True:
```

```
    if IoPort.input(Key1)== True:
      break
  time.sleep(0.1)                                    #....................(4)
  State += 1
```

(1) Function 내부에서 State 값을 변경할 수 있도록 하기 위하여 State를 global로 정의하였다.

(2) State 값 4를 0으로 변경하였다. 이렇게 함으로서 State는 1부터 다시 시작되기 때문에 무한 loop가 된다.

(3) False(key 눌림)가 검출 된 다음 True(key 해제)를 검출하기 전에 Chattering을 피하기 위하여 지연 시간을 0.1 sec 추가하였다.

(4) True(key 해제)가 검출 될 때까지 기다린다. True를 검출한 다음 Chattering을 피하기 위하여 지연 시간을 0.1 sec 추가하였다.

4-5) return

파이선이 다른 프로그램 언어보다 융통성이 있음을 보여주는 것 중 하나가 return 명령이다.

C, C++과 같이 일반적인 프로그래밍 언어에서 function은 return 값이 없거나, 있더라도 하나의 값만 return 할 수 있다.

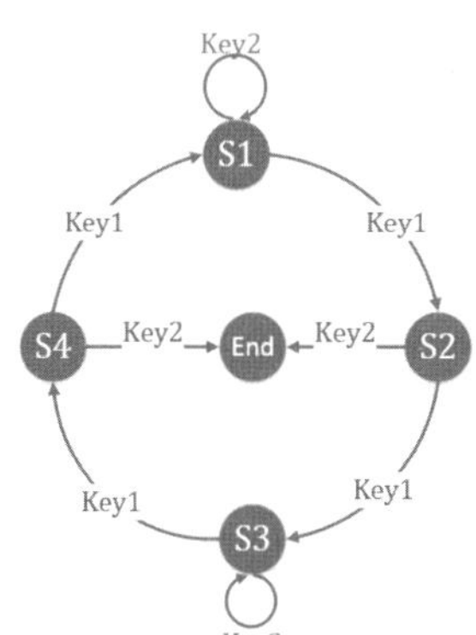

|그림 4-5|

하지만 파이선에서는 function이 여러 개의 값을 동시에 return 할 수 있도록 되어 있다.

그림 4-5의 State Diagram을 구현해 보자.

State Diagram-디지털 공학에서는 State Machine이라 부르기도 한다-은 프로그래머들이 익숙해져야 하는 중요한 표현법중 하나이다. State Diagram은 직관적으로 상황을 표현할 수 있기 때문에 쉽게 사용할 수 있을 것 같지만, 실질적으로 자신의 업무에 적용하기는 생각 보다 쉽지는 않다. 그렇기 때문에 익숙해지려면 많은 연습이 필요하다.

그림 4-5와 같은 State Diagram을 구현하려면, 프로그램은 key 입력에 따라 key가 지정하는 State로 이동하도록 작성하여야 한다.

그리고 현재의 State를 알 수 있도록 하기 위하여 State의 번호를 Led로 표시하도록 하자.

Return1.py

```
import RPi.GPIO as IoPort
import time
def DisplayState(St):
  if St == 1:
    IoPort.output(Led1,False)
    IoPort.output(Led2,False)
  elif St == 2:
    IoPort.output(Led1,True)
    IoPort.output(Led2,False)
  elif St == 3:
    IoPort.output(Led1,False)
    IoPort.output(Led2,True)
  else:
    IoPort.output(Led1,True)
    IoPort.output(Led2,True)
def GetKey(key,St):                              #......................(1)
  if IoPort.input(key)==True:
    return St
  time.sleep(0.1)
  while True:
    if IoPort.input(key)==True:
      break
  time.sleep(0.1)
  return St+1

Key1 = 8
Key2 = 7
Led1 = 18
Led2 = 23
IoPort.setmode(IoPort.BCM)
IoPort.setup(Led1, IoPort.OUT)
IoPort.setup(Led2, IoPort.OUT)
```

```
IoPort.setup(Key1, IoPort.IN)
IoPort.setup(Key2, IoPort.IN)

State = 1
while True:                                          #..................(2)
  DisplayState(State)
  if State == 1:                                     #..................(3)
    State = GetKey(Key1,State)
  elif State == 2:
    State = GetKey(Key1,State)
    if GetKey(Key2,0) > 0:
      break ;
  elif State == 3:
    State = GetKey(Key1,State)
  else:
    State = GetKey(Key1,State)
    if GetKey(Key2,0) > 0:
      break ;
  if State > 4 :                                    #...................(4)
    State = 1
DisplayState(State)                                 #...................(5)
```

(1) Key 입력을 감시하기 위한 routine이다.
Key 입력이 없으면 St 값을 그대로 return하고 Key 입력이 있으면 Key가 해제될 때까지 기다린 다음 St+1을 return 한다.
Key2 입력은 State를 0으로 설정하고 호출하기 때문에 Key2가 눌렸으면 '1'이 return 되지만 눌리지 않았으면 '0'가 return된다.

(2) 무한 loop이다. 내부함수는 State에 따라 다르게 동작할 수 있도록 if 문장을 사용하였다.

(3) State1과 State3는 Key2를 검사할 필요가 없다.

(4) State 값이 4보다 큰 값이 되면 State 값을 1로 바꾸어 준다.

(5) while loop가 끝나고 프로그램이 종료될 때 수행된다. 첫글자 'D'의 위치가 while의 'w'의 위치와 같다.

4-6) return 2

그림 4-6의 Time Chart를 구현해 보자.

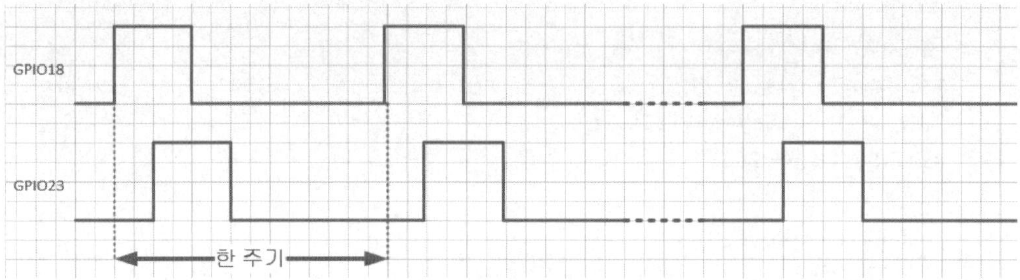

|그림 4-6|

Time Chart를 분석해 보면 다음 4 가지 State가 순환 되고 있다.

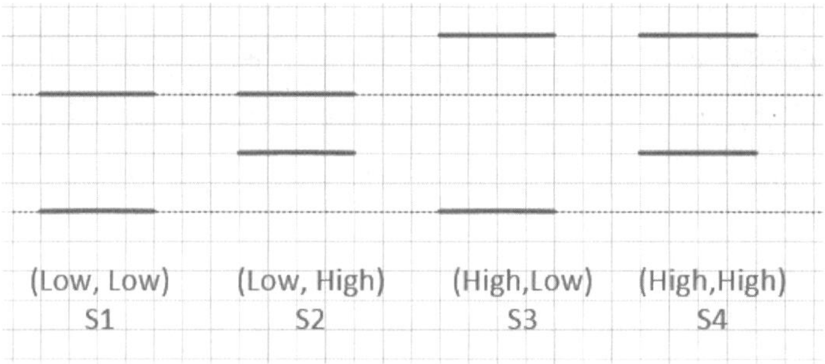

|그림 4-7|

이것을 State Diagram으로 표시하면 **그림 4-8**과 같이 표현 된다.

앞의 프로그램을 다시보면 4-4)절에서는 Function에서 State를 관리하였지만 4-5)절에서는 main routine에서 State를 관리하였다.

반면에 State의 운행은 4-4)절에서는 Main routine에서 처리하고 4-5)절에서는 Function에서 처리하고 있음을 주의하기 바란다.

필요에 따라서는 Function혹은 main routine에서 모두 처리하여도 무방하지만 업무를 분담한다는 것도 한번쯤은 생각해 보아야할 문제이다.

앞에서 제시한 프로그램과 여기서 작성해야 하는 프로그램의 차이는, State Diagram을 Key 입력에 의해서 운행하던 것을 time을 기준으로 운영하고 있다는 점이 다를 뿐이다.

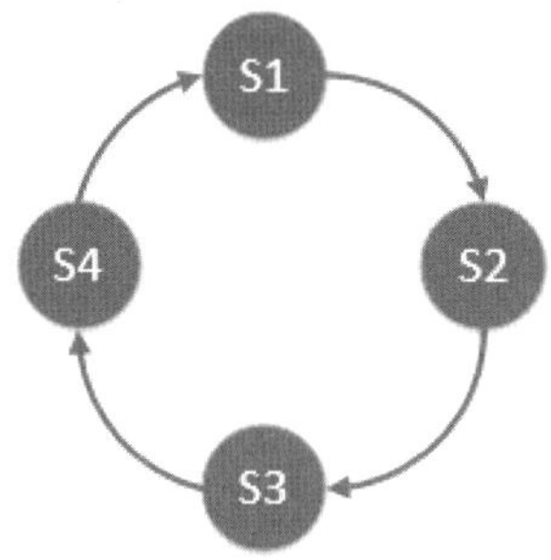

|그림 4-8|

여기서는 2개의 변수를 return하는 예를 만들어 보기로 하자.

Return2.py

```
import RPi.GPIO as IoPort
import time
def DisplayState(Ld1,Ld2):                         #...................(1)
    IoPort.output(Led1,Ld1)
    IoPort.output(Led2,Ld2)

def StateWork(St):                                 #....................(2)
  if St == 1:
    return False,False
  elif St == 2:
    return True,False
  elif St == 3:
    return False,True
  else:
    return True,True

Led1 = 18
Led2 = 23
IoPort.setmode(IoPort.BCM)
IoPort.setup(Led1, IoPort.OUT)
IoPort.setup(Led2, IoPort.OUT)

State = 1
while True:
  Ld1, Ld2 = StateWork(State)                      #..................(3)
  DisplayState(Ld1,Ld2)
  State += 1
```

```
time.sleep(0.4)
if State > 4 :
  State = 1
```

(1)은 Led를 Display하는 역할만 하도록 변경하였다.

(2)는 2개의 값을 return하는 Function이다.

(3)은 함수를 호출한 후 return 되는 2개의 값을 수신하는 명령문이다.

4-7) Function을 인수로 사용

파이선에서 Function을 사용할 때 유용한 기능중 하나는 Function을 다른 Function의 인수로 사용할 수 있다는 것이다. 이러한 이 기능을 사용하면 Function을 대단히 융통성 있게 사용할 수 있다.

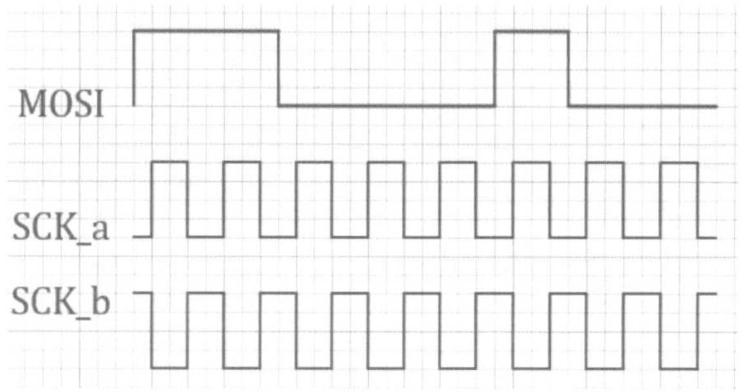

|그림 4-9|

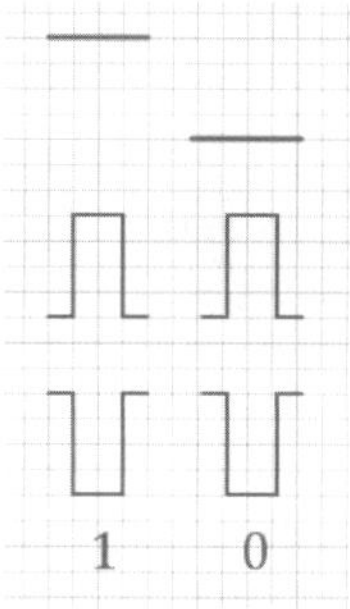

|그림 4-10|

그림 4-9는 SPI 통신에서 '11000100'을 전송하는 파형이다.

그림에서 MOSI는 데이터 파형이고, SCK_a와 SCK_b는 동기 신호이다.

SPI는 통신 모드에 따라 SCK_a를 SCK 신호로 사용하기도 하고, SCK_b를 SCK 신호로 사용하기도 한다.

그림 4-10은 데이터가 '1'과 '0' 일 때, 동기신호 SCK_a의 파형과 SCK_b 파형을 표시한 그림이다.

GPIO18으로 데이터 파형(MOSI)를 출력하고, GPIO23으로 동기신호(SCK)를 출력하는 프로그램을 작성하자.

GPIO8 key를 누르면 SCK_a를 동기 신호로 하는 파형을 출력하고 GPIO7 key를 누르면 SCK_b를 동기 신호로 하는 파형을 출력하자.

프로그램은 '1'과 '0'을 출력하는 함수를 1개만 사용하고, 함수의 인수를 함수로 하여, key

입력에 따라 동기 신호만 바꾸는 방법을 사용하자.

SPI1.py

```
import RPi.GPIO as IoPort
import time

def KeyInput(key):
  if IoPort.input(key)==True:
    return False
  time.sleep(0.1)
  while True:
    if IoPort.input(key)==True:
      break
  time.sleep(0.1)
  return True

def  Spi_out(bit,dly,sck):                          #..................(1)
     if bit == 1:
         IoPort.output(MOSI,True)
     else:
         IoPort.output(MOSI,False)
     sck(dly)
def Sck_a(dly):                                     #..................(2)
     IoPort.output(SCK,False)
     time.sleep(dly)
     IoPort.output(SCK,True)
     time.sleep(2*dly)
     IoPort.output(SCK,False)
     time.sleep(dly)
def Sck_b(dly):                                     #..................(3)
     IoPort.output(SCK,True)
     time.sleep(dly)
     IoPort.output(SCK,False)
     time.sleep(2*dly)
     IoPort.output(SCK,True)
     time.sleep(dly)

MOSI = 18
SCK = 23
Key1 = 8
Key2 = 7
```

```
IoPort.setmode(IoPort.BCM)
IoPort.setup(MOSI, IoPort.OUT)
IoPort.setup(SCK, IoPort.OUT)
IoPort.setup(Key1, IoPort.IN)
IoPort.setup(Key2, IoPort.IN)

while True:
    if  KeyInput(Key1) == True:                    #................(4)
        spi_c = Sck_a
    elif  KeyInput(Key2) == True:
        spi_c = Sck_b
    else:
        continue
    Spi_out(1, 0.2,spi_c)                          #................(5)
    Spi_out(1, 0.2,spi_c)
    Spi_out(0, 0.2,spi_c)
    Spi_out(0, 0.2,spi_c)
    Spi_out(0, 0.2,spi_c)
    Spi_out(1, 0.2,spi_c)
    Spi_out(0, 0.2,spi_c)
    Spi_out(0, 0.2,spi_c)
```

(1) SPI data를 출력하는 함수, bit의 값을 True 혹은 False를 사용하면 if 문장을 사용할 필요가 없지만 bit를 '1','0'로 사용하면 프로그램이 직관적이기 때문에 사용하였다.

(2) SCK_a 신호를 만드는 함수

(3) SCK_b 신호를 만드는 함수

(4) key 입력에 따라 동기 신호를 선택한다.

(5) bit 전송 루틴

4-8) Event

event란 특정사건이 발생하였을 때 os가 사건의 발생을 통보하는 수단이다.

알기 쉽게 말하면, 프로그램에서 os에게 key가 눌리면 Akey()라는 함수를 호출하라고 지정할 수 있다.

따라서 key가 눌렸을 때, os가 Akey()함수를 호출하므로 프로그램에서는 key가 눌렸음을 감지할 수 있다.

소프트웨어 공학에서 Akey()와 같은 함수를 Callback 함수라 한다.

다음은 Key를 입력으로 하면서 event와 Callback 함수를 정의하는 예이다.

```
IoPort.setup(Key1, IoPort.IN )   ................................(1)
IoPort.add_event_detect(Key1,IoPort.FALLING,callback=KeyDown)
                                 ................................(2)
IoPort.add_event_detect(Key1,IoPort.RISING,callback=KeyUp)
                                 ................................(3)
```

(1) Key1을 입력으로 설정하였다.

(2) Key1에 FALLING event를 설정하고 KeyDown(channel) 함수를 callback 함수로 지정하고 있다.

(3) Key1에 RISING event를 설정하고 KeyDUp(channel) 함수를 callback 함수로 지정하고 있다.

- 동일한 입력에 대해서 (2)와 (3)을 동시에 적용은 하지 못한다. 다시 말하면 Down event와 Up event를 동시에 지정할 수는 없다.

4-7)절에서 만든 프로그램을 event로 운영되도록 변경 해보자.

SPI2.py

```
import RPi.GPIO as IoPort
import time

def KeyHit(channel):                         #.......................(1)
  global spi_c
  if  channel ==Key1:
      spi_c = Sck_a
  elif  channel ==Key2:
      spi_c = Sck_b

def  Spi_out(bit,dly,sck):
     if bit == 1:
        IoPort.output(MOSI,True)
     else:
        IoPort.output(MOSI,False)
     sck(dly)
def Sck_a(dly):
     IoPort.output(SCK,False)
     time.sleep(dly)
     IoPort.output(SCK,True)
     time.sleep(2* dly)
     IoPort.output(SCK,False)
```

```
    time.sleep(dly)
def Sck_b(dly):
    IoPort.output(SCK,True)
    time.sleep(dly)
    IoPort.output(SCK,False)
    time.sleep(2*dly)
    IoPort.output(SCK,True)
    time.sleep(dly)

MOSI = 18
SCK = 23
Key1 = 8
Key2 = 7
IoPort.setmode(IoPort.BCM)
IoPort.setup(MOSI, IoPort.OUT)
IoPort.setup(SCK, IoPort.OUT)
IoPort.setup(Key1, IoPort.IN)
IoPort.setup(Key2, IoPort.IN)
IoPort.add_event_detect(Key1,IoPort.FALLING,callback=KeyHit)
                                            #....................(2)
IoPort.add_event_detect(Key2,IoPort.FALLING,callback=KeyHit)
                                            #....................(3)
spi_c=None
while True:
    if  spi_c == None:                      #....................(4)
        continue
    Spi_out(1, 0.2,spi_c)
    Spi_out(1, 0.2,spi_c)
    Spi_out(0, 0.2,spi_c)
    Spi_out(0, 0.2,spi_c)
    Spi_out(0, 0.2,spi_c)
    Spi_out(1, 0.2,spi_c)
    Spi_out(0, 0.2,spi_c)
    Spi_out(0, 0.2,spi_c)
    spi_c = None
```

(1) key FALLING event의 callback함수이다.

(2),(3) Key1, Key2에 대하여 FALLING event를 설정하였다.
callback 함수는 KeyHit(channel)이다.

(4) spi_c의 값이 바뀔 때까지 기다린다.

예 제 1

GPIO8 Key를 누르면 GPIO18의 Led가 서서히 밝아지고,GPIO8 Key를 다시 누르면 GPIO8 Led가 서서히 어두워지는 프로그램을 작성하라.

「풀이」 서서히 어두워지는 상태를 S1, 서서히 어두워지는 상태를 S2라 하면 다음과 같은 State Diagram을 만족하여야 한다.

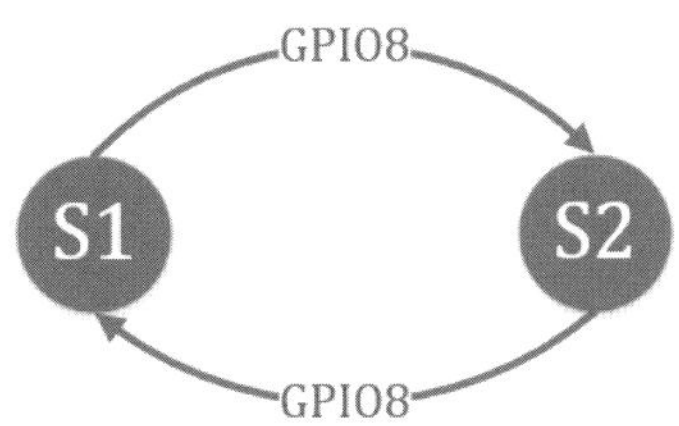

서서히 어두워지는 상태는 duty비가 낮아지는 상태이다.
PWM의 주기를 일정한 값으로 만들려면 on time과 off time의 합이 같아야 하고 State의 변환이 key에 의해 이동 되므로 key를 누르기 전에는 루프가 무한히 반복되어야 한다.
on, off time의 값이 0보다 적으면 안된다.
동작 중에 key를 check하여야 한다.
이러한 조건을 만족하려면 duty비를 외부 변수로 두고, key check는 pulse를 out하는 루틴에서 처리 되어야 한다.

Candle4.py

```
import RPi.GPIO as IoPort
import time

def KeyInput(key):
  if IoPort.input(key)==True:
    return False
  time.sleep(0.1)
  while True:
    if IoPort.input(key)==True:
      break
  time.sleep(0.1)
  return True
def candle(Port,on,off):
  global Count
  for i in range(0,Count):
     IoPort.output(Port,True)
     time.sleep(on)
     IoPort.output(Port,False)
     time.sleep(off)
     if KeyInput(key1)==True:
       return False
  return True
def State1(Led,sub):
```

```
    while True:
        sub -=  0.03/40
        if  sub < 0:
            sub = 0
        if candle(Led,sub,0.03-sub)==False:
            return sub
def State2(Led,sub):
    while True:
        sub +=  0.03/40
        if  sub > 0.03 :
            sub = 0.03
        if candle(Led,sub,0.03-sub)==False:
          return sub
sub = 0.03
Led   = 18
key1 = 8
Count = 20
IoPort.setmode(IoPort.BCM)
IoPort.setup(Led, IoPort.OUT)
IoPort.setup(key1, IoPort.IN)

while True:
   sub = State1(Led,sub)
   sub = State2(Led,sub)
```

예 제 2

다음 신호는 밑에 있는 Clock Pulse에 동기된 SOS 신호이다. GPIO8 Key를 누르면 Clock Pulse의 주기가 0.8 Sec인 SOS 신호가 1회 출력되고, GPIO7을 누르면 Clock pulse의 주기가 0.4 Sec인 SOS신호가 1회 출력하도록 프로그램을 작성하라.

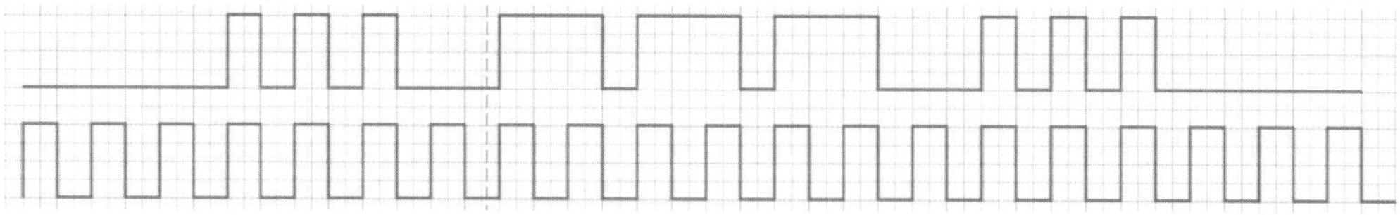

풀이 2-6)절에 이미 프로그램을 작성하였다.
2-6) 절의 프로그램을 이용하자. 간단히 Time만 변수로 바꾸고 필요에 따라 변수의 값을 바꾸면 된다.

morseSoS7.py

```
import RPi.GPIO as IoPort
import time
def KeyInput(key):
  if IoPort.input(key)==True:
```

```
    return False
  time.sleep(0.1)
  while True:
    if IoPort.input(key)==True:
      break
  time.sleep(0.1)
  return True
def Sig_a(Port1,Port2,Delay):
  IoPort.output(Port1,False)
  IoPort.output(Port2,True)
  time.sleep(Delay)
  IoPort.output(Port2,False)
  time.sleep(Delay)
def Sig_b(Port1,Port2,Delay):
  IoPort.output(Port1,True)
  IoPort.output(Port2,True)
  time.sleep(Delay)
  IoPort.output(Port2,False)
  time.sleep(Delay)
def Sig_c(Port1,Port2,Delay):
  IoPort.output(Port1,True)
  IoPort.output(Port2,True)
  time.sleep(Delay)
  IoPort.output(Port1,False)
  IoPort.output(Port2,False)
  time.sleep(Delay)
def Send_S(Port1,Port2):
  Sig_c(Port1,Port2,T04)
  Sig_c(Port1,Port2,T04)
  Sig_c(Port1,Port2,T04)
  Sig_a(Port1,Port2,T04)
def Send_O(Port1,Port2):
  Sig_b(Port1,Port2,T04)
  Sig_c(Port1,Port2,T04)
  Sig_b(Port1,Port2,T04)
  Sig_c(Port1,Port2,T04)
  Sig_b(Port1,Port2,T04)
  Sig_c(Port1,Port2,T04)
  Sig_a(Port1,Port2,T04)

T04 = 0.2
Led = 18
Clk = 23
Key1 = 8
Key2 = 7
IoPort.setmode(IoPort.BCM)
IoPort.setup(Led, IoPort.OUT)
IoPort.setup(Clk, IoPort.OUT)
IoPort.setup(Key1, IoPort.IN)
IoPort.setup(Key2, IoPort.IN)
```

```
while True:
    if  KeyInput(Key1) == True:
        T04 = 0.4
    elif  KeyInput(Key2) == True:
        T04 = 0.2
    else:
        continue
    Sig_a(Led,Clk,T04)
    Sig_a(Led,Clk,T04)
    Sig_a(Led,Clk,T04)
    Send_S(Led,Clk)
    Send_O(Led,Clk)
    Send_S(Led,Clk)
    Sig_a(Led,Clk,T04)
    Sig_a(Led,Clk,T04)
```

평가문제 1

GPIO8 Key를 누르면 SOS 신호 A가 1회 출력되도록 하고, GPIO7 Key를 누르면 SOS 신호 B가 1회 출력하는 프로그램을 작성해 보자. 두 신호의 차이점은 동기신호가 다르다는 것이다. 출력 신호는 Led GPIO18, GPIO23를 사용하라.

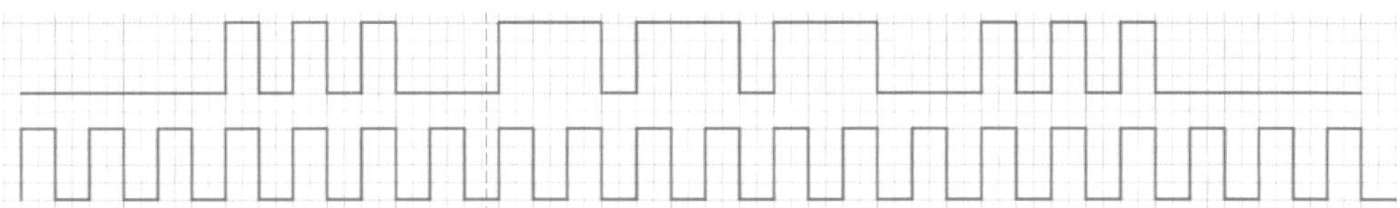

(신호A)

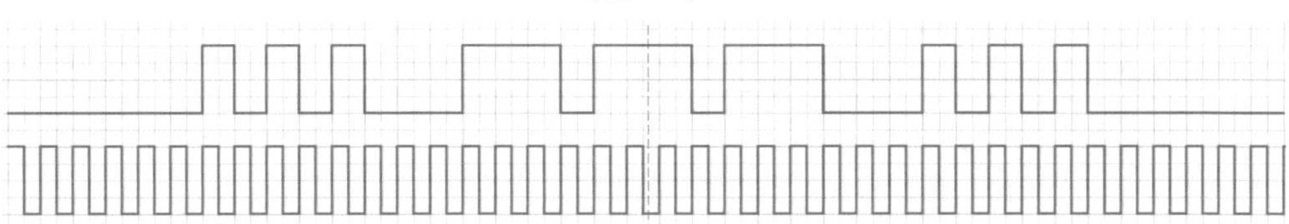

(신호 B)

풀이 (신호A)와 〈신호B〉를 분석하면 다음과 같은 (a,b,c)와 〈A,B,C〉로 구성되어있음을 알 수 있다.

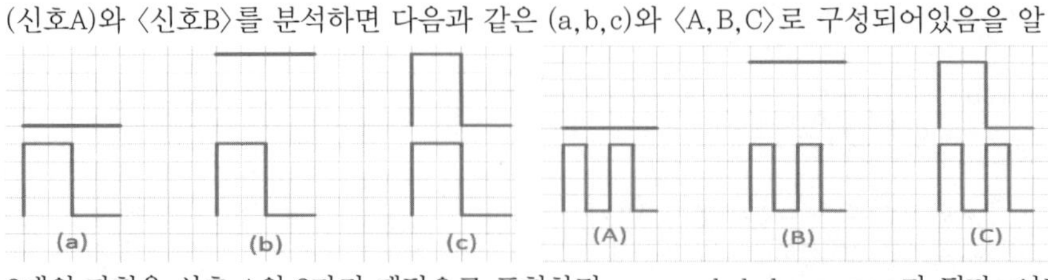

2개의 파형을 신호 A의 3가지 패턴으로 표현하면 aaacccabcbcbcacccaaa가 된다. 이것을 SOS에 적용해보면

4. S는 ccc이고
5. O는 bcbcbc이며.
6. S,O문자 뒤에는 a가 추가된다.

신호 A와 신호 B은 같은 구조지만 단지 동기 pulse만 다를 뿐이다.
그렇다면 신호를 출력할 때 동기펄스만 다르게 하면 원하는 결과를 얻을 수 있다. 그렇다면 신호를 호출할 때 신호의 조건에 따라 적합한 동기 펄스를 지정해 주면 될 것이다.

morseSoS8.py

```
import RPi.GPIO as IoPort
import time

def KeyInput(key):
  if IoPort.input(key)==True:
    return False
  time.sleep(0.1)
  while True:
    if IoPort.input(key)==True:
      break
  time.sleep(0.1)
  return True
def Pulse_a(Prt,Dly):
  IoPort.output(Prt,True)
  time.sleep(Dly)
  IoPort.output(Prt,False)
  time.sleep(Dly)
def Pulse_A(Prt,Dly):
  IoPort.output(Prt,True)
  time.sleep(Dly/2)
  IoPort.output(Prt,False)
  time.sleep(Dly/2)
  IoPort.output(Prt,True)
  time.sleep(Dly/2)
  IoPort.output(Prt,False)
  time.sleep(Dly/2)
def Pulse_c(Prt1,Prt2,Dly):
  IoPort.output(Prt2,True)
  time.sleep(Dly)
  IoPort.output(Prt1,False)
  IoPort.output(Prt2,False)
  time.sleep(Dly)
def Pulse_C(Prt1,Prt2,Dly):
  IoPort.output(Prt2,True)
  time.sleep(Dly/2)
  IoPort.output(Prt2,False)
  time.sleep(Dly/2)
  IoPort.output(Prt1,False)
  IoPort.output(Prt2,True)
  time.sleep(Dly/2)
  IoPort.output(Prt2,False)
  time.sleep(Dly/2)
```

```
def Sig_a(Port1,Port2,Delay):
  IoPort.output(Port1,False)
  PlsA(Port2,Delay)
def Sig_b(Port1,Port2,Delay):
  IoPort.output(Port1,True)
  PlsA(Port2,Delay)
def Sig_c(Port1,Port2,Delay):
  IoPort.output(Port1,True)
  PlsC(Port1,Port2,Delay)
def Send_S(Port1,Port2):
  Sig_c(Port1,Port2,0.4)
  Sig_c(Port1,Port2,0.4)
  Sig_c(Port1,Port2,0.4)
  Sig_a(Port1,Port2,0.4)
def Send_O(Port1,Port2):
  Sig_b(Port1,Port2,0.4)
  Sig_c(Port1,Port2,0.4)
  Sig_b(Port1,Port2,0.4)
  Sig_c(Port1,Port2,0.4)
  Sig_b(Port1,Port2,0.4)
  Sig_c(Port1,Port2,0.4)
  Sig_a(Port1,Port2,0.4)

PlsA = Pulse_a
PlsC = Pulse_c
Led = 18
Clk = 23
Key1 = 8
Key2 = 7
IoPort.setmode(IoPort.BCM)
IoPort.setup(Led, IoPort.OUT)
IoPort.setup(Clk, IoPort.OUT)
IoPort.setup(Key1, IoPort.IN)
IoPort.setup(Key2, IoPort.IN)
while True:
    if  KeyInput(Key1) == True:
        PlsA = Pulse_a
        PlsC = Pulse_c
    elif  KeyInput(Key2) == True:
        PlsA = Pulse_A
        PlsC = Pulse_C
    else:
         continue
    Sig_a(Led,Clk,0.4)
    Sig_a(Led,Clk,0.4)
    Sig_a(Led,Clk,0.4)
    Send_S(Led,Clk)
    Send_O(Led,Clk)
    Send_S(Led,Clk)
    Sig_a(Led,Clk,0.4)
    Sig_a(Led,Clk,0.4)
```

평가문제 2

다음은 SOS신호이다 GPIO8 Key를 누르면 SOS신호가 출력되고, 신호가 출력되는 도중에 GPIO7 Key를 누르면, 송출이 중지되도록 프로그램을 작성하라. 단 event를 사용하면 안된다.

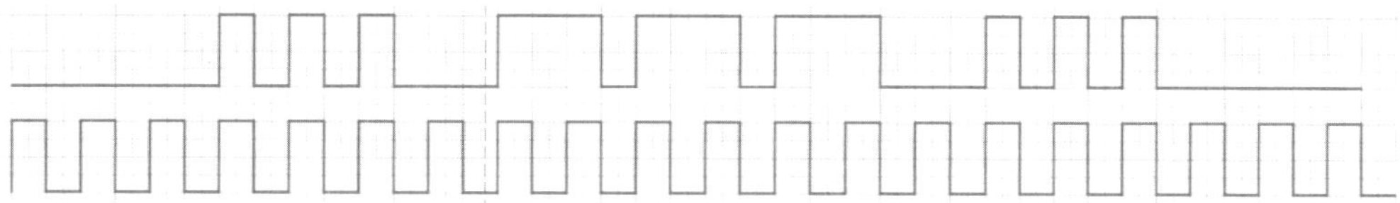

「풀이」 문제의 핵심은 파형이 출력되는 중에 GPIO7 key를 계속 감시해야 한다는 점이다. 이런 경우 event를 사용하는 것이 좋은 방법이지만 event가 허용되지 않으므로(low-level 프로그램에서는 권한의 문제가 있기 때문에 인터럽 등이 허용되지 않는 경우가 많다), 프로그램 실행 중에 반드시 수행되어야 곳을 찾거나 만들어서 그 곳에서 key를 감시할 수 있도록 하는 방법도 좋을 것 같다. 2-6) 절에서 문제의 파형을 출력하는 프로그램을 이미 작성하였다. 그렇다면 그 프로그램을 이용하자.
여기선 time.sleep(Delay)를 수정하여 이 기능을 수행할 때 GPIO7 key를 감시하도록 하였다.

morseSoS9.py

```
import RPi.GPIO as IoPort
import time

def KeyInput(key):
  if IoPort.input(key)==True:
    return False
  time.sleep(0.1)
  while True:
    if IoPort.input(key)==True:
      break
  time.sleep(0.1)
  return True
def time_sleep(Dly):
    global Work
    if  KeyInput(Key2) == True :
        Work = False
        return
    time.sleep(Dly)
def Sig_a(Port1,Port2,Delay):
  if  Work == False:
      return
  IoPort.output(Port1,False)
  IoPort.output(Port2,True)
  time_sleep(Delay)
  if  Work == False:
      return
  IoPort.output(Port2,False)
  time_sleep(Delay)
```

```
def Sig_b(Port1,Port2,Delay):
  if  Work == False:
     return
  IoPort.output(Port1,True)
  IoPort.output(Port2,True)
  time_sleep(Delay)
  if  Work == False:
     return
  IoPort.output(Port2,False)
  time_sleep(Delay)
def Sig_c(Port1,Port2,Delay):
  if  Work == False:
     return
  IoPort.output(Port1,True)
  IoPort.output(Port2,True)
  time_sleep(Delay)
  if  Work == False:
     return
  IoPort.output(Port1,False)
  IoPort.output(Port2,False)
  time_sleep(Delay)
def Send_S(Port1,Port2):
  Sig_c(Port1,Port2,0.4)
  Sig_c(Port1,Port2,0.4)
  Sig_c(Port1,Port2,0.4)
  Sig_a(Port1,Port2,0.4)
def Send_O(Port1,Port2):
  Sig_b(Port1,Port2,0.4)
  Sig_c(Port1,Port2,0.4)
  Sig_b(Port1,Port2,0.4)
  Sig_c(Port1,Port2,0.4)
  Sig_b(Port1,Port2,0.4)
  Sig_c(Port1,Port2,0.4)
  Sig_a(Port1,Port2,0.4)

Work = True
Led = 18
Clk = 23
Key1 = 8
Key2 = 7
IoPort.setmode(IoPort.BCM)
IoPort.setup(Led, IoPort.OUT)
IoPort.setup(Clk, IoPort.OUT)
IoPort.setup(Key1, IoPort.IN)
IoPort.setup(Key2, IoPort.IN)
while True:
    if  KeyInput(Key1) == False:
       continue
    Work = True
    Sig_a(Led,Clk,0.4)
```

```
    Sig_a(Led,Clk,0.4)
    Sig_a(Led,Clk,0.4)
    Send_S(Led,Clk)
    Send_O(Led,Clk)
    Send_S(Led,Clk)
    Sig_a(Led,Clk,0.4)
    Sig_a(Led,Clk,0.4)
```

평가문제 3

평가문제2)를 event를 사용하여 작성하라.

「풀이」 Key에 event를 적용하고, Key1,Key2 event에서 Work Flag를 변경하는 방법을 사용하자.

morseSoS10.py

```
import RPi.GPIO as IoPort
import time

def KeyHit(channel):
  global Work
  if  channel==Key1:
      Work = True
  elif channel == Key2:
      Work = False
def Sig_a(Port1,Port2,Delay):
  if  Work == False:
      return
  IoPort.output(Port1,False)
  IoPort.output(Port2,True)
  time.sleep(Delay)
  if  Work == False:
      return
  IoPort.output(Port2,False)
  time.sleep(Delay)
def Sig_b(Port1,Port2,Delay):
  if  Work == False:
      return
  IoPort.output(Port1,True)
  IoPort.output(Port2,True)
  time.sleep(Delay)
  if  Work == False:
      return
  IoPort.output(Port2,False)
  time.sleep(Delay)
def Sig_c(Port1,Port2,Delay):
  if  Work == False:
      return
  IoPort.output(Port1,True)
```

```
  IoPort.output(Port2,True)
  time.sleep(Delay)
  if  Work == False:
     return
  IoPort.output(Port1,False)
  IoPort.output(Port2,False)
  time.sleep(Delay)
def Send_S(Port1,Port2):
  Sig_c(Port1,Port2,0.4)
  Sig_c(Port1,Port2,0.4)
  Sig_c(Port1,Port2,0.4)
  Sig_a(Port1,Port2,0.4)
def Send_O(Port1,Port2):
  Sig_b(Port1,Port2,0.4)
  Sig_c(Port1,Port2,0.4)
  Sig_b(Port1,Port2,0.4)
  Sig_c(Port1,Port2,0.4)
  Sig_b(Port1,Port2,0.4)
  Sig_c(Port1,Port2,0.4)
Led = 18
Clk = 23
Key1 = 8
Key2 = 7
IoPort.setmode(IoPort.BCM)
IoPort.setup(Led, IoPort.OUT)
IoPort.setup(Clk, IoPort.OUT)
IoPort.setup(Key1, IoPort.IN)
IoPort.setup(Key2, IoPort.IN)
IoPort.add_event_detect(Key1,IoPort.FALLING,callback=KeyHit)
IoPort.add_event_detect(Key2,IoPort.FALLING,callback=KeyHit)
Work = False
while True:
    if  Work == False:
       continue
    Sig_a(Led,Clk,0.4)
    Sig_a(Led,Clk,0.4)
    Sig_a(Led,Clk,0.4)
    Send_S(Led,Clk)
    Send_O(Led,Clk)
    Send_S(Led,Clk)
    Sig_a(Led,Clk,0.4)
    Sig_a(Led,Clk,0.4)
```

5 String, 상수, 변수

5장에서는 Digital 제어의 수단으로 Raspberry의 모니터 화면도 같이 이용하여 좀 더 다양한 제어방법을 구사해 보자.

저자는 독자들이 앞에서 서술한 내용과 작성한 프로그램을 충분히 이해하고 있을 것이라 생각하고 이번 장을 집필 하였다. 이 장에서 소개하는 프로그램에 어려움을 느끼는 독자는 앞장의 프로그램을 다시 한 번 분석해 보고 이 장을 읽을 것을 권한다.

이 장은 String과 상수 및 변수와 관련된 함수를 설명하기 위하여 집필하였다. 프로그램을 작성할 때 가끔 필요하지만 자주 사용되지 않기 때문에 막상 필요할 때는 기억이 잘나지 않는 함수들이 많다.

독자들이 이 장을 읽으면 알게 될 함수는 다음과 같은 것들이다.

명령어	기능
print	text stream을 출력한다.
input	text string을 입력한다.
upper()	string 내의 모든 문자를 대문자로 바꾼다.
lower()	string 내의 모든 문자를 소문자로 바꾼다.
split('문자')	string을 주어진 문자를 기준으로 나눈다.
str(오브젝트)	오브젝트를 string으로 만든다.
len(오브젝트)	오브젝트의 길이를 구한다.
chr(정수)	$0 \leq x \leq 255$ 범위의 숫자를 문자로 변환한다.
ord(문자)	문자의 code값을 숫자로 변환한다.
bytes(오브젝트)	오브젝트를 bytes로 변환한다.
float(오브젝트)	오브젝트를 실수로 변환한다.
int(오브젝트)	오브젝트를 정수로 변환한다.
hex(오브젝트)	오브젝트를 hexa string으로 바꾼다.
bin(오브젝트)	오브젝트를 binary string으로 바꾼다.
float.hex()	실수를 hexa string으로 바꾼다.
float.fromhex(오브젝트)	오브젝트를 실수로 변환한다.
bin(오브젝트)	오브젝트를 binary string으로 바꾼다.
bool(오브젝트)	오브젝트를 bool 값으로 변환한다.
complex(오브젝트)	오브젝트를 복소수로 변환한다.
abs(오브젝트)	오브젝트의 절대값을 구한다.
isdigit()	'0'~'9' 사이의 문자로 만들어졌는지 확인한다.
math	수학 함수관련 모듈이다.

이 장에서 사용할 회로는 4장에서 사용한 회로와 동일하다.

5–1) print, # : Comment

파이선에서 print 명령은 대단히 사용하기 쉽다.

오브젝트가 숫자이든 문장이든 관계없이 사용자가 설정한 오브젝트(변수, 문장 등)를 나열된 순서대로 Text Stream으로 출력한다.

다음 프로그램을 실행해 보자.

```
Print.py
""" This is Sample Program
     to test 'print' command"""                    #...............(1)
v1 = 3
v2 = 4.5
print(v1,' + ',v2,' = ',v1+v2)                     #...............(2)
# print(' Comment Test')                           #...............(3)
print('\nv1 = ',v1,'\t v2 = ',v2)                  #...............(4)
```

(1) Comment이다 ' " '기호가 연속으로 3개가 있는 곳부터 ' " '가 3개 있는 곳까지는 Comment이다.

(2) 출력하고 싶은 각각의 오브젝트를 ','로 구분하여 나열한다.

(3) Comment이다. 출력되지 않는다. 파이선에서는 문자 '#' 이후부터는 Comment로 처리하고 있기 때문에 '#' 이후는 모든 문자가 무시된다.
본문에서 ....(1),(2),(3) 앞에 #이 붙어 있기 때문에 프로그램에 영향을 미치지 않는다.

(4) '\n', '\t'는 화면 제어를 위한 제어코드이다.
이와 같은 제어 코드를 escape sequence라 하는데 **표 1–1**에 자주 사용하는 Escape Sequence를 정리하였다.

|표 1-1| Escape Sequence

Escape Sequence	의미
\\	Backslash(\)
\‘	single quote(‘)
\“	double quote(“)
\a	ASCII Bell(BEL)
\b	ASCII Backspace(BS)
\f	ASCII Formfeed(FF)
\n	ASCII Linefeed(LF)
\r	ASCII Carriage Return(CR)
\t	ASCII Horizontal Tab(VT)

5-2) input

input 명령은 사용자의 입력을 string 형식으로 입력 받는 명령이다.
다음 프로그램을 수행해 보자.

Input.py

```
v1 = input('input 1 st no : ')                  #....................(1)
v2 = input('input 2 th no : ')
print(v1+v2)
```

(1) 'input 1 st no : '가 입력을 받기위한 prompt이다.

v1과 v2 모두 string으로 받아들이기 때문에 v1+v2는 string 연산이 된다. 다시 말하면 첫 번째 입력으로 ‘12’, 2번째 입력으로 ‘34’를 입력하였다면 v1+v2는 “1234”가 된다.

5-3) isdigit() , 오브젝트

함수를 인수로 사용하는 방법은 알고리듬에서는 대단히 중요한 기법이다.

Thread를 운영할 때도 필요하고, callback함수도 그중 하나이다. 앞에서도 언급하였지만 파이선의 함수의 융통성은 대단히 높다. 이 절에서는 함수의 사용 방법을 주의 깊게 살펴보기 바란다.

string은 string을 구성하는 문자의 종류를 검사할 수 있는 기능을 가지고 있다. 그중 하나가 isdigit()함수이다.

isdigit()함수는 string 내부의 문자가 숫자로만 구성되어 있으면 “True”를 return하고 그 외의 경우에는 “False”를 return한다.

string 내부의 문자를 하나씩 모두 검사할 필요가 없기 때문에 자주 사용되는 함수이다. 사용 방법은 "string.isgight()"이다.

```
'123' .isdigit() => True
```

이 명령이 수행 되는 과정은

① '123'이 string인지 여부를 먼저 검사한다.(맞다)

② '123'이 스트링이면 string의 멤버 함수중 isgight()함수가 있는지 검사한다.(있다)

③ 따라서 '123'이 정수 문자로만 구성되어 있는지에 대해서 알 수 있다.

이렇게 되는 것은 '123'도 string이란 object이기 때문이다.

파이선은 다른 언어와 달리 string이라 정의되어 있어야 string object가 되는 것이 아니다. string의 요건을 갖추었으면 string object이다.

shell 화면에서 '123'을 바로 그 뒤에 '.'을 입력해보라. string에서 사용할 수 있는 명령이 popup으로 나타난다. 다음 예를 보라.

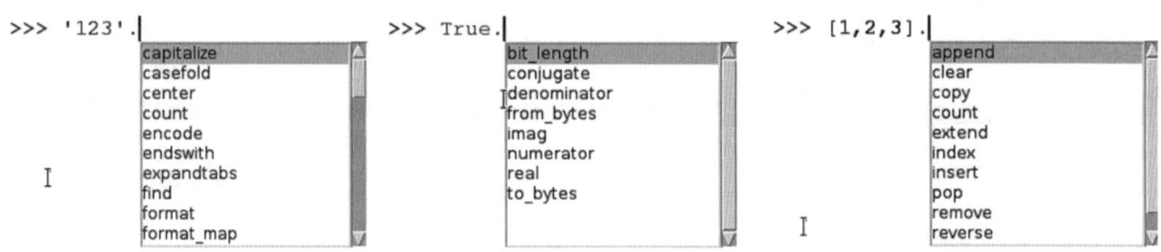

저자의 의도를 알겠는가? 저자는 명령어를 쉽게 찾는 방법을 설명하려는 것이 아니다. 저자가 설명하고 싶은 것은 object이다.

사용자로 하여금 어떤 수를 입력하게 하고,

① GPIO8 key를 누르면 "입력한 값 × 2 + 3"을 계산하고

② GPIO7 key를 누르면 "입력한 값 × 3 - 7"을 계산하는

프로그램을 작성하자.

물론 쉬운 방법도 있지만 Function을 인수로 사용하는 기능을 사용하여 프로그램을 작성해 보자.

function.py

```
import RPi.GPIO as IoPort
import time
def KeyInput(key):                                    #..............(1)
  if IoPort.input(key)==True:
```

```
      return False
    time.sleep(0.1)
    while True:
      if IoPort.input(key)==True:
        break
    time.sleep(0.1)
    return True
def Multi(val,fnc):                          #................(2)
    return fnc(val)
def Adder(val,adv):                          #................(3)
    return adv(val)
def mul2(val):                               #................(4)
    return val * 2
def mul3(val):
    return val * 3
def add3(val):
    return val+3
def add7(val):
    return val+7
key1 = 8
key2 = 7
IoPort.setmode(IoPort.BCM)
IoPort.setup(key1, IoPort.IN)
IoPort.setup(key2, IoPort.IN)
while True:
    rcv = input("Input Number : ")           #................(5)
    if rcv.isdigit() ==  False:              #................(6)
      print(rcv, ' is not a Number!, Try Again!!!')
      continue
    val = int(rcv)
    while True:                              #................(7)
      if KeyInput(key1)== True:
        val = Multi(val,mul2)                #................(8)
        func = add3                          #................(9)
        break
      if KeyInput(key2)== True:
        val = Multi(val,mul3)
        func = add7
        break
    print('Result = ',Adder(val,func))       #................(10)
```

(1) key 입력 함수
(2)(3) function을 인수로 하는 함수
(4) 인수로 사용할 함수
(5) 사용자 입력을 기다리는 함수
(6) 숫자가 아니면 재입력하도록 만든다.
(7) key가 눌릴 때까지 기다린다.
(8) function mul2를 인수로 직접 사용 하여 Multi()함수를 호출한다.
(9) function을 변수에 대입한다.
(10) function이 대입된 변수를 인수로 하여 Adder() 함수를 호출한다.

5-4) String, bytes, 정수, 실수

string은 간단히 문자의 집합체라 생각하는 것이 편리하다.
문자는 고유의 코드를 가지는데 예를 들어서 'A'의 코드는 65이다.
문자의 코드값을 integer로 변환('ord' 명령)하거나, integer 값을 문자로 변환 하는 것도 가능하다.
bytes는 $0 \leq x \leq 255$ 범위에 있는 integer의 집합체이다.
bytes는 한번 생성되면 그 내용을 수정할 수 없는 object이다.
통신 등에서 데이터를 변환할 때 중간 단계의 값으로 자주 사용된다.

- bytes와 byte(8-bit)를 혼돈하지 말자.
  bytes는 모듈 이름이고, byte는 8-bit로 만들어진 data를 말한다.

프로그램 사용 중 String을 bytes로 변환 하거나 정수 혹은 실수로 변환해야 하는 경우가 많다. 이런 경우는 말로 설명하는 것 보다 프로그램을 직접 보는 것이 빠르다고 생각하며, 그것을 정리해 두면 나중에 필요할 때 사용하기 좋으리라 생각하고 다음과 같이 정리해 두었다.
① code 값에 해당하는 숫자를 입력하여 문자를 만드는 방법 : chr
② string 내부의 문자를 모두 대분자로 바꾸는 방법 : upper
③ string 내부의 문자를 모두 소분자로 바꾸는 방법 : lower
④ 숫자를 string으로 바꾸는 방법: str
⑤ String에서 문자를 추출하는 방법 : string[pos]
⑥ 문자의 code값을 숫자로 바꾸는 방법 : ord
⑦ string의 '+' 연산

⑧ string을 –지정된 문자를 기준으로– 나누는 방법 : split
여기에 turple이 사용되는데 turple은 6장으로 미루자.

⑨ string =〉 bytes 변환하는 방법 : bytes

⑩ bytes =〉 문자로 변환하는 방법 : chr

⑪ string의 substring을 만드는 방법 : string[start: end]

⑫ string을 실수로 변환하는 방법 : float

⑬ 실수를 string으로 변환하는 방법 : str

⑭ string과 실수를 정수로 변환하는 방법 : int

Python에서 사용되는 operator는 다음과 같다.

연산자	의미	사용예
+	덧셈	a + b
–	뺄셈	a – b
*	곱셈	a * b
/	나눗셈	a / b
//	나눗셈 (결과 값은 정수)	a // b
**	지수	a ** b
〈〈	Left Shift	a 〈〈 b
〉〉	right shift	a 〉〉 b
%	모듈로	a % b
&	bit 단위 and 연산	a & b
|	bit 단위 or 연산	a | b
^	bit 단위 exclusive or 연산	a ^ b
~	bit 단위 inverse	~ a
not	True〈––〉False 반전	not a
〈	작다	a 〈 b
〉	크다	a 〉 b
==	같다	a == b
!=	같지 않다	a != b
〉=	크거나 같다	a 〉= b
〈=	작거나 같다	a 〈= b

다음은 string 연산 방법이다.

연산	의미	사용예
string[x]	x+1번째 문자 (0부터 시작)	'abcdes'[2]->'c'
string[x:y]	x+1번째 문자부터 y번째 문자까지	'abcdef'[2:4]->'cd'
string[:y]	y번째 문자 이전까지 모두	'abcdef'[:3]->'abc'
string[x:]	x+1번째 문자 이후 모두	'abcdef'[3:]->'def'
len(string)	string의 길이	len('abcdef')->6
string+string	string에 뒤에 string이 추가됨	'abc'+'def'->'abcdef'

다음 프로그램을 실행해 보자.

String1.py

```
str1 = 'ABC65.7abc'                                  #....................(1)
print(str1.upper(),',  ',str1.lower())               #....................(2)
str2 = chr(65)+str(65)                               #....................(3)
print(str2,' (',len(str2),') ', str2[0],',',str2[1],',',str2[2])
                                                                 #......(4)
for ch in str2:
    val1 = ord(ch)                                   #....................(5)
    print(val1)
str3 = str1 + str2                                   #....................(6)
print(str3)
strtst = 'name,home,year'                            #....................(7)
strs   = strtst.split(',')                           #....................(8)
print(strs[0],'  ',strs[1],'   ',strs[2])            #....................(9)

bts1 = b'12de'                                       #..................(10)
bts2 = bytes(str2,'UTF8')                            #..................(11)
bts3 = bts1+bts2 ;                                   #..................(12)
btss = ''
for bs in bts3:
    btss += chr(bs)                                  #..................(13)
print(bts3,',',btss)

str4 = str1[3:7]                                      #..................(14)
fval = float(str4)                                    #..................(15)
str4s = str(fval)                                     #..................(16)
print(str4,' : ',fval,' : ',str4s)
str5 = str1[3:5]                                      #..................(17)
ival1 = int(str5)                                     #..................(18)
ival2 = int(fval)                                     #..................(19)
ival = ival1 + ival2
str5s = str(ival) + chr(ival1)                        #..................(20)
print(str5,' : ',ival,' : ',str5s)
```

(1) string 값을 설정 하였다. 'ABC65.7abc'
(2) string 내부의 문자를 모두 대문자로 바꾼다.(str1.upper( ))
string 내부의 문자를 모두 소문자로 바꾼다.(str1.lower( ))
(3) 문자의 코드값을 문자로 바꾼다.(chr(65) → 'A')
숫자를 문자로 바꾼다.(str(65) → '65')
(4) len(str2) : str2의 길이를 정수로 return한다.
str2[0],str2[1],str2[2] : string에 포함되어 있는 문자를 추출한다.
(5) ord(ch) : 문자의 code 값을 정수로 return한다.
(6) string 연산 : str1의 뒤에 str2가 추가된다.
(7) ','가 포함되어 있는 string이다.
(8) string을 ',' 문자를 기준으로 3개의 string으로 나눈다.
'name', 'home', 'year' 3개의 string으로 나눈다.
(9) 3개의 string로 나누어 졌음을 확인한다.
(10) bytes를 생성한다.
(11) string을 bytes로 변환한다.
(12) bytes연산 : bts3는 bts1에 bts2가 추가된 값이 된다.
(13) bytes를 문자로 변환한다.
(14) string의 3~6사이의 문자를 잘라내어 substring을 만든다.('65.7')
(15) string을 실수로 바꾼다.(65.7)
(16) 실수를 string으로 변환 한다.
(17) string의 3~4사이의 문자를 잘라내어 substring을 만든다.('65')
(18) string을 정수로 변환한다.(65)
(19) 실수를 정수로 바꾼다.(소수점 이하 삭제 : 65.7 → 65)
(20) str(ival) : 정수를 문자로 바꾼다. 65 → '65'
chr(ival1) : ival1을 code로 하는 문자로 바꾼다. ival1이 65이고 'A'의 code 값이 65이므로 'A'가 된다.

5-5) String, binary, Hexa

통신을 하거나 하드웨어를 제어할 때, Hexa와 binary data를 자주사용하게 된다. 파이선은 Hexa(16진수)와 binary(2진수)를 모두 지원한다.

수치를 표현할 때 Hexa(16진수)는 '0x'를 앞에 붙여서 표현하고, binary(2진수)는 '0b'를 붙여서 표현한다. 따라서

```
33 = 0x21 = 0b00100001
```

위의 3값은 모두 같은 값이다. 다른 예를 들면

```
0x41 = 65 = 0b01000001
```

위의 값도 모두 같은 값을 hexa, 정수, binary로 표현한 예이다.

다음 프로그램은 정수, 실수를 hexa string과 binary string으로 상호 변환하는 프로그램이다.

String2.py

```
ival = 65
fval = 34.5
ivals = hex(ival)                 #..............................(1)
fvals = fval.hex()                #..............................(2)
print(ivals,',',fvals)

ivl = int(ivals,base=16)          #..............................(3)
fvl = float.fromhex(fvals)        #..............................(4)
print(ivl,',',fvl)

ival1 = 0x41                      #..............................(5)
ival1s = bin(ival1)               #..............................(6)
ival2 = int(ival1s,base=2)        #..............................(7)
print(ival1,',',ival1s,',',ival2)

ival3 = 0b01000001                #..............................(8)
ival3s = bin(ival3)               #..............................(9)
print(ival3,',',ival3s)
```

(1) 정수(65)를 hexa string으로 표현하는 함수이다.
Hexa로 변환 되는 것이 아니고 Hexa string이 리턴 된다.
(2) 실수(43.5)를 hexa string으로 표현하는 함수이다.
(3) 정수의 Hexa string을 정수로 변환한다.
(4) 실수의 Hexa string을 실수로 변환한다.
(5) Hexa 표현의 값(0x41=65)을 ival1에 대입한다.
(6) 정수값(ival1)을 binary string을 만든다.
(7) binary string('0b01000001')을 정수 값으로 변환한다.
(8) binary 표현의 값(00b01000001 = 65)을 ival3에 대입한다.
(9) 정수값(ival3)을 binary string으로 만든다.

5-6) bit stream

String을 표현할 수 있는 bit stream을 만들어 보자.

기기 간 통신, 장비 간 통신 등에서 자주 사용되는 방법은 bit stream의 교환이다. 특히 통신에서는 Bit Stream의 비중이 대단히 높다.

아직 용어에 익숙하지 못한 독자를 위하여 간단히 예를 들어 설명하면 숫자 53을 8-bit binary로 표현하면 00110101로 표현된다. 통신으로 이 값을 전송하려면 전기적으로 변환하여야 하기 때문에-한 예로 0을 0V, 1 을 5V로 정했다면- 00110101는 전압으로 표현하면 0V 0V 5V 5V 0V 5V 0V 5V가 된다. 그런데 이상하게 들릴지 모르겠지만, 통신에서는 많은 경우 Little Endian(LSB 우선 방식 : 8장에서 설명한다.)을 선택하고 있기 때문에 데이터를 전송할 때는 순서를 거꾸로 하여 5V 0V 5V 0V 5V 5V 0V 0V의 순으로 방출한다.

사용자가 입력한 String을 bit stream으로 바꾸어서 출력해보자.

bit stream을 통신 port로 출력하는 것은 일단 뒤로 미루고 Led로 Bit Stream을 표현해 보자.

프로그램은 다음과 같이 진행 되도록 작성하였다.

① 사용자가 string을 입력하도록 한다.
② 입력된 string에 있는 각각의 문자를 추출하고
③ 문자의 코드 값을 integer로 변환한 다음
④ integer를 다시 binary 문자로 바꾼다.
⑤ 만들어진 binary 문자의 값이 '1'이면 Led on, 0이면 off가 되도록 한다.
⑥ 모든 문자를 송출하였으면 다시 (1)번으로 돌아가서 사용자가 string을 입력할 수 있는 상태로 대기한다.

Bit Stream은 GPIO18로 출력하기로 하며 Bit 출력임을 확인하기 위하여 **그림 6-1**과 같이 GPIO23을 동기 신호로 사용한다.(Little Endian)

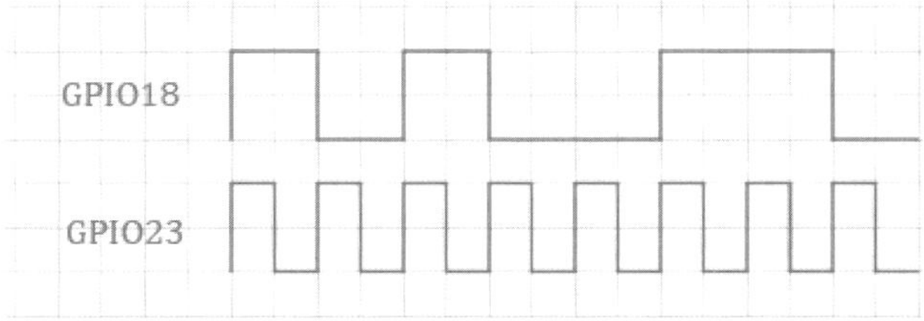

|그림 6-1| 'e' (0x65 : 01100101)의 출력 파형

가시적으로 볼수 있도록 그림 6-1의 한 눈금은 0.2 sec로 정한다.

프로그램은 다음과 같다.

BitStream1.py

```
import RPi.GPIO as IoPort
import time
def getbinary(dgt):                                    #...................(1)
  bstr1 = bin(dgt)
  bstr2 = ''
  for i in range(2,len(bstr1)):                        #...................(2)
    bstr2 += bstr1[ i]
  while len(bstr2) < 8 :                               #...................(3)
    bstr2 = '0'+ bstr2
  return bstr2

Led1 = 18
Led2 = 23
IoPort.setmode(IoPort.BCM)
IoPort.setup(Led1, IoPort.OUT)
IoPort.setup(Led2, IoPort.OUT)
while True:
  Rcv = input('Input String : ')
  for ch in Rcv:                                       #...................(4)
    ival = ord(ch)                                     #...................(5)
    bstr = getbinary(ival)
    print(ival,bstr)
    for i in range(0,8):                               #...................(6)
      bt = bstr[ 7-i]
      if bt == '1':                                    #...................(7)
        IoPort.output(Led1,True)
      else:
        IoPort.output(Led1,False)
      IoPort.output(Led2,True)                         #...................(8)
      time.sleep(0.2)
      IoPort.output(Led2,False)
      time.sleep(0.2)
```

(1) integer를 8 bit string으로 바꾸는 함수

(2) binary 표현은 앞에 '0b'가 붙기 때문에 '0b'를 제거한다.
'0b110001' → '110001'

(3) '0'를 붙여서 8-bit로 만든다. '110001' → '00110001'
(4) 사용자가 입력한 string에서 문자를 추출하여 loop를 수행한다.
(5) 문자를 integer로 변환한다.
(6) 8-bit를 LSB 우선으로 출력한다.(Little Endian : 7장에서 설명한다)
(7) GPIO18로 bit 출력
(8) GPIO23으로 동기 신호 출력

5-7) binary number, bool

파이선은 bool 대수 연산도 가능하다.
'&'는 and 연산자이고
'|'는 or 연산자이고
'^'는 exclusive or 연산자를 나타낸다.
다음은 bool 대수를 연산하는 프로그램이다.
프로그램 실행 중 입력을 요구할 때 허용되지 않는 값을 입력하면 error가 발생한다.

Binary.py

```
b1 = True
bs = 'False'
b2 = bool(bs)
print(b1,' | ',b2,' = ',b1 | b2)                       #..........(1)
print(b1,' & ',b2,' = ',b1 & b2)
print(b1,' ^ ',b2,' = ',b1 ^ b2)
bstr = input('input bool no. (True,False) : ')          #..........(2)
b3 = bool(bstr)                                         #..........(3)
print(b1,' | ',b3,' = ',b1 | b3)
print(b1,' & ',b3,' = ',b1 & b3)
print(b1,' ^ ',b3,' = ',b1 ^ b3)
print(b2,' | ',b3,' = ',b2 | b3)
print(b2,' & ',b3,' = ',b2 & b3)
print(b2,' ^ ',b3,' = ',b2 ^ b3)
print('not ', b1, ' = ', not b1)                       #..........(4)
istr = input('Input integer No. : ')                    #..........(5)
ival = int(istr)                                        #..........(6)
hstr = hex(ival)                                        #..........(7)
bstr = bin(ival)                                        #..........(8)
print(ival, ' => ',hstr,' => ',bstr)
ch = input('Input a string ( first char only use ) : ')    #.......(9)
cval = ord(ch[ 0] )                                     #.........(10)
```

```
sval = chr(cval)                                    #.........(11)
print(ch,' => ',ch[0],'=>',cval,' => ',sval)
```

(1) Bool 대수 연산자(|, &, ^ , not)이다.

(2) Bool값을 입력 받는다. ("True","False")의 값을 요구한다.

(3) String을 Bool 값으로 변환하는 함수이다.

(4) not 연산자 사용, True => False, False => True

(5) 정수 값을 입력 받는다.

(6) String을 정수 값으로 변환한다.

(7) 정수값을 Hexa String으로 바꾼다.

(8) 정수값을 binary String으로 변환한다.

(9) String을 입력 받는다.

(10) String의 첫 글자의 Code 값을 정수로 변환한다.

(11) 정수 값을 char의 Code로 변환하여 문자를 만든다.

5-8) complex number

파이선은 복소수도 지원한다.

파이성에서는 허수를 표현하기 위하여 'j'혹은 'J'를 사용하며 "실수+실수j"의 형태로 복소수를 표현한다.

다음은 복소수 연산을 하는 프로그램이다.

Complex.py

```
c1 = 3+4j                                  #....................(1)
c2 = complex(2,1.7)                        #....................(2)
c3 = c1+c2
print(c1,' + ',c2,' = ',c3)
c4 = c1 * c2
print(c1,' * ',c2,' = ',c4)
print('abs(c1) = ',abs(c1))                #....................(3)
cstr = input('input complex no : ')
c5=complex(cstr)                           #....................(4)
print(c5,' + ',c1,' = ',c1+c5)
```

(1) 복소수 표현이다.

(2) 복소수를 만든다.

(3) abs()는 복소수의 절대치를 계산하는 함수이다.
(4) complex()는 string을 복소수로 변환하는 함수이다.

5-9) math, int(), float()

math 모듈은 연산에 필요한 여러 가지 함수를 가지고 있기 때문에 필요한 경우가 자주 있다 math 모듈을 사용해 보자.

math는 모듈이기 때문에 import로 선언하여야 한다.

다음은 math를 이용한 프로그램이다.

Math.py

```
import math as Math
rcv = input('input real no : ')                              #.......(1)
frcv = float(rcv)                                            #.......(2)
ircv = int(frcv)                                             #.......(3)
print( ' Receive Value = ',rcv,
       '\n float value = ',frcv,                             #.......(4)
       '\n integer value = ',ircv)
print( 'sqrt(',frcv,') = ',Math.sqrt(frcv),
       '\nSin(',frcv,') = ',Math.sin(Math.radians(frcv)),    #.....(5)
       '\nlog10(',ircv,') = ',Math.log10(ircv))
```

(1) 사용자의 입력을 String으로 입력 받는다.
(2) String rcv를 floating point 숫자로 변환한다.
(3) floating point 숫자를 정수로 변형한다.
(4) '\n'은 new line을 나타낸다. 따라서 줄 바꿈이 발생한다.
(5) Math.sin()함수는 radial을 사용하기 때문에, 입력된 숫자를 radian으로 변형한 (Math.radians(frcv)) 다음 Math.sin()연산을 수행하였다.

5-10) try : error 처리

프로그램을 수행하는 과정에 여러 가지 에러가 발생한다.

통상적으로는 error가 발생하면, 프로그램의 수행이 멈추게 되지만 try, except를 이용하면 프로그램 사용중 에러가 발생하여도 프로그램을 계속 진행할 수 있다. 다음을 수행해 보자.

Try.py

```
while True:
  rcv = input('input no. : ')
```

```
  try:                                           #....................(1)
    ival = int(rcv)
    break
  except:                                        #....................(2)
    print( rcv,' is not integer no. try again!')
print('Received No. is ',ival)
```

(1) try 내부 명령 처리를 할 때 error가 발생하면 except 내부 명령을 수행한다.

(2) error 발생 시, 이 밑에 있는 내부 명령이 처리된다.

예 제 1

직원 수가 모두 5 명인 회사라 하자. 사용자가 직원들의 이름과 월급을 정수로 입력하면 월급의 평균치와 총합을 출력하는 프로그램을 작성하라. 사용자는 "이름, 120"과 같이 입력 하여야 한다.

kim, 120

lee, 240

....

와 같이 5번 입력하면 평균치와 총합을 Shell 화면에 출력하라.

풀이 split과 Try 명령을 사용해야 하는 프로그램이다.
사용자의 입력을 split으로 나눌 때 string속에 ','가 없으면 salary 부분이 None가 되므로 Error가 발생하고 , 월급으로 입력한 값이 정수가 아니어도 error가 발생한다.

Salary1.py

```
def  UserInput():
     while True:
          srt1 = input('Input  (Name,Salay)  : ')
          try:
               str2 = srt1.split(',')
               val1 = int(str2[ 1] )
          except:
             print(srt1, " Input Error : ' ",srt1, "' Try again!!!!")
             continue
          return val1
Sum = 0
for i in range(0,5):
     Sum += UserInput()
Avrg = Sum/5.0
print(' Total = ',Sum,'  ,  Average = ',Avrg)
```

평가문제 1

직원 수가 정해져있지 않다고 생각하자 GPIO8 Key를 누르면 직원들의 이름과 월급을 입력하게 하고, GPIO7 Key를 누르면 입력이 종료되고 평균치와 총합을 출력하는 프로그램을 작성하라.

풀이 프로그램에서 input 명령을 사용하고 있기 때문에, key 입력은 event를 사용하여야 한다.

Salary2.py

```
import RPi.GPIO as IoPort

def KeyHit(channel):
  global Rcv, Stop
  if  channel == Key1:
      Rcv = True
  elif  channel == Key2:
      if  Rcv == True:
          Stop = True
def  UserInput():
     while True:
         srt1 = input('Input  (Name,Salay)  :  ')
         try:
             str2 = srt1.split(',')
             val1 = int(str2[ 1] )
         except:
            print(srt1, " Input Error : '",srt1, "' Try again!!!!")
            continue
         return val1
Key1 = 8
Key2 = 7
IoPort.setmode(IoPort.BCM)
IoPort.setup(Key1, IoPort.IN)
IoPort.setup(Key2, IoPort.IN)
IoPort.add event detect(Key1,IoPort.FALLING,callback=KeyHit)
IoPort.add event detect(Key2,IoPort.FALLING,callback=KeyHit)
Sum = 0
Count = 0
Rcv = False
Stop = False
print( ' Hit Key1 !!!')
while True:
    if Rcv==True:
        break
while True:
    if Stop==True:
        break
    Sum += UserInput()
    Count += 1
```

```
Avrq = Sum/Count
print(' Total = ',Sum,' ,  Average = ',Avrg)
```

평가문제 2

사용자가 지정된 Password와 같은 string을 입력하면 GPIO18 Led가 on 상태로 되고, 틀리면 2번 깜박이고 Password를 다시 입력하는 상태가 되도록 프로그램을 작성하는데 다음 조건을 만족하여야 한다.

1. GPIO8 Key를 누르면 Password를 바꿀 수 있도록 하는데
   1) Led가 on(password가 성공한 상태)일 때만 Password를 변경할 수 있고
   2) Password는 4~8 글자라야 한다.
2. GPIO7 key를 누르면 Led가 off 상태가 되고 password를 입력할 수 있는 상태가 되어야 한다.

   default password는 "1234"로 지정하라.

풀이 string을 비교 하는 연산자는 '=='와 '!='이다.
GPIO8,GPIO7 어느 경우나 Password 입력상태가 되도록 하면 key event에서 GPIO8 key만 검사하면 된다.

Password.py

```
import RPi.GPIO as IoPort
import time

def KeyHit(channel):
  global Stop
  if  channel == Key1:
      if  Stop == False:
           return
      ChangePass()
      IoPort.output(Led,False)
  Stop = False
def BadWord():
   IoPort.output(Led,True)
   time.sleep(0.2)
   IoPort.output(Led,False)
   time.sleep(0.2)
   IoPort.output(Led,True)
   time.sleep(0.2)
   IoPort.output(Led,False)
   time.sleep(0.2)
def ChangePass():
    global Password
```

```
    while True:
        rcv1 = input('Input New Password : ')
        if len(rcv1) < 4:
            print('length of Password is too small,Try again!')
            continue
        if len(rcv1) > 8:
            print('length of Password is too big, Try again!')
            continue
        rcv2 = input('Input New Password  again : ')
        if rcv1 != rcv2 :
            print('password not match !, Try again')
        else:
           Password = rcv1
           return
Led = 18
Key1 = 8
Key2 = 7
IoPort.setmode(IoPort.BCM)
IoPort.setup(Led, IoPort.OUT)
IoPort.setup(Key1, IoPort.IN)
IoPort.setup(Key2, IoPort.IN)
IoPort.add_event_detect(Key1,IoPort.FALLING,callback=KeyHit)
IoPort.add_event_detect(Key2,IoPort.FALLING,callback=KeyHit)
Password = '1234'
Rcv = False
Stop = False
IoPort.output(Led,False)
while True:
    if  Stop == True:
        continue
    IoPort.output(Led,False)
    rcvstr = input('Input Password : ')
    if rcvstr == Password:
        IoPort.output(Led,True)
        Stop = True
    else:
        BadWord()
```

6 List, Tuple, Dict

Tuple, List, Dict는 오브젝트의 배열을 관리하는 목적으로 사용할 수 있는 유용한 오브젝트이다.

저자의 생각으로는 Tuple, List, Dict는-데이터를 관리하는 목적으로만 사용하는 것보다- 오브젝트를 관리하는 목적으로 사용하는 것이 좋을것 같다.

독자들이 이 장을 읽으면 다음 사항들을 알게 될 것이다.

① tuple의 생성법과 사용 방법

② list의 생성법과 사용 방법

③ dict의 생성법과 사용 방법

6장에서 사용할 하드웨어는 4장에서 사용한 회로와 동일하다.

6-1) tuple

tuple은 모든 오브젝트를 element로 수용하며, element가 서로 다른 type의 오브젝트라 하여도 문제가 되지 않는다. 따라서 tuple은 숫자, 문자, 문장, 다른 tuple등 모든 오브젝트를 element로 사용할 수 있다.

tuple은 function도 element로 사용할 수 있기 때문에 tuple을 batch function으로도 사용할 수도 있다.

tuple은 한번 지정되면 그 값을 변경하지 못한다. 하지만 tuple 자체를 다른 배열로 대치는 할 수는 있다.

다음은 batch function을 tuple을 이용하여 생성하고, 사용하는 방법을 예로 보인 프로그램이다.

Tuple1.py

```
def prg1():
    print('Prog 1')
def prg2():
    print('Prog 2')
def prg3():
    print('Prog 3')
def prg4():
    print('Prog 4')
```

```
tpl1 = (1,2,3,4)                          #...............(1)
print('tuple = ',tpl1)                    #...............(2)
print('pos of 2  is',tpl1.index(2))       #...............(3)
print('tpl[ 2] = ',tpl1[ 2] )             #...............(4)
tpl2=(11,'Test a',88,tpl1)                #...............(5)
for tp in tpl2:                           #...............(6)
    print(tp)
tpl3=(prg1,prg2,prg3,prg4)                #...............(7)
for tp in tpl3:
    tp()                                  #...............(8)
```

(1) tuple을 생성하는 명령이다.

(2) tuple의 내용을 모두 Text Stream으로 출력한다. (1,2,3,4)

(3) tuple 내부에 숫자 2가 존재하는 위치를 나타내고 있다. (1)

(4) tuple의 항목 값은 0부터 시작된다. “3”이 출력된다.

(5) tuple의 모든 오브젝트는 Tuple의 element가 될 수 있다. tuple 자체도 오브젝트이기 때문에 다른 tuple도 element가 될 수 있다.

(6) for 명령의 command로 사용될 수 있다.

(7) function도 오브젝트이기 때문에 tuple의 element가 될 수 있다.

(8) tuple에 있는 function을 수행하는 예이다.

6-2) List

list는 tuple의 기능을 거의 모두 수용하고 있지만 list는 tuple과 달리 element를 추가하거나 변경이 가능하다.

list는 연산도 가능하며, sort와 같이 유용한 기능도 가지고 있다.

list는 다음과 같이 여러 가지 방법으로 생성할 수 있다.

① lst1 = [1, 2, 3, 4]

② lst2 = [[1, 2, 3], [4, 5, 6], [1,7,5], lst1]

③ lst3 = list(range (4, 10))

다음은 List의 생성과 사용법의 예를 보여주는 프로그램이다.

List1.py

```
lst1 = [3,2,1]                      #.....................(1)
lst2 = [[1,5,3] ,[2,3,1],lst1]      #.....................(2)
```

```
lst3 =[x for x in range (0,10)]              #.....................(3)
lst4 = list(range(4,10))                     #.....................(4)
lst5 = list()                                #.....................(5)
lst5.append(lst2)                            #.....................(6)
print(lst1)
print(lst2)
print(lst3)
print(lst4)
print(lst5)
lst3 = lst1+lst2                             #.....................(7)
print(lst3)
lst1.sort()                                  #.....................(8)
print(lst1)
print(lst1[2])                               #.....................(9)
a = lst4.pop()                               #....................(10)
print(lst4," poped :",a)
b = lst4.pop(2)                              #....................(11)
print(lst4," poped : ",b)
lst4.insert(3,77)                            #....................(12)
print(lst4)
lstT = [lst1,lst2]                           #....................(13)
print(lstT)
for item in lstT:                            #....................(14)
   print(item[1])                            #....................(15)
```

(1),(2),(3),(4) List를 생성하는 서로 다른 방법이다

(5) element가 없는 List를 생성하는 방법

(6) List에 Element를 추가하는 방법이다.

(7) List 연산, lst1의 뒤에 lst2를 추가한다.

(8) List 내부의 element를 sort하는 함수이다.

(9) List의 3번째(0부터 2까지) element를 추출한다.

(10) pop()은 List의 최종 Element를 삭제하는 명령이다.

(11) List 내부의 Element에서 3번째(0,1,2) Element를 제거한다.

(12) List 내부의 4번째 위치에 77을 삽입한다.

(13) lst1과 lst2를 Element로 하여 lstT를 생성한다.

(14) for 문장의 command로 사용하는 예이다.

(15) List element속에서 1번째 element를 추출한다.

6-3) dict(Dictionary)

dict는 key 값을 갖는 list라 생각하는 것이 편하다.
Dictionary는 다음과 같은 방법으로 생성할 수 있다.

```
dct2 = { 'key1' : value1, 'key2' : value2, 'key3' : value3, ... }
dct1 = dict(key1=value1, key2=value2, key3=value3, ... )
dct3 = dict([ ('key1' ,value1), ('key2' ,value2), ('key3' ,value3), ....] )
dct4 = dict({ 'key1' :value1, 'key2' :value2, 'key3' :value3....} )
```

다음은 Dictionary를 생성하고 사용하는 예를 보여주는 프로그램이다.

Dict1.py

```
dict1= { 'A1':1, 'A2':'Test', 'A3':'Hello World', 'A4':[ 1,2,4]} #..(1)
dict2 = dict(A1 = 1,A2 = 'Test',A3 = 'Hello World',A4 =[ 1,2,4] )#...(2)
dict3=dict([ ('kim',23), ('Lee','a45'), ('choi',[ 1,2,3] )] )   #......(3)
dict4 = dict()                                                  #...........(4)
if dict1 == dict2:                                              #...........(5)
  print(dict1)
  print(dict3)
for st in dict2:                                                #...........(6)
  print(st)
dict3[ 'kim'] ='abc'                                            #...........(7)
ref1 ={ 'Lee':17}
dict3.update(ref1)                                              #............(8)
ref1 ={ 'park':37}
dict3.update(ref1)                                              #............(9)
del dict3[ 'choi']                                              #...........(10)
print(dict3)
dict4 = dict3                                                   #...........(11)
len1 = len(dict4)
print(len1 ,' ; ',dict4)
dict4.clear()                                                   #...........(12)
print(dict3 ,' ; ',dict4)
```

(1),(2),(3),(4) dict를 생성한다.

(5) 2개의 dict가 같은지를 비교함

(6) for 문장 사용

(7) 항목 값을 변경함

(8) 항목 값을 추가함

(9) 항목 값을 추가

(10) 항목을 제거함

(11) dict3를 대입하여 dict4를 만듦
 (Pointer만 전송되기 때문에 내용은 동일함)

(12) dict4의 항목을 모두 제거, dict4가 clear되면 dict3도 clear 된다.

예 제 1

tuple은 지정된 값들을 저장하는 목적으로 사용하기 적합한 오브젝트 이다. tuple을 이용하여 지정된 신호를 만들면 유용하게 사용할 수 있다. GPIO8 Key를 누를 때마다 그림 6-1의 신호를 GPIO18로 출력하는 프로그램을 tuple을 이용하여 작성하라.

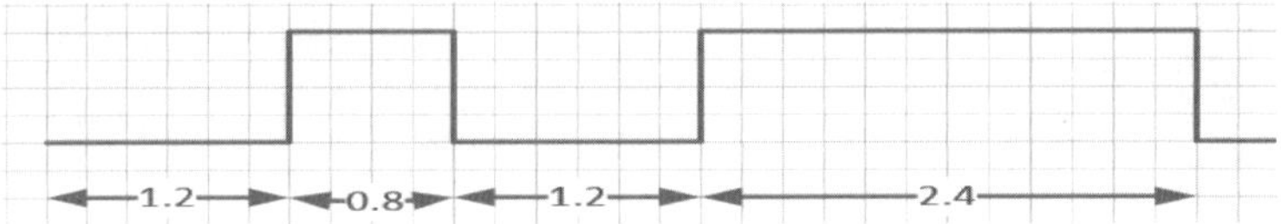

|그림 6-1|

풀이 쉽게 생각 하자. tuple에 **그림 6-1**에 있는 신호의 길이를 저장하고 지정된 시간이 되었을 때 마다 신호를 반전하기만 하면 된다. 이 프로그램의 장점은 필요시 Tuple만 바꾸면 된다는 점이다.

Tuple2.py

```
import RPi.GPIO as IoPort
import time
def KeyInput():
    while True:
      if IoPort.input(Key1)== False:
        break
    time.sleep(0.1)
    while True:
       if IoPort.input(Key1)== True:
         break
    time.sleep(0.1)

tpl = (1.2,0.8,1.2,2.4)
Key1 = 8
Led1 = 18
IoPort.setmode(IoPort.BCM)
```

```
IoPort.setup(Led1, IoPort.OUT)
IoPort.setup(Key1, IoPort.IN)
while True:
  KeyInput()
  print('Signal Out Now')
  Sig = False ;
  for i in range(0,len(tpl)):
    IoPort.output(Led1,Sig)
    time.sleep(tpl[ i] )
    Sig = not Sig
  IoPort.output(Led1,Sig)
```

예 제 2

상품의 이름과 개수 가격 등을 입력하여 list에 저장하는 프로그램을 작성하자. 프로그램은 이름과 개수, 가격을 입력 하도록 작성여야 하며, 마지막으로 "last"를 입력하면 입력이 종료되고, 입력된 값들의 List를 출력하는 프로그램을 작성하라.

「풀이」 split 명령을 사용하면 입력된 값을 tuple로 만들 수 있다. tuple의 size가 3이 아니면 'last'이거나 error이다.

List2.py

```
lst = list()
while True:
  rcv = input('Input ( Name, Count, Cost) : ')
  trcv = rcv.split(',')
  if len(trcv) ==3:
      lst.append(trcv)
  else:
      ldta = rcv.lower()
      if ldta == 'last':
          break
      else:
          print(rcv,' is not acceptable data. Input again !!!')
print('Name,Count,Cost')
for sm in lst:
   print( sm)
```

평가문제 1

그림 6-1은 어느 인터넷 통신용 반도체의 IP raw를 State Diagram으로 표현한 그림이고, 표 6-1은 Linked List를 구현하기 위하여 작성한 State Table이다. Linked-List를 만들고 이를 이용하여 State Diagram을 운행하라.

풀이 먼저 7가지 State를 표현하려면 3 bit가 필요하니까. GPIO18, GPIO23, GPIO24를 사용하고, Key 2개가 필요하니까. GPIO8, GPIO7을 사용하기로 하자.
Linked List의 Element의 구조는 다음과 같이 하자.

```
[ Name,Value , Next Node1, Next Node2]
```

표 6-2의 State Table의 정의에 의해 State값을 표현하면 다음과 같다.

```
S1 = [ "S1", [ False,False,True] , "S2", "S3"]
S2 = [ "S2", [ False,True,False] , "S2", "S3"]
S3 = [ "S3", [ False,True,True] , "S4", "S5"]
S4 = [ "S4", [ True,False,False] , "S6", "S4"]
S5 = [ "S5", [ True,False,True] , "S1", None]
S6 = [ "S6", [ True,True,False] , "S5", "S7"]
S7 = [ "S7", [ True,True,True] , "S5", "S6"]
```

State의 구조가 이름과 key에 따라 선택되어야 하는 State의 이름을 가지고 있으므로, Key가 검출 될 때 마다, 다음으로 변경할 State를 찾아서 State를 변경 하면 State를 운행할 수 있다.

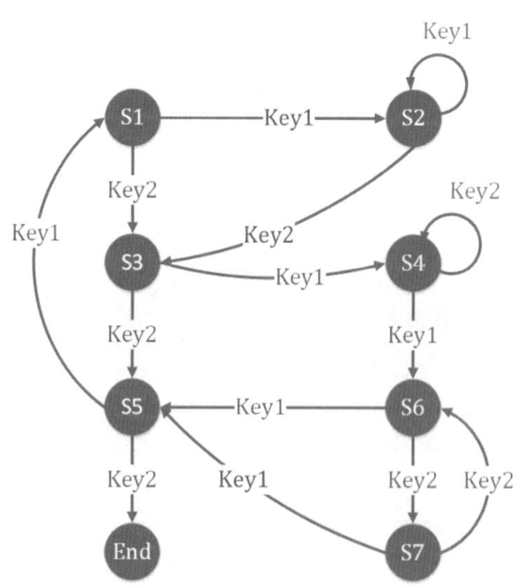

|그림 6-2| State Diagram

|표 6-1| State Table

State		Key1	Key2
Value	Name		
001	S1	S2	S3
010	S2	S2	S3
011	S3	S4	S5
100	S4	S6	S4
101	S5	S1	End
110	S6	S5	S7
111	S7	S5	S6

List3.py

```
import RPi.GPIO as IoPort
import time
def FindList(Nme):
  for St in Lst:
    if St[0] == Nme :
      ViewLed(St[1])
      return St
  return None
def KeyInput(key):
  if IoPort.input(key)==True:
    return False
  time.sleep(0.1)
  while True:
    if IoPort.input(key)==True:
      break
  time.sleep(0.1)
  return True
def ViewLed(tur):
  IoPort.output(Led1,tur[0])
  IoPort.output(Led2,tur[1])
  IoPort.output(Led3,tur[2])
def Init():
  global Lst, Stat, Led1, Led2, Led3, key1, key2
  Led1 = 18
  Led2 = 23
  Led3 = 24
  key1 = 8
  key2 = 7
  IoPort.setmode(IoPort.BCM)
  IoPort.setup(Led1, IoPort.OUT)
  IoPort.setup(Led2, IoPort.OUT)
  IoPort.setup(Led3, IoPort.OUT)
  IoPort.setup(key1, IoPort.IN)
  IoPort.setup(key2, IoPort.IN)
  S1 =['S1',[False,False,True], 'S2', 'S3']
  S2 =['S2',[False,True,False], 'S2', 'S3']
  S3 =['S3',[False,True,True], 'S4', 'S5']
  S4 =['S4',[True,False,False], 'S6', 'S4']
  S5 =['S5',[True,False,True], 'S1', None]
  S6 =['S6',[True,True,False], 'S5', 'S7']
  S7 =['S7',[True,True,True], 'S5', 'S6']
  Lst=[S1,S2,S3,S4,S5,S6,S7]
  Stat = S1
  ViewLed(Stat[1])
Init()
while True:
  if KeyInput(key1)==True:
    Stat = FindList(Stat[2])
    if Stat==None:
```

```
      break
    if KeyInput(key2)==True:
      Stat = FindList(Stat[ 3] )
      if Stat==None:
        break
  ViewLed([ False,False,False] )
```

평가문제 2

그림 6-2의 Linked-List를 Dict를 이용하여 작성하라. 평가문제 1)과 동일하지만 여기서는 List를 사용하지 말고 dict를 사용하여 프로그램을 작성하라.

풀이 Dict는 Key를 가지고 있기 때문에 key를 이용히면 List를 검색할 필요가 없다.

Dict2.py

```
import RPi.GPIO as IoPort
import time

def KeyInput(key):
  if IoPort.input(key)==True:
    return False
  time.sleep(0.1)
  while True:
    if IoPort.input(key)==True:
      break
  time.sleep(0.1)
  return True

def ViewLed(tur):
  IoPort.output(Led1,tur[ 0] )
  IoPort.output(Led2,tur[ 1] )
  IoPort.output(Led3,tur[ 2] )

def Init():
  global Led1, Led2, Led3, key1, key2, dct, snme
  Led1 = 18
  Led2 = 23
  Led3 = 24
  key1 = 8
  key2 = 7
  IoPort.setmode(IoPort.BCM)
  IoPort.setup(Led1, IoPort.OUT)
  IoPort.setup(Led2, IoPort.OUT)
  IoPort.setup(Led3, IoPort.OUT)
  IoPort.setup(key1, IoPort.IN)
```

```
  IoPort.setup(key2, IoPort.IN)
  S1 = [[ False,False,True] , 'S2', 'S3']
  S2 = [[ False,True,False] , 'S2', 'S3']
  S3 = [[ False,True,True] , 'S4', 'S5']
  S4 = [[ True,False,False] , 'S6', 'S4']
  S5 = [[ True,False,True] , 'S1', None]
  S6 = [[ True,True,False] , 'S5', 'S7']
  S7 = [[ True,True,True] , 'S5', 'S6']
  dct = { 'S1':S1, 'S2':S2, 'S3':S3, 'S4':S4, 'S5':S5, 'S6':S6, 'S7':S7}
  snme = 'S1'
  ViewLed(dct[ snme] [ 0] )

Init()
while True:
  ViewLed(dct[ snme] [ 0] )
  if KeyInput(key1)==True:
    snme = dct[ snme] [ 1]
    if snme==None:
      break
  if KeyInput(key2)==True:
    snme = dct[ snme] [ 2]
    if snme==None:
      break
```

평가문제 3

사용자가 keyboard로 문장을 입력하면 입력한 내용을 모르스 부호로 바꾸어서 출력하는 프로그램을 작성하자. 모든 문자를 허용하면 프로그램이 너무 너무 커지니까, 입력은 'A','B','C','D' 4 문자만 허용하기로 한다.
모르스 부호로 A는 "뚜 쓰", B는 "쓰 뚜 뚜 뚜", C는 "쓰 뚜 쓰 뚜", D는 "쓰 뚜 뚜"이다.
"뚜"을 0.2 sec의 pulse라 정의하면 "쓰"는 0.6Sec의 pulse이다. 모르스 규약에 의하면 부호 사이에 0.2sec(뚜의 길이)만큼의 간격이 필요하고 글자 사이에 0.6 sec(쓰의 길이) 만큼의 간격이 필요하다.

풀이 모르스 부호를 3V와 0V가 교대로 출력하는 시간으로 표현하면
A=(0.2, 0.2, 0.6)
B=(0.6, 0.2, 0.2, 0.2, 0.2, 0.2, 0.2, 0.2)
C=(0.6, 0.2, 0.2, 0.2, 0.6, 0.2, 0.2,0.2)
D=(0.6, 0.2, 0.2, 0.2, 0.2, 0.2)
가 되는데 이 값들은 그 자체가 tuple로 표현될 수 있으므로, A,B,C,D를 tuple로 사용 하고 morse=(A,B,C,D)을 정의하자.

MorseSoS11.py
```
import RPi.GPIO as IoPort
import time
def sendmorse(tur):
  morseout(tur)
  IoPort.output(Led1,False)
  time.sleep(0.6)
def morseout(tur):
  Bitout = True
  for i in range(0,10):
    IoPort.output(Led1,Bitout)
    dly = tur[i]
    if dly==None:
      break
    time.sleep(dly)
    Bitout = not Bitout
A=(0.2, 0.2, 0.6, None)
B=(0.6, 0.2, 0.2, 0.2, 0.2, 0.2, 0.2, None)
C=(0.6, 0.2, 0.2, 0.2, 0.6, 0.2, 0.2, None)
D=(0.6, 0.2, 0.2, 0.2, 0.2, None)
morse = (A,B,C,D)
Led1 = 18
IoPort.setmode(IoPort.BCM)
IoPort.setup(Led1, IoPort.OUT)
while True:
  rcv = input("input word (A~D) : ")
  Rcv = rcv.upper()
  ln = len(Rcv)
  for i in range(0,ln):
    ch = Rcv[i]
    if ch=='A':
      sendmorse(morse[0])
    elif ch=='B':
      sendmorse(morse[1])
    elif ch=='C':
      sendmorse(morse[2])
    elif ch=='D':
      sendmorse(morse[3])
```

7 Bytearray, struct, Array

저자는 개인적으로 6장에서 소개한 오브젝트들은 오브젝트를 관리하는 목적으로 사용하는 것이 좋을 것이라 생각하고 있고, 여기 7장에서는 데이터를 관리하는 목적으로 사용하기 좋다고 생각하는 오브젝트를 소개하고자 한다.

독자들이 이 장을 읽으면 다음 사항들을 알게 될 것이다.

① bytearray의 생성법과 사용 방법

② struct

③ Array

④ bit stream의 생성

7장에서 사용할 하드웨어는 4장에서 사용한 회로와 동일하다.

7-1) bytearray

bytearray는 간단하게 생각해서 byte의 배열이라 생각하는 것이 편하다.

일반적인 통신은 전송할 데이터를 8-bit(byte)단위로 만들어서 메모리에 저장한 다음, 메모리에 저장된 값을 전송하는 방법을 많이 사용하고 있다.

bytearray는 그러한 목적으로 사용하기에 가장 적합하게 만들어진 array이다. bytearray는 encoding, find, extend 등의 많은 기능을 가지고 있지만 여기서는 structure 또는 Array의 기능을 보조하는 수단으로만 사용하기로 한다. 저자는 통신이나 hardware의 제어를 목적으로 한다면 그 정도로 충분하다고 보기 때문이다.

다음은 bytearray 생성하고 bytearray연산의 예를 보여주는 프로그램이다. 프로그램을 실행해 보자.

Bytearray.py

```
bts1 = b'ABCD'                        #........................(1)
bte1 = bytearray(bts1)                #........................(2)
bte2 = bytearray('EFGHI','utf-8')     #........................(3)
bte3 = bytearray(range(0,5))          #........................(4)
bte4 = bytearray()                    #........................(5)
bte4.append(4)                        #........................(6)
bte4.insert(0,3)                      #........................(7)
```

```
bte4 += bts1                            #......................(8)
bte5 = bte1 + bte2                      #......................(9)
print(bte1)
print(bte2)
print(bte3)
print(bte4)
print(bte5)
```

(1) bytes를 생성하는 예이다.

(2) bytes를 이용하여 bytearray를 생성하였다.

(3) string을 이용하여 bytearray를 생성하였다. string의 경우는 encoding을 해야 한다. 여기서는 'UTF-8'로 encoding을 하고 있다.

(4) range를 이용하여 0~4까지 4개의 숫자를 갖는 bytearray를 생성하였다.

(5) empty bytearray를 생성하였다.

(6) bytearray에 숫자를 추가하는 명령

(7) bytearray의 0번째 위치에 숫자 3을 삽입하는 명령이다.

(8) bytearray에 bytes를 추가한다.

(9) bytearray의 + 연산을 보여 주고 있다.

7-2) struct

struct는 파이선 데이터의 값을 다양한 크기의 파이선 bytes의 값으로 변경해 주는 역할을 한다.

데이터의 저장 방법에 대해서 생각해 두어야 할 것은 컴퓨터는 32-bit, 64-bit 컴퓨터 2가지가 있다. 따라서 같은 숫자라 하여도 32-bit 컴퓨터에 저장되는 메모리의 크기와 64-bit 컴퓨터에 저장되는 메모리의 크기는 다른 것이 당연하다. 그것 뿐 아니라 Hardwae 중에는 16-bit 혹은 8-bit를 기반으로 메모리를 관리하는 System도 있다.

따라서 숫자 12를 전송하려 할 때, 12라는 숫자를 2-byte의 크기로 만들어야 하는지, 아니면 4-byte 혹은 8-byte 크기의 데이터로 만들어야 하는지 여부는 상대 System에 맞추어서 결정하여야 한다.

데이터를 1-byte, 2-byte, 4-byte 혹은 8-byte 등의 다양한 크기로 만들어야 할 때 사용하기 가장 적합한 모듈이 바로 struct이다.

struct는 format string을 사용하여 저장되는 데이터의 크기와 Endian(little endian, big endian)을 지정할 수 있는 기능을 가지고 있기 때문이다. struct는 연산 결과를 bytes로 만들 수도 있고, buffer에 저장할 수 있는 기능도 가지고 있다.

struct에서 사용하는 format string은 Bt+Fmt와 같이 byte order를 지정하는 문자와 packing에 사용할 format 문자의 결합으로 만들어 진다

format string이 ‘〈shl’ 이라면 byte order를 지정하느 문자 ‘〈’를 제외하면 ‘shl’이므로 3개의 데이터를 packing한다.

shell 화면에서 다음 실행해 보자.

```
>>>import struct
>>>struct.pack('<hil',1,2,3)
```

① ‘〈’는 little endian을 나타 낸다.

② ‘h’는 short 이므로, 2-Byte로 만들어지고 1 =〉 0x01, 0x00 2-byte로 변환된다.

③ ‘i’는 integer 이므로 4-byte로 만들어지고 2 =〉 0x02,0x00,0x00,0x00 으로 변환된다.

④ ‘l’은 long 이므로 4-byte로 만들어지고 3 =〉 0x03,0x00,0x00,0x00 으로 변환된다.

- byte order ‘〈’는 생략할 수 있다 byte order가 생략되면 디폴트 값이 사용된다.

byte order를 나타내는 문자는 **표 7-1**과 같이 정의하고 있다.

|표 7-1| byte order

Character	Byte order	Size	Alignment
@	native	native	native
=	native	standard	none
〈	little-endian	standard	none
〉	big-endian	standard	none
!	network(=big-endian)	standard	none

format string을 나타내는 문자는 **표 7-2**와 같이 정의하고 있다.

다음은 struct를 생성하는 방법과 이용하는 방법의 예를 보여주는 프로그램이다.

Struct.py

```
import struct                            #......................(1)
strc = struct.Struct('Bhl')              #......................(2)
fmt = strc.format                        #......................(3)
print(fmt)
bte1 = strc.pack(1,2,3)                  #......................(4)
bte2 = struct.pack('Bhf',1,2,2.5)        #......................(5)
bte1 += bte2                             #......................(6)
bte3 = struct.pack('cs',b'a',b'bcdef')   #......................(7)
bte1 += bte3
```

```
print(bte1)

bte4 = struct.pack('<Bhf',3,4,5.1)        #.......................(8)
print(bte4)
bte5 = struct.pack('>Bhlf',3,4,5,2.3)     #.......................(9)
print(bte5)

print(bte2)                               #.......................(10)
bte6 = struct.unpack('Bhf',bte2)          #.......................(11)
print(bte6)
bte7 = struct.pack('hhf',bte6[0],bte6[1],bte6[2])       #........(12)
print(bte7)
```

(1) struct 모듈을 선언한다.

(2) struct 함수를 만든다.

(3) struct의 format을 확인한다.

(4) struct strc를 이용하여 bytearray를 만든다.

(5) strc를 이용하지 않고 struct를 이용하여 직접 bytearray를 만든다.

(6) bte1에 bte2를 추가한다.

(7) 문자는 bytes(b'a') string은 (b's')로 만들어서 pack하여야 한다.

(8) little endian으로 bytearray를 만든다.
float number도 bytearray로 만들 수 있다.

(9) big endian으로 bytearray를 만든다.

(10) '1-byte, 2-byte, 4-byte'로 만들어진 bytearray임을 확인한다.

(11) unpack 명령을 사용하여 원래의 값으로 복원한다.

(12) '2-byte, 2-byte, 4-byte'로 만들어진 bytearray로 만들었다.

|표 7-2| format string

Format	c type	python type	standard size
x	pad byte	no vlue	
c	char	byte of length 1	1
b	signed char	integer	1
B	unsigned char	integer	1
?	_Bool	bool	1
h	short	integer	2
H	unsigned short	integer	2
i	int	integer	4
I	unsigned int	integer	4
l	long	integer	4
L	unsigned long	integer	4
q	long long	integer	8
Q	unsigned long long	integer	8
n	ssize_t	integer	
N	size_t	integer	
f	float	float	4
d	double	float	8
s	char[]	bytes	
P	char[]	bytes	
p	void *	integer	

7-3) String => bytearray => bit stream

이 절에서는 통신 프로토콜을 만족하는 bytes array를 만들고, 만들어진 bytes array를 Bit Stream으로 변환 한 다음 bit 단위로 message를 출력하는 방법을 구사해 보기로 하자.

다음은 internet 통신에서 사용되고 있는 Echo message의 구조이다.

8	0	check sum
Identifier		Sequence number
echo Message.....		

사용자가 입력한 string을 전송하는 echo message를 만들어 보자.

편의상 check sum은 chk1, chk2라 하고 Identifier는 0x0102, Sequence Number는 0x1234라 하면 인터넷 통신은 big endian이므로

0x08, 0x00, chk1, ckh2, 0x01, 0x02, 0x12, 0x34, message...

와 같은 구조를 갖는 stream을 만들어야 한다.

checksum을 계산하려면 프로그램이 복잡해지니까, 여기서는

① checksum값은 계산하지 말자. 그 대신 사용자가 입력한 처음 2-byte를 checksum으로 사용하는 것으로 하자.

② byte stream을 만든 다음

③ byte stream을 bit stream으로 만들어서

④ GPIO18로 출력하고

⑤ GPIO23은 동기 신호를 출력하자

다음은 사용자의 입력을 Echo Message로 만들고, 만들어진 통신 데이터를 bit stream을 출력하는 프로그램이다.

BitStream2.py

```
import struct                                    #....................(1)
import RPi.GPIO as IoPort
import time
def SendByte(dta):                               #....................(2)
  bstr = mkbit8(dta)
  for ch in bstr:
    if ch == '1':
      IoPort.output(Led1,True)
    else:
      IoPort.output(Led1,False)
    IoPort.output(Led2,True)
    time.sleep(0.2)
    IoPort.output(Led2,False)
    time.sleep(0.2)
def mkbit8(dta):                                 #....................(3)
  str1 = bin(dta)
  str2 = ''
  for i in range(0,len(str1)-2):
    str2 += str1[ i+2]
  while len(str2) < 8:
    str2 = '0'+str2
```

```
    return str2
def Init():                                          #....................(4)
    global Led1, Led2
    Led1 = 18
    Led2 = 23
    IoPort.setmode(IoPort.BCM)
    IoPort.setup(Led1, IoPort.OUT)
    IoPort.setup(Led2, IoPort.OUT)
Init()                                               #....................(5)
while True:
    rcv = input('Input String : ')                   #....................(6)
    if len(rcv) < 3:                                 #....................(7)
        print('String Length is too small, try again!!!')
        continue
    bte1 = struct.pack('>bbbb',8,0,ord(rcv[0]),ord(rcv[1]))
                                                     #....................(8)
    bte2 = struct.pack('>HH',0x0102,0x1234)          #....................(9)
    bte3 = bytearray(rcv,'utf-8')                    #...................(10)
    bte1 += bte2 + bte3                              #...................(11)
    for bt in bte1:                                  #...................(12)
        SendByte(bt)
```

(1) 사용할 모듈을 선언한다.

(2) byte data를 GPIO18로 출력하는 함수

(3) byte 데이터를 8-bit string으로 변환하는 함수

(4) 초기화 함수이다.

(5) 초기화를 한다.

(6) message를 입력 받는다.

(7) 입력된 string의 길이가 3보다 작으면 다시 입력 받는다.

(8),(9) Header를 만든다.

(10) 입력된 string을 bytearray로 변환한다.

(11) bytearray를 1개로 묶어서 byte stream을 만든다.

(12) bytestream에서 1-byte 씩 차례로 전송한다.

7-4) Array

Array는 List와 비슷하지만 element로 사용하는 object가 지정된다는 점이 다르다. Array는 생성될 때 Element의 Type을 결정하도록 되어 있다.

표 7-3은 Array의 type를 지정하는 type code이다.

|표 7-3| Array type code

Type	C Type	Python Type	Minimum size in bytes
'b'	signed char	int	1
'B'	unsigned char	int	1
'u'	PY_UNICODE	Unicode character	2
'h'	signed short	int	2
'H'	unsigned short	int	2
'i'	signed int	int	2
'I'	unsigned int	int	2
'l'	signed long	int	4
'L'	unsigned long	int	4
'q'	signed long long	int	8
'Q'	unsigned long long	int	8
'f'	float	float	4
'd'	double	float	8

다음은 Array를 사용하는 예를 보여주는 프로그램이다.

Array.py

```
import array                                  #..................(1)
aryl = array.array('l',[ 1,2,3,4,5] )         #..................(2)
print(aryl)
lst = [ 4,5,6,7,8]                            #..................(3)
aryl.fromlist(lst)                            #..................(4)
bte = aryl.tobytes()                          #..................(5)
print("byte Ary : ",bte)

aryB = array.array('B')                       #...................(6)
aryB.fromstring('Test Sample')                #...................(7)
aryB.fromstring(' Sample Text')               #...................(8)
aryB1 = array.array('B')                      #...................(9)
aryB1.fromstring(' add String')               #..................(10)
aryB += aryB1                                 #..................(11)
lst = aryB.tolist()                           #..................(12)
```

```
print('List : ',lst)
aryB.append(10)                                   #..................(13)
aryB.insert(5,0x31)                               #..................(14)
str1 = aryB.tostring()                            #..................(15)
print('String : ',str1)
```

(1) Array 모듈을 사용한다.

(2) signed long array를 생성한다.

(3) list lst를 만든다.

(4) lst를 aryl에 추가한다.

(5) ary1을 byte array로 만든다.(출력 결과를 보면 4-byte data임을 알 수 있다.)

(6) unsigned char array aryB를 만든다.

(7)(8) string을 aryB에 추가한다.('Test Sample Sample Text')

(9) unsigned char array aryB1을 생성한다.

(10) aryB1에 String이 추가된다.

(11) Array 연산

(12) Array를 List로 변환한다.

(13) char를 array에 추가한다.

(14) Array의 5 번째 위치에 0x31을 추가한다.

(15) Array를 string으로 변환한다.

7-5) Array=〉bytearray=〉bit stream

Array는 생성 될 때 Element의 Type이 결정되어 있기 때문에 element의 크기도 정해진다.

따라서 같은 값이라 하여도 short array에는 2-byte로 저장되지만 long array를 사용하면 4-byte로 저장된다.

다시 말하면 struct를 사용하지 않고도 데이터의 크기를 제어할 수 있다.

다음과 같은 프로그램을 작성하자.

사용자의 입력을 받아서 GPIO18 Port로 bit stream으로 출력하자.

① 사용자의 입력을 1-byte stream으로 출력하고, 출력이 종료되면

② 2-byte stream으로 만들어서 다시 출력하고

③ 마지막으로4-byte stream으로 다시 출력하자.

④ GPIO23으로 Bit 출력을 나타내기 위한 동기 pulse를 출력하자.

참고로 문자 '12'의 code 값은 0x31, 0x32이다. little endian이므로

① 1-byte로 저장하면 0x31, 0x32로 저장되지만

② 2-byte로 저장하면 0x0031, 0x0032가 되므로 메모리에는 0x31, 0x00, 0x32,0x00의 순으로 저장되고

③ 4-byte로 저장하면 0x00000031, 0x00000032가 되므로 메모리에는 0x31, 0x00, 0x00, 0x00, 0x32, 0x00, 0x00, 0x00의 순으로 저장된다.

그림 7-1은 1-Byte, 2-Byte, 4-Byte Stream의 파형이다.

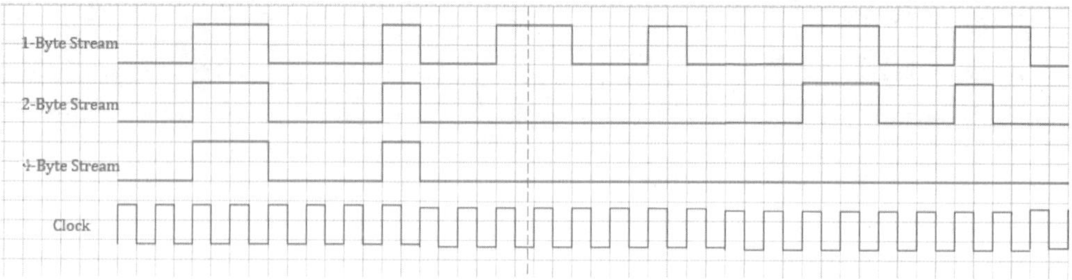

|그림 7-1| Stream 파형

다음 프로그램을 실행해 보자.

BitStream3.py

```
import RPi.GPIO as IoPort                    #....................(1)
import time
import array
def SendAry(Ary):                            #....................(2)
  for dta in Ary:
    Senddta(dta)
def Senddta(dta1):                           #....................(3)
  str1 = get8bit(dta1)
  for i in range(0,8):
    if  str1[ i]  == '1':
      IoPort.output(Led1,True)
    else:
      IoPort.output(Led1,False)
    IoPort.output(Led2,True)
    time.sleep(0.4)
    IoPort.output(Led2,False)
    time.sleep(0.4)
def get8bit(dta):                              #..................(4)
  str1 = bin(dta)
```

```
  str2=''
  for i in range(0,len(str1)-2):
    str2 += str1[ i+2]
  while len(str2)<8:
    str2 = '0'+str2
  return str2
def Mark():                                    #.................(5)
  for i in range(0,16):
    IoPort.output(Led1,True)
    IoPort.output(Led2,True)
    time.sleep(0.1)
    IoPort.output(Led1,False)
    IoPort.output(Led2,False)
    time.sleep(0.1)
def Init():                                   #..................(6)
  global Led1, Led2
  Led1 = 18
  Led2 = 23
  IoPort.setmode(IoPort.BCM)
  IoPort.setup(Led1, IoPort.OUT)
  IoPort.setup(Led2, IoPort.OUT)

Init()                                        #..................(7)
aryB = array.array('B')                       #..................(8)
aryH = array.array('H')                       #..................(9)
aryL = array.array('L')                       #.................(10)
while True:
  str1 = input('Input String : ')             #.................(11)
  for St in str1:                             #.................(12)
    val1 = ord(St)
    aryB.append(val1)
    aryH.append(val1)
    aryL.append(val1)
  baryB = aryB.tobytes()                      #.................(13)
  baryH = aryH.tobytes()
  baryL = aryL.tobytes()
  SendAry(baryB)                              #.................(14)
  Mark()                                      #.................(15)
  SendAry(baryH)                              #.................(16)
  Mark()
  SendAry(baryL)                              #.................(17)
```

(1) 사용할 모듈을 (RPi.GPIO,time,Array) 선언한다.
(2) array에서 1-byte씩 읽어서 Senddta(dta)로 출력하는 함수
(3) 1-byte의 데이터를 bit로 바꾸어서 출력하는 함수
(4) 1-byte의 데이터를 8-bit로 바꾸어 주는 함수
(5) 데이터 그룹을 구분할 수 있도록 mark 신호를 출력하는 함수
(6) 초기화 함수
(7) 초기화를 한다.
(8) byte array를 생성한다. (1-byte)
(9) short array를 생성한다. (2-byte)
(10) long array를 생성한다. (4-byte)
(11) 사용자로부터 string을 입력 받는다.
(12) string을 char로 바꾼 다음
ord() 함수로 정수로 변환하고
이를 각각의 array에 저장한다.
(13) (12)에서 만들어진 array를 bytearray로 변환한다.
(14) 1-byte 데이터로 만들어진 bytearray를 출력한다.
(15) 데이터를 구분하기 위하여 mark 출력
(16) 2-byte 데이터로 만들어진 bytearray를 출력한다.
(17) 4-byte 데이터로 만들어진 bytearray를 출력한다.

- 실질적으로는 byte data도 little Endian으로 출력하는 것이 일반적이지만, 이 프로그램에서는 byte는 MSB우선으로 출력하였다.(0x31은 0b00110001이 아니라 bit order도 바꾸어서 표현하기 때문에 0b10001100으로 표현하는 것이 좀 더 일반적이다.)

예 제 1

사용자가 소숫점이 있는 숫자를 입력하면 그 값을 실수(float number)로 변환하고, 변환된 값을 Little endian bit stream으로 바꾸어서 GPIO18 Led로 출력하라.

풀이 입력된 string을 실수로 바꾸는 명령은 float()이고, float number는 struct 명령으로 bytes로 변환하고, 변환된 bytes 값을 bit stream으로 바꾸어 Led로 출력한다.

```
Float.py
import RPi.GPIO as IoPort
import time
```

```
import struct

def getbinary(dgt):
  bstr1 = bin(dgt)
  bstr2 = ''
  for i in range(2,len(bstr1)):
    bstr2 += bstr1[ i]
  while len(bstr2) < 8 :
    bstr2 = '0'+ bstr2
  return bstr2
def BitStream(bvl):
    for i in range(0,len(bvl)):
        ch = bvl[ 7-i]
        if ch=='1':
            IoPort.output(Led,True)
        else:
            IoPort.output(Led,False)
        IoPort.output(Clk,True)
        time.sleep(0.2)
        IoPort.output(Clk,False)
        time.sleep(0.2)
Led = 18
Clk = 23
IoPort.setmode(IoPort.BCM)
IoPort.setup(Led, IoPort.OUT)
IoPort.setup(Clk, IoPort.OUT)
while True:
    rcv = input('Input number : ')
    try:
        rnum = float(rcv)
    except:
        print('Bad Number!!, Try Again!!!')
        continue
    rbte = struct.pack('<f',rnum)
    for bt in rbte:
        bvl = getbinary(bt)
        print(bvl)
        BitStream(bvl)
```

예 제 2

사용자가 입력한 신호를 SPI 통신에 사용되는 bit stream으로 만들어서 GPIO 18로 출력하는 프로그램을 작성하라.

그림 7-2는 SPI에서 '1'과 0를 출력할 때의 파형이고 **그림 7-3**은 0x23을 little endian(LSB 우선)으로 출력하는 예이다.

이 신호를 SPI통신을 하는 장비 혹은 부품에 연결하면 통신이 되는가?

「풀이」 된다! SPI를 지원하지 않는 CPU를 사용할 때 저자가 자주 사용하는 방법이다. 눈으로 확인하기 위하여 지연시간을 길게 주었을 뿐이고 데이터 수신 부분이 빠져 있을 뿐이다. 상대가 Maximum Time Limit가 설정되어 있으면, Delay 시간을 줄여야 하지만 저자의 경험으로는 Maximum Time Limit를 가지는 부품은 별로 많지 않았다.

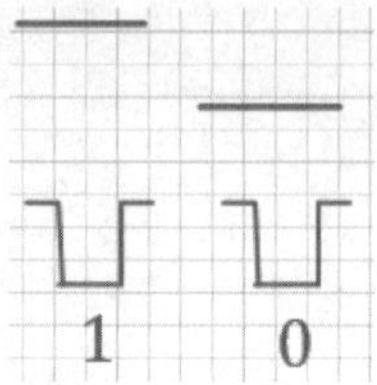

|그림 7-2| (1,0)

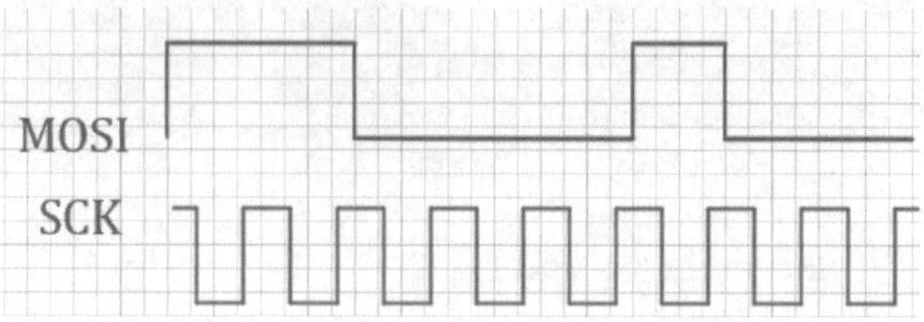

|그림 7-3| (0x23의 출력 파형)

BitStream4.py

```
import struct
import RPi.GPIO as IoPort
import time

def SendByte(dta):
  bstr = mkbit8(dta)
  for ch in bstr:
    if ch == '1':
      IoPort.output(Led,True)
    else:
      IoPort.output(Led,False)
    IoPort.output(Clk,True)
    time.sleep(0.1)
    IoPort.output(Clk,False)
    time.sleep(0.2)
    IoPort.output(Clk,True)
    time.sleep(0.1)

def mkbit8(dta):
  str1 = bin(dta)
  str2 = ''
  for i in range(0,len(str1)-2):
    str2 += str1[ i+2]
  while len(str2) < 8:
    str2 = '0'+str2
  return str2

Led = 18
Clk = 23
IoPort.setmode(IoPort.BCM)
IoPort.setup(Led, IoPort.OUT)
IoPort.setup(Clk, IoPort.OUT)
while True:
  rcv = input('Input String  : ')
  bte1 = bytearray(rcv,'utf-8')
  for bt in bte1:
    SendByte(bt)
```

평가문제 1

사용자가 입력한 String을 Bit Stream으로 만들어서 Led로 출력하라. 단 사용자는 Led Port를 지정할 수 있다.
다음은 사용자의 입력의 예이다.
1, 'string...' => GPIO18으로 출력, 동기 신호는 GPIO23
2, 'string...' => GPIO23으로 출력, 동기 신호는 GPIO24
3, 'string...' => GPIO24으로 출력, 동기 신호는 GPIO25
4, 'string...' => GPIO25으로 출력, 동기 신호는 GPIO24

풀이 포트의 지정은 '1','2','3','4'를 key값으로 하는 dict를 이용한다.
split() 명령으로 입력을 분리하고
string 출력 부분은 4)절과 같다.

BitStream5.py

```
import struct
import RPi.GPIO as IoPort
import time

def SendByte(dta, prt):
  Ledout = prt[0]
  Ledclk  = prt[1]
  bstr = mkbit8(dta)
  for ch in bstr:
    if ch == '1':
      IoPort.output(Ledout,True)
    else:
      IoPort.output(Ledout,False)
    IoPort.output(Ledclk,True)
    time.sleep(0.2)
    IoPort.output(Ledclk,False)
    time.sleep(0.2)
def mkbit8(dta):
  str1 = bin(dta)
  str2 = ''
  for i in range(0,len(str1)-2):
    str2 += str1[i+2]
  while len(str2) < 8:
    str2 = '0'+str2
  return str2
def Init():
  global dct,Led1, Led2
  Led1 = 18
  Led2 = 23
  Led3 = 24
  Led4 = 25
  IoPort.setmode(IoPort.BCM)
```

```
  IoPort.setup(Led1, IoPort.OUT)
  IoPort.setup(Led2, IoPort.OUT)
  IoPort.setup(Led3, IoPort.OUT)
  IoPort.setup(Led4, IoPort.OUT)
  dct = { '1':[ 18,23] ,'2':[ 23,24] ,'3':[ 24,25] ,'4':[ 25,24]}
Init()
while True:
  rcv = input('Input String (Port 1~4, String) : ')
  str1 = rcv.split(',')
  if  len(str1) != 2:
    print(rdv,' format is not matched!!, Try again!!!')
    continue
  if  str1[ 0]<'1'  or str1[ 0]>'4':
    print(str1[ 0],' Port is not allowed, Try again!!!')
    continue
  if len(rcv) < 1:
    print('String Length is too small, try again!!!')
    continue
  bte1 = bytearray(str1[ 1],'utf-8')
  for bt in bte1:
   SendByte(bt,dct[ str1[ 0]])
```

8 Class와 모듈

모듈은 독립적으로 사용할 수 있는 오브젝트라 하지만, 쉽게 생각해서 프로그램에서 사용할 수 있는 함수들의 집합체라 생각하는 것이 편하다. 우리는 앞에서 time, RPi.GPIO 등의 모듈을 사용해 보았다.

Class는 변수와 메소드를 정의할 수 있는 개념이라 할 수 있는데 여기서는 간단히 모듈을 제작할 수 있는 방법이라 생각하자.

8장은 다음과 같은 내용을 정리 하였다. 독자들은

① Class

② Inheritance

의 작성 방법을 배우게 되며

③ os

④ sys, Little Big-Endian

⑤ time

⑥ random

의 모듈의 사용법을 알게 될 것이다.

8장에서 사용할 하드웨어는 4장에서 사용한 회로와 동일하다.

8-1) Class

Class를 모듈로 만들어서 사용하려면 다음과 같은 구조로 만들어야 한다.

```
class ClassName:
  def__init__(self,arg1,arg2...):
    초기화 명령어...
  def 함수이름(self,arg1,arg2,...):
        함수의 명령어....
 ..................
```

- __init__(self) 함수는 파이선에서 Class를 실행 가능한 오브젝트로 만들 때 호출하는 함수이다. 쉽게 생각해서 Class의 초기화 함수라 생각하면 된다. 초기화가 필요하지 않으면 생략해도 된다.
- 'self'는 class object 자체의 reference라 정의 되어 있는데, 간단히 함수를 사용하려면 첫 번째 인수로 사용해야하는 변수 정도로 생각하자.

초기화가 필요 없는 간단한 Class를 만들어 보자.

Class1.py

```
class firstclass:                        #.................(1)
    def add(self,v1,v2):                 #.................(2)
        return v1+v2
    def sub(self,v1,v2):                 #.................(3)
        return v1-v2
Cls = firstclass()                       #.................(4)
v1 = Cls.add(10,5)                       #.................(5)
v2 = Cls.sub(10,5)
print(v1,',',v2)
```

(1) 'firstclass'라는 이름을 가진 Class를 정의하였다.

(2) Class 내부함수 "add"를 정의하였다. 첫 번째 인수는 'self'이다.

(3) Class 내부함수 "sub"를 정의하였다. 첫 번째 인수는 'self'이다.

(4) Main Program : Class를 사용하기 위하여 인스턴스를 만든다.

(5) Class의 내부 함수를 사용한다.

8-2) Inheritance 1

Class의 장점중 하나는 상속(Inheritance)이 허용된다는 것이다.

어떤 Class가 모체 Class로부터 상속을 받으면 원칙적으로 모체 Class의 모든 member를 상속 받는 것으로 되어 있는데 간단히 말하면 Class에 정의한 모든 함수와 모든 변수를 사용할 수 있는 것은 당연하고, 거기에 모체 Class의 모든 변수와 모든 함수도 같이 사용할 수 있고 생각하면 된다.

이 절에서는 초기화가 필요한 Class를 초기화하는 방법과, Class를 상속 받는 예를 보이고 있다.

Class2.py

```
class firstclass:
    def add(self,v1,v2):
        return v1+v2
    def sub(self,v1,v2):
        return v1-v2
class Class2(firstclass):                       #....................(1)
    def __init__(self,v1,v2):                   #....................(2)
        self.v_1 = v1
        self.v_2 = v2
    def add2(self,v1):                          #....................(3)
        return v1+self.v_1
    def sub2(self,v1):                          #....................(4)
        vl = self.v_2 - v1
        return vl
Cls = Class2(20,10)                             #....................(5)
v1 = Cls.add(1,2)                               #....................(6)
v2 = Cls.add(1,2)
v3 = Cls.add2(5)                                #....................(7)
v4 = Cls.sub2(5)
print(v1,',',v2,',',v3,',',v4,',',Cls.v_2)      #....................(8)
```

(1) Class2 의 정의 "firstclass"를 상속 받는다.

(2) Class2의 초기화 함수이다.

(3)(4) Class2의 함수

(5) Class2의 인스턴스를 생성한다.

(6) firstclass의 함수를 사용

(7) Class2의 함수를 사용한다.

(8) Class2의 변수(Cls.v_2)를 사용한다.

8-3) 다형성 : Overload, Override

다형성은 Class가 가지고 있는 대단히 유용한 기능이다.

(1) Overload

Add(v1,v2) 함수가 v1+v2의 값을 return하는 함수라 하자.

프로그램 작성중 v1+v2+v3를 연산하는 함수가 필요하다면, 원칙적으로는 Add라는 함수명을 사용할 수 없다.

하지만 Add(v1,v2,v3)라는 함수가 허용되고 v1+v2+v3를 return한다면 Add가 같은 의미를 가지고 있기 때문에 프로그램을 읽기가 쉬워진다.

같은 함수이면 서도 인수가 다른 것을 Overload 되었다고 한다.

다시 말하면 Add(v1,v2), Add(v1,v2,v3)가 모두 허용된다는 뜻이다.

파이선의 overload 기법은 다른 언어에 비하여 조금 불편하다.

Add(v1,v2)와 Add(v1,v2,v3)를 모두 허용하려면 Class함수에서 다음과 같이 정의하여야 한다.

```
Add(self,v1,v2,v3=None):
  if v3 == None:
     Add(v1,v2)에서 수행하여야할 명령어
  else:
     Add(v1,v2,v3)에서 수행하여야할 명령어
```

(2) Override

Class A가 Class B를 상속을 받았다, 그런데 B에 내장되어 있는 함수 $Add_B()$가 A Class에서 연산하려는 방법과 다르다고 하자.(인수가 다른 것이 아니라 연산 방법 자체가 다르다). 이런 경우 A Class에 A Class의 내장 함수 $Add_A()$를 정의하면 B에 내장되어 있는 $Add_B()$가 감추어지고 Add()를 호출하면 $Add_A()$ 함수가 수행된다. 이것을 override라 한다.

다음은 firstclass를 상속받은 Class2를 다시 상속 받는 예이다.

이 절에서는 상속을 받으려는 모체도 초기화가 필요한 경우 모체를 초기화 하는 예를 보이고 있다.

```
Class3.py
class firstclass:                                #.................(1)
    def add(self,v1,v2):
        return v1+v2
    def sub(self,v1,v2):
        return v1-v2
class Class2(firstclass):                        #.................(2)
    def __init__(self,v1,v2):
        self.v_1 = v1
        self.v_2 = v2
    def add2(self,v1):
        return v1+self.v_1
    def sub2(self,v1):
        v1 = self.v_2 - v1
        return v1
class Class3(Class2):                            #................(3)
    def __init__(self,v1,v2,v3):                 #................(4)
        Class2.__init__(self,v1,v2)              #................(5)
        self.v_3 = v3
    def add(self,v1,v2):                         #................(6)
        return v1+v2+self.v_1
    def add3(self,v1,v2=None):                   #................(7)
        if v2==None:
            return v1+self.v_3                   #................(8)
        else:
            return v1+v2+self.v_3                #................(9)
    def sub3(self,v1):
        return v1-self.v_3+self.v_1

Cls = Class3(20,10,30)                           #................(10)
v1 = Cls.add(1,2)                                #................(11)
v2 = Cls.sub(1,2)                                #................(12)
v3 = Cls.add2(5)                                 #................(13)
v4 = Cls.sub2(5)
print(v1,',',v2,',',v3,',',v4,',',Cls.v_2)
v5 = Cls.add3(5)                                 #................(14)
v6 = Cls.add3(5,2)                               #................(15)
v7 = Cls.sub3(5)
print(v5,',',v6,',',v7)
```

(1) firstclass의 정의이다.

(2) Class2의 정의이다, firstclass로부터 상속을 받는다.

(3) Class3를 생성하면서 “Class2”를 상속받는다는 것을 정의한다.
Class2는 “firstclass”로부터 상속 받았기 때문에 “firstclass”도 같이 상속을 받음

(4) Class3 초기화 함수

(5) Class2도 초기화가 되어야 한다.

(6) “firstclass”의 내장함수 Add()를 Override하고 있다.
Add()를 호출하면 Class3에 있는 Add()함수가 호출된다.

(7) Overload함수 add3(v1)와 add3(v_1, V_2)가 모두 허용된다.

(8) add3(v1)가 호출 되었을 때 사용하는 명령어

(9) add3(v1,v2)가 호출 되었을 때 사용하는 명령어

(10) Class3모듈을 생성한다.

(11) Class3의 내장함수 add()가 실행된다.

(12) firstclass 내장함수 sub()가 실행된다.

(13) Class2 내장 함수가 실행된다.

(14)(15) Overload함수이다.

8-4) Class 사용 방법

Class를 이용하여 GPIO18, GPIO23, GPIO24, GPIO25 4개의 Led를 “LED”라는 class에 정의하고, Led를 순서대로 하나씩 점등하는 프로그램을 작성하자.

Class4.py

```
import RPi.GPIO as IoPort
import time

class LED:                              #............................(1)
    def __init__(self):                 #............................(2)
        self.Led1 = 18
        self.Led2 = 23
        self.Led3 = 24
        self.Led4 = 25
        IoPort.setmode(IoPort.BCM)
        IoPort.setup(self.Led1, IoPort.OUT)
        IoPort.setup(self.Led2, IoPort.OUT)
        IoPort.setup(self.Led3, IoPort.OUT)
```

```
        IoPort.setup(self.Led4, IoPort.OUT)
    def Ledon(self,pos):                #..........................(3)
        if pos == 1:
            IoPort.output(self.Led1,True)
        elif pos == 2:
            IoPort.output(self.Led2,True)
        elif pos == 3:
            IoPort.output(self.Led3,True)
        elif pos == 4:
            IoPort.output(self.Led4,True)
    def Ledoff(self,pos):               #.........................(4)
        if pos == 1:
            IoPort.output(self.Led1,False)
        elif pos == 2:
            IoPort.output(self.Led2,False)
        elif pos == 3:
            IoPort.output(self.Led3,False)
        elif pos == 4:
            IoPort.output(self.Led4,False)
    def Toggle(self,pos,dly):           #........................(5)
        self.Ledon(pos)
        time.sleep(dly)
        self.Ledoff(pos)
        time.sleep(dly)
Led =  LED()                            #........................(6)
while True:
    Led.Toggle(1,0.4)                   #........................(7)
    Led.Toggle(2,0.4)
    Led.Toggle(3,0.4)
    Led.Toggle(4,0.4)
```

(1) LED class를 정의한다.

(2) LED class를 초기화 한다. GPIO18~25 포트를 출력포트로 설정함.

(3)(4)(5) LED class의 함수

(6) LED 모듈을 생성함

(7) LED class의 내부함수를 이용함

8-5) 프로그램의 재사용

파이선에서 작성된 프로그램을 재사용하는 방법은 쉽다.

재사용할 내용을 File로 저장하고, 다른 파일에서 File의 이름을 import하면 재사용이 가능하다.

다음과 같이 mymath.py를 작성하고 저장하자.

Mymath.py

```
refval = 120
def  wadd(v1,v2):
    return  v1+v2
def wsub(v1):
    return refval-v1
```

다음과 같이 Mymath.py를 재사용할 프로그램을 작성하자.

Mymath.py는 동일한 디렉토리에 있어야 한다.

Usemymath.py

```
import  Mymath                                  #......................(1)
print(Mymath.refval)                            #......................(2)
print(Mymath.wadd(20,30))                       #......................(3)
print(Mymath.wsub(30))
```

(1) Mymath.py를 재사용한다.

(2) Mymath에 정의된 변수 refval을 사용한다.

(3) Mymath에 정의된 함수 wadd를 사용한다.

이번에는 4절)의 프로그램에서 LED Class를 재사용할 수 있도록 만들어 보자. LED Class 부분만을 이용하여 Led.py를 만들자.

Led.py

```
import RPi.GPIO as IoPort
import time

class LED:
    def __init__(self):
        self.Led1 = 18
        self.Led2 = 23
        self.Led3 = 24
```

```
        self.Led4 = 25
        IoPort.setmode(IoPort.BCM)
        IoPort.setup(self.Led1, IoPort.OUT)
        IoPort.setup(self.Led2, IoPort.OUT)
        IoPort.setup(self.Led3, IoPort.OUT)
        IoPort.setup(self.Led4, IoPort.OUT)
    def Ledon(self,pos):
        if pos == 1:
            IoPort.output(self.Led1,True)
        elif pos == 2:
            IoPort.output(self.Led2,True)
        elif pos == 3:
            IoPort.output(self.Led3,True)
        elif pos == 4:
            IoPort.output(self.Led4,True)
    def Ledoff(self,pos):
        if pos == 1:
            IoPort.output(self.Led1,False)
        elif pos == 2:
            IoPort.output(self.Led2,False)
        elif pos == 3:
            IoPort.output(self.Led3,False)
        elif pos == 4:
            IoPort.output(self.Led4,False)
    def Toggle(self,pos,dly):
        self.Ledon(pos)
        time.sleep(dly)
        self.Ledoff(pos)
        time.sleep(dly)
```

Led 모듈을 사용할 프로그램을 작성하자. 4)절의 프로그램에서 LED Class 부분만 제외하고 작성하면 된다. 다만 Led 모듈을 사용하여야 하니까 Led를 import하는 명령은 추가하여야 한다.

Led.py가 동일한 디렉토리에 있어야 한다.

Led_Work.py

```
import  Led                                  #.......................(1)
Led =  Led.LED()                             #.......................(2)
while True:
    Led.Toggle(1,0.4)                        #.......................(3)
    Led.Toggle(2,0.4)
```

```
Led.Toggle(3,0.4)
Led.Toggle(4,0.4)
```

(1) Led 모듈을 사용하기 위하여 Led.py를 사용함을 선언한다.

(2) Led 모듈의 인스턴스를 생성한다. 다시 말하면 Led class를 사용하기 위하여 함수 Led Class에 접근할 수 있는 포인터를 만든다.
led는 File 명이고 LED가 Class이름이다.

(3) Led 모듈에 있는 Toggle함수를 사용한다.

8-6) os : os.listdir(), os.path.isdir, os.path.isfile

"os" 모듈은 operating system과 관련된 사항들을 관리할 때 사용하는 모듈이다. 상당히 방대한 모듈이다.

다음은 os의 내장 함수 중 자주 사용되는 함수이다.

os.listdir()	: 디렉토리 속에 있는 모든 파일명(디렉토리 명 포함된다)을 List로 반환하라는 명령이다.
os.chdir('path')	: directory를 'path'로 옮긴다.
os.curdir()	: current directory의 이름을 가져온다.
os.path.isdir()	: file이 디렉토리면 true를 return 한다.
os.path.isfile()	: file이 순수 파일 명이면 true를 return 한다.
os.path.getsize(file name)	: file의 크기를 알 수 있다.
os.system('Terminal Cmd')	: Terminal Command를 실행하는 명령

다음 프로그램은 디렉토리 속에 들어 있는 subdurectory의 이름과 File의 이름을 검색하는 프로그램이다.

Os1.py

```
import os                              #.........................(1)
rst = os.listdir()                     #.........................(2)
for st in rst:
  if os.path.isdir(st)== True:         #.........................(3)
    print('Dir  : ', st)
  elif os.path.isfile(st)==True:       #.........................(4)
    print('File : ',st)
```

(1) os 모듈을 사용한다.

(2) 디렉토리 속에 있는 모든 파일명을 List로 받는다.

(3) 디렉토리 이름을 찾는다.

(4) 파일 이름을 찾는다.

8-7) sys : Little Endian, Big Endian

메모리에 데이터를 저장하는 방법은 Little endian 방식과 Big endian 방식이 있다. Hexa data 0x12345678을 메모리에 보관하면

① Little Endian 방식은 LSB 우선으로 저장하며 0x78, 0x56, 0x34, 0x12의 순으로 메모리에 저장된다.

② Big Endian 방식은 0x12, 0x34, 0x56, 0x78의 순으로 메모리에 저장된다.

참고로 통신 혹은 데이터 전송도 Little Endian 방식을 따르는 경우(rs232 등)도 있고, Big Endian 방식을 따르는 경우(tcpip 등)도 있다. 저자의 경험으로는 Little Endian 방식이 좀 더 많았던 것 같다.

sys를 이용하면 라즈베리파이 System에 설정되어 있는 파라메터와 함수에 대한 정보를 알 수 있다.

다음 프로그램을 수행하면 endian과 API version, float 상수의 한계값, PATH의 상태, 내장 모듈의 이름을 알 수 있다. 그냥 한번 실행해 보고 지나가자.

Sys.py

```
import sys
rst = sys.byteorder                              #.....................(1)
print(rst, ' endian')
rst = sys.api_version                            #.....................(2)
print('Api Version = ',rst)
rst = sys.float_info                             #.....................(3)
print(rst)
print('============path=================')          #...........(4)
rst = sys.path
for st in rst:
  print(st)
rst = sys.builtin_module_names                   #.....................(5)
for lst in rst:
  print(lst)
```

(1) memory 정렬 순서

(2) api version

(3) 실수에 대한 정보
(4) Path가 설정되어 있는 상태
(5) 내장되어 있는 모듈의 이름

8-8) random

난수가 필요할 때 사용할 수 있는 모듈이 random이다.
random은 random한 숫자를 생성하는 모듈이다.
따라서 import로 선언하여야 사용할 수 있다.

Random.py

```
import random
random.seed(35)                        #.........................(1)
print(random.random())                 #.........................(2)
print(random.random())
print(random.randint(0,10))            #.........................(3)
print(random.randint(0,10))
```

(1) random을 생성하는 seed를 변경한다.
Random No 만드는 방법이 변하도록 만든다.
(2) $0 \leq x < 1$ 구간의 실수 값을 생성한다.
(3) $0 \leq x < 10$ 구간의 정수를 생성한다.

8-9) time

time은 날짜, 시간 및 시간 간격 등을 측정하는 목적으로 사용할 수 있는 module이다. time의 attribute는 **표 8-1**과 같이 설정되어있다.
다음은 time 모듈을 사용하는 예이다.

Time1.py

```
import time                            #....................(1)
tme1 = time.localtime()                #....................(2)
print(tme1)
print(tme1.tm_year,'/',tme1.tm_mon,'/',tme1.tm_mday,'(',
      tme1.tm_wday,')',' ',tme1.tm_hour,':', tme1.tm_min,':',
      tme1.tm_sec)                     #....................(3)
str1 = time.ctime()                    #....................(4)
print(str1)
```

```
str2 = time.time()                              #....................(5)
time.sleep(5)                                   #....................(6)
str3 = time.time()                              #....................(7)
print(str3,' - ',str2,' = ',str3-str2)
```

(1) time 모듈을 사용한다.
(2) 현제의 날짜, 시간 등을 읽어 들인다.
(3) attribute를 사용하여 연, 월, 일, 시, 분, 초, 요일의 값을 나타낸다.
(4) ctime()함수로 날짜, 시간을 읽는다.
(5) 시간 간격을 측정을 시작한다.
(6) 5 Sec의 time delay를 만든다.
(7) 시간 간격을 측정한다.

|표 8-1| time의 attribute

Attribute	내용
tm_year	연 (1969~2068)
tm_mon	월 (1~12)
tm_mday	일 (1~31)
tm_hour	시 (0~23)
tm_min	분 (0~59)
tm_sec	초 (0~59)
tm_wday	요일 (0~6) 0 : 월요일

8-10) time : 시간 측정

기계적 움직임에 대하여 시간을 측정하는 방법을 생각해 보자.

라즈베리를 이용하면 전자 제어처럼 빠른 신호를 측정하는 것은 곤란 하지만 mSec 단위의 측정은 가능하기 때문에 사람의 움직임이나 저속으로 움직이는 기계적 움직임 등은 측정할 수 있다.

① GPIO7 key를 click하면 프로그램이 진행되며,
② 프로그램의 진행을 표시하기 위하여 GPIO23을 사용하기로 하며,
③ 사용자가 GPIO8 key를 누르기 전의 시간과 누르고 있는 시간을 계속 측정하여 List에 기록하기로 한다.
④ GPIO7 key를 다시 누르면,

⑤ List에 기록 되어 있는 시간을 모니터와 GPIO18로 표시한 다음 프로그램을 종료한다.

프로그램 작성을 하기 전에 다음을 생각해 보자.

- 프로그램 수행시간을 측정할 때 명령어 처리시간을 고려하면 약간의 오차가 발생한다.
- time.time() 함수를 사용하는 것이 좀 더 유리한 점이 있기는 하지만 신호를 동기시킨다는 점을 고려해야 한다.

저자는 오차가 조금 커지더라도 time 동기가 중요하다고 보는 쪽이다. 그래서 time.time()을 사용하지 않고 sleep을 이용하여 명령어 구동시간(0.2 mSec)+지연시간(9.8m Sec) = 10 mSec 시간에 동기된 프로그램을 작성하였다.

Time2.py

```
import RPi.GPIO as IoPort
import time
import array

class LED:                                                  #..............(1)
   def __init__(self):
      self.Led1 = 18
      self.Led2 = 23
      self.Led3 = 24
      self.Led4 = 25
      IoPort.setmode(IoPort.BCM)
      IoPort.setup(self.Led1, IoPort.OUT)
      IoPort.setup(self.Led2, IoPort.OUT)
      IoPort.setup(self.Led3, IoPort.OUT)
      IoPort.setup(self.Led4, IoPort.OUT)
   def Ledon(self,pos):
      if pos == 1:
         IoPort.output(self.Led1,True)
      elif pos == 2:
         IoPort.output(self.Led2,True)
      elif pos == 3:
         IoPort.output(self.Led3,True)
      elif pos == 4:
         IoPort.output(self.Led4,True)
   def Ledoff(self,pos):
      if pos == 1:
         IoPort.output(self.Led1,False)
      elif pos == 2:
         IoPort.output(self.Led2,False)
```

```
        elif pos == 3:
            IoPort.output(self.Led3,False)
        elif pos == 4:
            IoPort.output(self.Led4,False)
    def Toggle(self,pos,dly=None, dlyoff=None):            #........(1.1)
        if  dly == None:
            self.Ledon(pos)
            time.sleep(0.2)
            self.Ledoff(pos)
            time.sleep(0.2)
        else:
            if  dlyoff == None:
                self.Ledon(pos)
                time.sleep(dly)
                self.Ledoff(pos)
                time.sleep(dly)
            else:
                self.Ledon(pos)
                time.sleep(dly)
                self.Ledoff(pos)
def KeyInput(key):                                          #.............(2)
  if IoPort.input(key)==True:
    return False
  time.sleep(0.1)
  while True:
    if IoPort.input(key)==True:
      break
  time.sleep(0.1)
  return True
ary1 = array.array('l')                                     #.............(3)
Led = LED()                                                 #.............(4)
Key1 = 8
Key2 = 7
IoPort.setmode(IoPort.BCM)
IoPort.setup(Key1, IoPort.IN)
IoPort.setup(Key2, IoPort.IN)
print('Program Start!!!!')
while True:
  if KeyInput(Key2)== True:                                 #..............(5)
    break
print('Start Time Check!!!!')
```

```
tme = 0
while True:
  Led.Ledoff(1)                                    #..............(6)
  while True:                                      #..............(7)
    if IoPort.input(Key2)==False:                  #..............(8)
      ary1.append(tme)
      tme = None
      break
    time.sleep(0.0098)                             #..............(9)
    tme += 1
    if IoPort.input(Key1)==False:                  #..............(10)
      break
  if tme == None:                                  #..............(11)
    break
  ary1.append(tme)                                 #..............(12)
  Led.Ledon(1)                                     #..............(13)
  while True:                                      #..............(14)
    if IoPort.input(Key2) == False:                #..............(15)
      ary1.append(tme)
      tme = None
      break
    time.sleep(0.0098)                             #..............(16)
    tme += 1
    if IoPort.input(Key1)== True:                  #..............(17)
      break
  if tme == None:
    break
  ary1.append(tme)                                 #..............(18)
state = False                                      #..............(19)
tme = 0
for tm in ary1:                                    #..............(20)
  if state==True:
      Led.Ledon(1)
  else:
      Led.Ledoff(1)
  while True:                                      #..............(21)
    time.sleep(0.0099)                             #..............(22)
    tme += 1
    if tme >= tm :                                 #..............(23)
      break
  state = not state                                #..............(24)
```

```
print('Program End...')
print(ary1)                                              #...............(25)
Led.Ledoff(1)
```

- 프로그램 수행시간(0.0099, 0.0098)은 몇 번의 실험을 거쳐서 평균을 산출한 값이다. 프로그램의 수행 시간을 찾아서 명령어 수행시간을 계산하는 것이 정석이고, 이런 방법은 미숙하다는 생각이 들겠지만-저자의 경험으로는- 현장에서는 긴 시간에 걸쳐 실험한 값을 사용하는 것이 좀 더 적합한 경우도 많았다.

(1) LED Class를 정의하였다.

(1.1) 내부함수에서 Toggle(self,pos,dly=None,dlyoff=None)은 overloading을 적용하였기 때문에

1〉 Toggle(pos) : 해당 Led를 0.2 sec동안 On-off하는 함수

2〉 Toggle(pos,dly) : 해당 Led를 dly sec동안 On-off하는 함수

3〉 Toggle(pos,ontime,offtime) : 해당 Led를 ontime 동안 on 하고 offtime 동안 off 하는 함수

3개의 함수를 모두 사용할 수 있다.

(2) key 상태를 검사하는 함수 key가 눌렸으면 True를 리턴 한다.

(3) array ary1을 만든다.(element : signed long)

(4) LED 모듈을 생성한다.(Led)

(5) 프로그램 시작 전에 start key를 기다린다.

(6) GPIO18 Led를 off한다.

(7) GPIO8 key가 눌리기 전까지의 시간을 측정하는 loop :
loop 1회 순회할 때 10 mSec의 시간이 필요하므로
loop의 순회 횟수가 × 10 mSec의 값이 측정된 시간이다.

(8) GPIO7 key를 검사한다. 이 key가 눌리면 시간측정 loop를 벗어난다.

(9) loop의 시간을 10 mSec가 되도록 만들기 위하여 시간을 지연한다.

(10) GPIO8 key를 검사한다, 눌렸으면 loop를 벗어난다.

(11) loop를 벗어난 이유가 GPIO7 key이면 프로그램을 종료한다.
GPIO8에 의해 loop를 벗어났으면 tme$\neq$None이다.

(12) loop 순환 횟수를 저장한다.

(13) GPIO18 Led를 on한다.

(14) GPIO8 key가 해제 될 때까지의 시간을 측절하기 위한 Loop이다.

(15) GPIO7 key를 검사한다. 이 key가 눌리면 시간측정 loop를 벗어난다.

(16) loop의 시간을 10 mSec가 되도록 만들기 위하여 시간을 지연한다.

(17) GPIO8 key를 검사한다, 해제 되었으면 loop를 벗어난다.

(18) GPIO8 key가 눌려 있는 동안의 순환된 loop의 횟수를 array에 저장하고 다시 GPIO8 key가 눌릴 때까지 걸리는 시간을 측정하기 시작한다. GPIO7 key를 눌러서 종료하기 전까지는 계속 반복된다.

(19) GPIO7에 의해서 프로그램이 종료 되었으므로 off 파형 출력을 위하여 state를 False로 한다

(20) array에 저장되어 있는 loop의 순환 횟수만큼 loop를 순환한다.
loop의 1회 순환 횟수를 10 mSec로 설정하였다.
1회 순환 할 때 마다 출력 상태를 on->off, on->off로 바꾼다.

(21) array로 읽어 들인 순환 횟수 만큼 loop를 순환한다.

(22) loop의 순환 시간을 10 msec로 설정하기 위한 지연 시간

(23) 지정된 순환 횟수에 도달 했으면 다음 순환 횟수를 array로부터 읽어 들이기 위하여 loop를 벗어난다.

(24) on → off, off → on으로 반전시킨다.

(25) 모니터에 지연 시간을 display한다.

예 제 1

root directory에 있는 directory의 이름과 그 directory 속에 존재하는 File의 이름을 화면에 출력하라.

「풀이」 os모듈을 사용한다.

Os2.py

```
import os
crnt = os.getcwd()
os.chdir('/')
rst = os.listdir()
dirlist = list()
print('root===============')
for st in rst:
   if os.path.isdir(st)== True:
      dirlist.append(st)
   elif os.path.isfile(st)==True:
      print('File : ',st)
for dr in dirlist:
    print(dr,'===========')
```

```
    try:
      os.chdir(dr)
      dlst = os.listdir()
    except:
      print('*****',dr,' directory access denied ')
      continue
    for fle in dlst:
      if os.path.isdir(fle)==True:
          hd = 'Dir  : '
      else:
          hd = 'File : '
      print('    ',hd,fle)
    os.chdir('/')
os.chdir(crnt)
```

예 제 2

사용자가 0~10 사이의 숫자를 입력하면 GPIO18 Led가 입력된 숫자의 밝기로 2 Sec동안 유지하는 프로그램을 작성하라.

풀이 Led가 off되는 시간과 on되는 시간의 합이 1/30 sec 이내가 되도록 하여야, Led가 계속 on 상태인 것으로 보인다.
2 sec동안 유지하려면 2/(off time+on time)의 횟수만큼 pulse를 출력하여야 한다.
재사용 할 가능성이 있는 기능이라 생각되니까 그 기능을 LED Class에 포함시킨다.

Brightness.py

```
import RPi.GPIO as IoPort
import time
import array

class LED:
    def __init__(self):
        self.Led1 = 18
        self.Led2 = 23
        self.Led3 = 24
        self.Led4 = 25
        IoPort.setmode(IoPort.BCM)
        IoPort.setup(self.Led1, IoPort.OUT)
        IoPort.setup(self.Led2, IoPort.OUT)
        IoPort.setup(self.Led3, IoPort.OUT)
        IoPort.setup(self.Led4, IoPort.OUT)
    def Ledon(self,pos):
        if pos == 1:
            IoPort.output(self.Led1,True)
        elif pos == 2:
            IoPort.output(self.Led2,True)
        elif pos == 3:
```

```
            IoPort.output(self.Led3,True)
        elif pos == 4:
            IoPort.output(self.Led4,True)
    def Ledoff(self,pos):
        if pos == 1:
            IoPort.output(self.Led1,False)
        elif pos == 2:
            IoPort.output(self.Led2,False)
        elif pos == 3:
            IoPort.output(self.Led3,False)
        elif pos == 4:
            IoPort.output(self.Led4,False)
    def Toggle(self,pos,dly=None, dlyoff=None):
        if  dly == None:
            self.Ledon(pos)
            time.sleep(0.2)
            self.Ledoff(pos)
            time.sleep(0.2)
        else:
            if  dlyoff == None:
                self.Ledon(pos)
                time.sleep(dly)
                self.Ledoff(pos)
                time.sleep(dly)
            else:
                self.Ledon(pos)
                time.sleep(dly)
                self.Ledoff(pos)
                time.sleep(dlyoff)
    def Bright(self,pos,brt,tme):
        # Necessary Condition : 1<=pos<=4,  0<= btr <=10
        ontme = brt/10 * 0.033
        offtme = 0.033 - ontme
        rpt = int(tme/0.033)
        for  i in range(0,rpt):
            self.Toggle(pos,ontme,offtme)
Led = LED()
while True:
    rcv = input('Input Number (0~10) : ')
    if  rcv.isdigit()==False:
        print(rdv, ' is not decimal. Try again!!!')
        continue
    drcv = int(rcv)
    if drcv<0 or drcv>10:
        print(rcv,'  is not in the range (0~10). Try again ')
        continue
    Led.Bright(1,drcv,2)
```

평가문제 1

사용자가 파일의 이름을 입력하면 directory 상에서 파일이 있는 위치를 찾아서 출력하는 프로그램을 작성하라.

풀이 Recursive Function을 이용한다.

- 존재하지 않는 file을 찾으면 모든 file의 이름을 비교하기 때문에 시간이 상당히 걸린다.

Os3.py

```
import os

def FileSearch(nme,dnme):
    try:
        print('search : ',dnme)
        os.chdir(dnme)
        rst = os.listdir()
    except:
        return None
    if len(rst)==0:
        return None
    dirlst = list()
    for fle in rst:
        if os.path.isdir(fle)==True:
            dirlst.append(dnme+'/'+fle)
        else:
            if fle.lower()==nme:
                return dnme
    for dre in dirlst:
        try:
            ret = FileSearch(nme,dre)
            if ret != None:
                return ret
        except:
            continue
    return None
os.chdir('/')
rootlst = os.listdir()
orcv = input('Input file Name to Search : ')
rcv = orcv.lower()
for fle in rootlst:
    if os.path.isfile(fle)==True:
        if fle==rcv:
            ret = '/'
            break
    else:
        print('search : ',fle)
        ret = FileSearch(rcv,'/'+fle)
        if ret != None:
            break
```

```
    os.chdir('/')
if  ret == None:
    print(rcv, 'File not found!!!')
else:
    print('Full Path = ',ret,'/',rcv)
```

평가문제 2

주사위 게임을 만들어 보자 장상적 이라면 6개의 Led가 필요하지만 여기서는 GPIO18, GPIO23, GPIO24, GPIO25 4개의 Led만 사용하기로 하자. GPIO8 Key를 누르면 주사위가 임의의 값을 Led로 표현하고 GPIO7 Key를 누르면 게임을 종료하는 게임이다.
GPIO8 Key를 누르자마자 Led가 즉시 선택되면 게임이 재미가 없다.
주사위가 숫자를 선택하기 전에 어느 정도 시간동안 주사위가 선택 중임을 표현할 수 있는 방법도 같이 생각해 보라.

「풀이」 9)절에서 만든 LED class를 재사용하자.
난수를 만드는 문제니까 rand를 사용하여야 한다.
50~80 정도의 숫자를 만들자, 숫자를 줄일 때 마다 Led의 위치를 변경하면 0이 되었을 때 어느 Led에서 멈추는 방법을 생각하자.
매번 Led on 시간을 점차 늘려가면서 천천히 멈추는 효과를 내자.

Diceplay.py

```
import RPi.GPIO as IoPort
import time
import random
class LED:
    def __init__(self):
        self.Led1 = 18
        self.Led2 = 23
        self.Led3 = 24
        self.Led4 = 25
        IoPort.setmode(IoPort.BCM)
        IoPort.setup(self.Led1, IoPort.OUT)
        IoPort.setup(self.Led2, IoPort.OUT)
        IoPort.setup(self.Led3, IoPort.OUT)
        IoPort.setup(self.Led4, IoPort.OUT)
    def Ledon(self,pos):
        if pos == 1:
            IoPort.output(self.Led1,True)
        elif pos == 2:
            IoPort.output(self.Led2,True)
        elif pos == 3:
            IoPort.output(self.Led3,True)
        elif pos == 4:
```

```
            IoPort.output(self.Led4,True)
    def Ledoff(self,pos):
        if pos == 1:
            IoPort.output(self.Led1,False)
        elif pos == 2:
            IoPort.output(self.Led2,False)
        elif pos == 3:
            IoPort.output(self.Led3,False)
        elif pos == 4:
            IoPort.output(self.Led4,False)
    def Toggle(self,pos,dly=None, dlyoff=None):
        if  dly == None:
            self.Ledon(pos)
            time.sleep(0.2)
            self.Ledoff(pos)
            time.sleep(0.2)
        else:
            if  dlyoff == None:
                self.Ledon(pos)
                time.sleep(dly)
                self.Ledoff(pos)
                time.sleep(dly)
            else:
                self.Ledon(pos)
                time.sleep(dly)
                self.Ledoff(pos)
def KeyInput(key):
  if IoPort.input(key)==True:
    return False
  time.sleep(0.1)
  while True:
    if IoPort.input(key)==True:
      break
  time.sleep(0.1)
  return True
def DisplayLed(rcv):
  val = rcv+40+random.randint(10,30)
  for i in range(0,val):
    pos = i % 4
    if pos == 0:
      Led.Ledoff(4)
      Led.Ledon(1)
    elif pos == 1:
      Led.Ledoff(1)
      Led.Ledon(2)
    elif pos == 2:
      Led.Ledoff(2)
      Led.Ledon(3)
    else:
      Led.Ledoff(3)
```

```
        Led.Ledon(4)
      time.sleep(i*0.01+0.08)
Led = LED()
kstrt = 8
kend = 7
IoPort.setmode(IoPort.BCM)
IoPort.setup(kstrt, IoPort.IN)
IoPort.setup(kend, IoPort.IN)
print('Game Start Now , Hit Key!!!')
while True:
  k1 = KeyInput(kend)
  if k1==True:
    break
  k2 = KeyInput(kstrt)
  if k2==False:
    continue
  Rcv = random.randint(0,4)
  DisplayLed(Rcv)
print('Game End Goodby..........')
```

9 The File System

9장에서는 File 관련 명령어를 사용하는 방법을 설명한다.
독자들이 이 장을 읽으면 다음 사항들을 알게 될 것이다.

① Text file을 만드는 방법
② Text file에 다른 내용을 추가하는 방법
③ Text file을 읽는 방법
④ Text file에서 부분 적으로만 읽는 방법
⑤ Binary file을 만드는 방법
⑥ Binary file에 다른 내용을 추가하는 방법
⑦ Binary file을 읽는 방법
⑧ Binary file에서 부분 적으로만 읽는 방법

9장에서는 하드웨어를 사용하지 않는다.

9-1) Text File Write

file을 읽거나 쓸 때는 다음과 같은 순서로 명령이 수행되어야 한다.

① open 명령으로 file을 open하여야 한다.

② file을 읽거나, file에 기록한다.

③ close 명령으로 file을 close 하여야 한다.

open 명령의 기본 형식은 다음과 같다.

```
open(file, mode)
```

file : 생성할 file의 이름이다.

mode : 모드의 값은 **표 9-1**의 값을 사용한다.

|표 9-1| 파일 모드

모드	의미
r	파일을 읽는다.
w	파일에 기록한다.
x	파일이 이미 존재하면 파일을 생성하지 않는다.
a	파일에 append 한다.
b	바이너리 파일
t	텍스트 모드

Text 파일을 만들어 보자.

file을 write하여야 하므로 모드의 값은 'w'이다.

Filewrite.py

```
fle = open('test.txt','w')                #....................(1)
fle.write('This is first line\n')         #....................(2)
lne = 'this is 2-th line\n'
fle.writelines(lne)                       #....................(3)
fle.close()                               #....................(3)
```

(1) 'test.txt' file을 생성한다. - 동일한 이름의 file이 있으면 삭제되고 다시 생성된다.

(2) string을 직접 write한다.('\n'은 줄바꿈을 하기 위하여 추가 되었다.)

(3) string 변수를 write한다.('\n'은 줄바꿈을 하기 위하여 추가 되었다.)

(4) file을 close한다.

프로그램을 실행한 결과를 확인 하려면

① "File Manager"를 open한다.

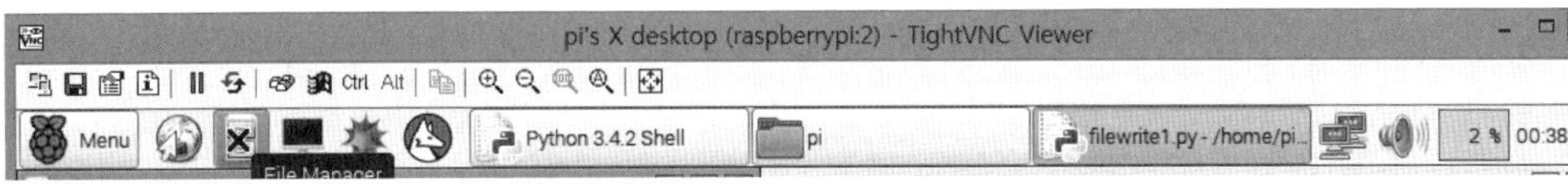

② "test.txt"를 선택하고

③ 우측 마우스를 click한 다음

④ "open"을 선택하면 file의 내용을 볼 수 있다.

9-2) Text file Append

file을 open 할 때 append 옵션('a')을 사용하면 기존의 file에 새로운 내용을 추가할 수 있다. 다음의 프로그램을 실행해 보자.

Fileappend.py

```
fle = open('test.txt','a')                #.....................(1)
fle.write('This is 3-th line\n')          #.....................(2)
lne = 'this is 4-th line\n'
fle.writelines(lne)                       #.....................(3)
fle.close()                               #.....................(4)
```

(1) 'a'옵션으로 file을 open한다. (file에 다른 내용을 추가한다.)

(2),(3) string을 추가한다.

(4) file을 close한다.

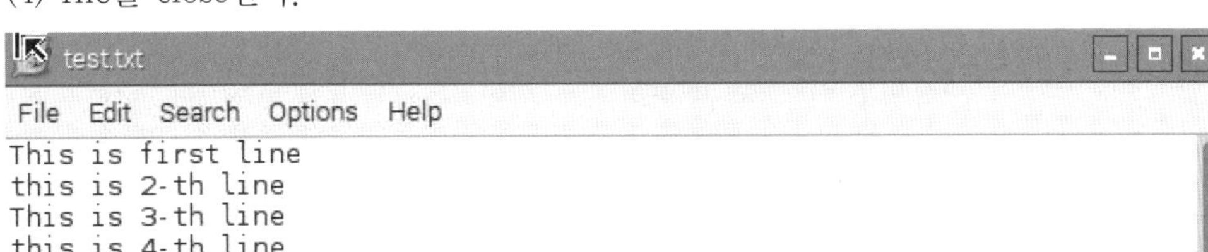

9-3) Text File Read 1

파일을 읽을 때 파일의 마지막 위치에 도착하면 파일은 ' '를 리턴 한다.

'test.txt' 파일 내용을 모두 읽어서 List에 보관 하는 프로그램을 작성해 보자. 9-2)절에서 만든 파일을 읽어 보자.

Txtfileread1.py

```
fle = open('test.txt')                          #................(1)
lst = list()                                    #................(2)
while True:
  wrd = fle.readline()                          #................(3)
  if wrd == '':                                 #................(4)
     break
  lst.append(wrd)                               #................(5)
fle.close()                                     #................(6)
for str1 in lst:                                #................(7)
  print(str1)
```

(1) 'test.txt' file을 읽기 위하여 open한다.

(2) List lst를 생성한다.

(3) 'test.txt' file에서 1줄을 읽는다.

(4) file의 끝은 ' '이다. file의 끝에 도착하였으면 while을 벗어난다.

(5) lst에 읽은 1줄을 보관한다.

(6) file 종료

(7) print로 결과를 확인한다.

9-4) Text File Read 2

file의 내용 중 필요한 부분만 읽어 보자.

① read 명령은 필요한 개수만큼만 읽을 수 있다.

② seek 명령을 사용하면 file descriptor를 원하는 위치로 보낼 수 있다.

9-2)절에서 만든 파일을 읽어 보자.

Txtfileread2.py

```
fle = open('test.txt')                          #................(1)
wrd = fle.read(10)                              #................(2)
print(wrd)
wrd = fle.read(10)                              #................(3)
```

```
print(wrd)
fle.seek(0)                                    #.................(4)
wrd = fle.read(10)                             #.................(5)
print(wrd)
fle.close()
```

(1) 'test.txt' file을 읽기 위하여 open한다.
(2) 10개의 문자를 읽는다.
(3) 앞에서 읽은 10개의 문자 뒷부분부터 10개의 문자를 읽는다.
(4) file descriptor 를 file의 첫 번째 위치로 보낸다.(처음부터 다시 읽는다) fle.seek(10) 이라 두면 처음부터 10번째 위치로 이동한다.
(5) file에서 10개의 글자만 읽어 들인다.(2번과 결과가 같다)

9-5) Binary file Write

하드웨어를 제어할 때 가장 많이 사용되는 것이 binary file이다.
binary data를 'binary1.bin'에 저장해 보자.

Bfilewrite.py

```
fle = open('binary.bin','wb')                  #.....................(1)
bary = bytearray()                             #.....................(2)
for i in range(0,256):                         #.....................(3)
    bary.append(i)
fle.write(bary)                                #.....................(4)
fle.close()
```

(1) binary write 옵션으로 'binary.bin' file을 (open)생성한다.
(2) bytearray bary를 생성한다.
(3) bary에 데이터를 만든다.
(4) file에 저장한다.

9-6) Binary file Append

다음은 file에 binary data를 append하는 예이다.

Bfileppend.py

```
fle = open('binary.bin','ab')                  #.....................(1)
bary = bytearray()                             #.....................(2)
```

```
for i in range(0,256):
    bary.append(i)
fle.write(bary)                                    #....................(3)
fle.close()
```

(1) 'binary.bin' file에 데이터를 추가하기 위하여 file을 open한다.

(2) bytearray를 생성한다.

(3) file에 bytearray bary의 내용을 추가한다.

9-7) Binary file Read 1

binary file을 읽는 예이다.

```
Bfileread1.py
fle = open('binary.bin','rb')                      #....................(1)
binaryary = fle.read()                             #....................(2)
fle.close()
print('Size of file : ',len(binaryary))
print(binaryary)
```

(1) file을 binary로 읽기위하여 open 한다.

(2) file을 모두 읽는다.

9-8) Binary file Read 2

다음은 binary file의 일부만 선택적으로 읽는 프로그램이다.

```
Bfileread2.py
fle = open('binary.bin','rb')                      #....................(1)
lst = list()
while True:
    bary = fle.read(50)                            #....................(2)
    print(bary)
    if len(bary)==0 :                              #....................(3)
        break
    lst.append(bary)                               #....................(4)
print(lst)
fle.close()
```

(1) file을 binary로 읽기위하여 open한다.

(2) file을 50 byte단위로 읽는다.

(3) file을 모두 읽었는지를 검사한다.

(4) lst에 file의 모든 데이터가 입력되었으므로 lst를 출력하면 file의 모든 내용이 화면에 Display 된다.

Raspberry Pi 3

제 3 편

통신 및 IO Interface

3편은 라즈베리파이의 주요기능을 설명하기 위하여 마련하였다.

저자의 생각으로 라즈베리파이가 다른 장비와 차별화되는 이유는 3편에서 소개하는 여러 가지 기능을 가지고 있기 때문이라 생각하고 있다.

사실 라즈베리파이는 우리가 실생활에서 사용하는 거의 모든 통신 방법을 가지고 있으며, 유사한 장비와 비교해보면 프로그램을 구동하는 속도도 무시할 수 없을 정도로 빠른 면을 보여주고 있기 때문에, 응용할 수 있는 범위가 참으로 넓은 장비이다.

저자의 생각으로 라즈베리파이의 또 다른 장점은 파이선 언어를 사용할 수 있다는 점이다. 파이선은 프로그램에 익숙하지 않는 비전문가들도 쉽게 접근할 수 있는 언어이고, 융통성이 대단히 높으며, OOP를 기반으로 하고 있어서 전문가들이 만든 라이브러리를 활용하면, 거의 모든 기능을 구사할 수 있기 때문이다.

사실 3편에서 작성하는 프로그램의 상당수는 전문가들의 라이브러리를 이용하여 작성하고 있다. 저자 개인적으로는 파이선을 사용하는 프로그래머가 가장 먼저 고려해 보아야 할 부분이라 생각하고 있다. 엉뚱하게 들릴지 모르겠지만 -프로그램은 내가 작성하는 것이 아니라고- 한 번쯤은 생각해 볼 필요가 있다. 뒤집어 이야기하면 어느 것도 가능하다고……

저자의 생각으로는 2편에서 프로그램에 충분히 익숙해졌다면, 3편에서는 하드웨어의 물리적 특성을 파악하고 그에 대응하는 방법을 찾는 것이 주요한 과제라 생각하고 있다.

저자는 3편을 집필하면서 각각의 하드웨어에 대하여 가능하다면 프로그램을 2가지 방법으로 작성하였다. 처음 프로그램은 하드웨어 구동 부분을 이해할 수 있도록 작성하였고, 하드웨어를 소프트웨어 상에서 언제든지 사용할 수 있도록 하기 위하여 Class 형태로 작성 하였으며 독자들이 하드웨어의 Spec 등을 생각할 필요 없이 Class의 명령어만 사용하면 하드웨어를 제어할 수 있도록 하였다.

3편에 있는 통신 방법을 모두 실험해 보는 것이 당연히 가장 좋은 방법이다. 하지만 2편과 달리 여기에 있는 내용들은 모두 독립적으로 운영할 수 있도록 작성하였기 때문에, 부품 등을 미처 조달하지 못하였거나 당장 필요하지 않다고 생각되는 부분들은, 필요할 때 실험해 보아도 문제가 되지는 않을 것 같다.

프로그램에 익숙하지 않은 독자들은 여기서 Class를 얻었으며, Class 사용법을 익혀두면, 필요할 때 기능을 사용할 수 있다는 관점으로 접근하는 것도 방법이다.

라즈베리파이는 wifi, bluetooth, 적외선 통신 등의 여러 가지 방법으로 통신이 가능하기 때문에, 라즈베리파이를 원격으로 제어할 수 있다

이 책에서 작성하는 프로그램 중에는 원격 제어가 필요한 프로그램도 있다. 그런데 원격 제어를 하려면 PC 혹은 핸드폰에서 구동하는 프로그램이 필요하지만 독자들 중에는 소프트웨어에 아직 익숙하지 못한 독자들도 있기 때문에, 이 책에서 작성하는 프로그램들을 원격

으로 제어할 수 있는 유틸리티 JK_Comm.exe, JK_Srl.exe, JK_Phone.apk를 작성하여 독자들이 실험할 수 있도록 하였다.

JK_Comm.exe, JK_Srl.exe, JK_Phone.apk의 사용법은 부록을 참조하기 바라며, 프로그램들은 동일출판사나 JK 전자 홈페이지에서 다운 받을 수 있다.

1 TCP/IP

TCP/IP는 컴퓨터를 포함한 호스트 사이에서, 서로 통신을 할 수 있도록 만든 Internet 통신 프로토콜을 말한다.

TCP/IP 프로토콜은 Application, Transport, Network, Physical and Data link layer로 구성되어 있는데, IP는 Network Layer에 포함되어 있는 프로토콜을 말하고, TCP는 Transport Layer에 포함되어 있는 프로토콜을 말하고 있다.

TCPIP 통신을 하려면 Internet IP와 포트 번호가 필요한데, IP 값은 호스트(컴퓨터)를 판별하는 IP 프로토콜에 필요한 값이고, 포트 번호는 TCP에서 Application을 구분하는 목적으로 사용되기 때문에, IP에 의해 호스트가 선택되고 포트번호에 의해서 Application이 구분된다고 보면 된다.

그렇기 때문에, 하나의 호스트에서 여러 개의 통신 프로그램이 동시에 실행되어도 포트 번호가 다르면 문제가 되지 않는다.

따라서 모든 TCPIP 통신 프로그램은 자신이 속한 호스트의 IP Address도 필요하지만, 데이터의 송신을 위한 포트 번호도 필요하다.

TCP/IP 기반의 Internet 통신은 대부분의 경우 물리적으로는 Ethernet 통신 방법을 사용하며, 프로그램에서 TCP/IP 통신 프로토콜을 구현할 때는 Internet Socket을 많이 사용하고 있다.

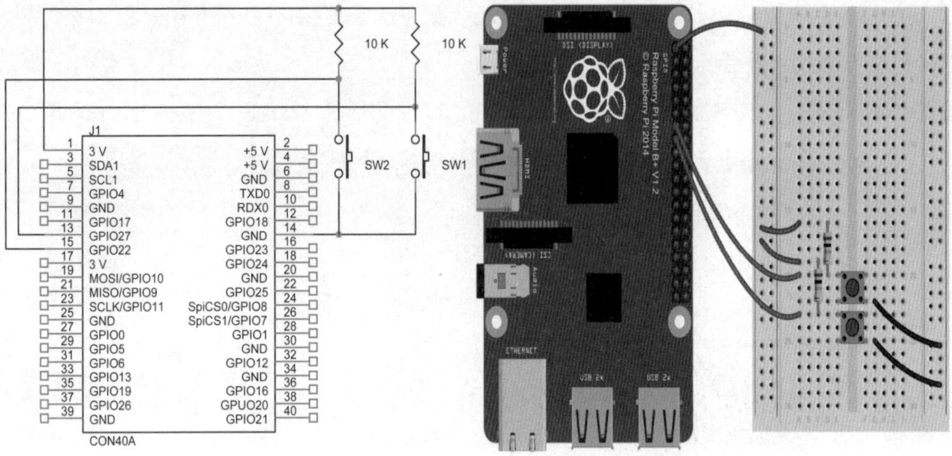

|그림 1-1| TcpIP 통신 회로도와 결선도

Socket 통신 프로그램은 클라이언트-서버 모델을 기반으로 하고 있으며 서버는 클라이언트가 서비스를 요청할 때 서비스를 제공하는 역할을 하고 클라이언트는 서버에 접속하여 서비스를 요청하는 역할을 하는데,

① 서버는 자신의 수신 포트를 결정하여야 하고, 송신 포트는 클라이언트에 의해 결정되지만,

② 클라이언트는 송신 포트는 서버의 포트를 사용하여야 하고, 수신 포트는 호스트 시스템에서 결정하는 임의의 값을 사용하므로,

③ 프로그램은 서버의 IP와 포트번호만 알면 통신을 할 수 있다.

1장에서 프로그램을 실행하는데 필요한 회로도는 **그림 1-1**과 같다.

1-1) 서버(Server)

Socket을 기반으로 하는 서버 프로그램은 다음과 같은 과정이 필요하다.

① Socket을 생성한다.

② Socket을 local IPEndPoint에 bind 한다.

③ Socket을 Listen 모드로 두어서, 클라이언트가 접속할 때까지 대기상태로 기다려야 한다.

④ Socket으로 들어오는 연결 요청을 Accept하여야 한다.

클라이언트와 chatting(대화)을 할 수 있는 서버 프로그램을 작성해 보자.

통신 프로그램이기 때문에 작성한 서버에 접속할 클라이언트 프로그램이 있어야 동작을 확인할 수 있다. Ethernet 통신이 가능한 클라이언트 프로그램이 필요하기 때문에 부록에서 설명하는 JK_Comm.exe를 사용하자.

먼저 JK_Comm.exe를 실행하고 TextBox에 있는 IP와 포트 값을 라즈베리파이의 IP와 포트 값으로 변경해 주어야 한다.

통신을 하려면 라즈베리파이에서 서버 프로그램을 실행한 다음, JK_Comm.exe에서 'Connect' 버튼을 클릭하면, 메시지를 송수신 할 수 있는 상태가 된다. 서버 프로그램은 컴퓨터의 메시지에 응답하는 형태로 프로그램을 작성하였다. 다음은 서버 프로그램이다.

채팅 프로그램이므로 String 메시지를 교대로 송수신하도록 작성하였다.

Server.py

```
import socket                                  #..................(1)
com_socket = socket.socket()                   #..................(2)
com_socket.bind(('192.168.1.107',20000))       #..................(3)
com_socket.listen(10)                          #..................(4)
connection, address =com_socket.accept()       #..................(5)
print(address," Connected........")
while True:
    print(connection.recv(4096).decode("UTF-8"))         #.........(6)
    send_data = input("Reply : ")                        #.........(7)
    connection.send(bytes(send_data,"UTF-8"))            #.........(8)
```

(1) socket 모듈을 사용한다.

(2) socket의 인스턴스를 생성한다.

(3) socket을 IPEndPoint에 bind한다.

'192.168.1.105' : 라즈베리파이 자체의 IP Address이다.

20000 : TcpIp Port 값이다. 클라이언트에서는 이 port를 사용하여 연결 요청을 하여야 한다.

(4) socket을 Listen mode로 한다. 10개 까지 연결을 허용한다.

(5) TcpIp 연결 요청을 기다린다.

(6) 수신한 데이터를 string으로 변환하여 shell 화면에 출력한다.

4096은 수신할 때 사용하는 데이터 버퍼의 크기이다.

Ethernet 통신은 데이터를 Byte 형태로 송수신하기 때문에 Byte 데이터를 문자로 바꾸어야 한다.

(7) 송신할 데이트를 입력 받는다

(8) string을 bytes로 변환한 다음, 변환된 bytes를 전송한다.

• 클라이언트에서 먼저 데이터를 송신하여야 응답하도록 되어 있다.

1-2) Client

클라이언트 프로그램이 서버 프로그램과 다른 점은, 먼저 서버에 연결 요청을 하고, 서버가 연결 요청을 허용(accept)해야 통신이 가능하다는 점이 다를 뿐 데이터의 송수신은 서버와 동일한 방법으로 이루어진다.

클라이언트 프로그램은 서버의 IP와 통신포트의 값을 알아야 접속을 요구 할 수 있다. 서버가 PC라면, 사용하고 있는 PC의 IP 값은 "ipconfig" 명령으로 알 수 있다.

먼저 PC에서 "명령 프롬프트"를 실행하고 Command창에서 "ipconfig"를 실행하면 "Window의 IP 구성"을 알 수 있다.(**그림 2-1**)

"Window의 IP" 구성에서 "IPv4 주소"가 인터넷 IP 번호이다.

컴퓨터 측의 서버프로그램이 필요한데 JK Comm.exe는 서버 역할도 수행할 수 있도록 제작되었다. 서버 프로그램도 JK_Comm.exe를 사용하자.

PC에서 JK_Comm.exe를 실행한 상태에서. 클라이언트 프로그램이 접속을 시도하면 K_Comm.exe는 서버 프로그램으로 동작한다.

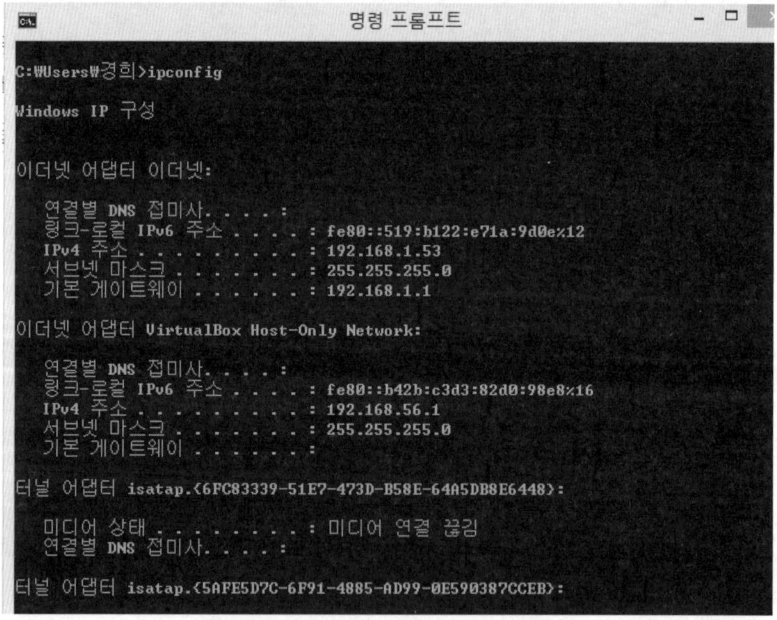

|그림 2-1| ipconfig 출력 화면

"Client.py"는 클라이언트 프로그램이다. 이 프로그램을 실행 하려면 먼저 프로그램에 정의되어 있는 서버의 IP("192.168.1.53")값을 독자들이 사용하고 있는 컴퓨터의 IP 값으로 변경을 해 주어야 한다.

JK_Comm.exe는 내부적으로 서버의 포트 번호를 20001로 지정해 두었기 때문에 JK_Comm.exe를 사용하려면 포트 번호를 20001로 하여야 한다.

Client.py

```
import socket
com_socket = socket.socket()                    #..................(1)
com_socket.connect(('192.168.1.53',20001))      #..................(2)
while True:
    send_data = input("message : ")
    com_socket.send(bytes(send_data,"UTF-8"))           #.........(3)
    print(com_socket.recv(4096).decode("UTF-8"))        #.........(4)
```

(1) socket을 생성한다.
(2) 서버에 연결 요청을 한다.
(3) 입력된 string을 bytes로 수정하여 서버로 전송한다.
(4) 서버로부터 수신한 데이터를 string으로 변환하여 shell 화면에 출력한다.

1-3) TcpIp Class

다음은 TCPIP 통신을 수행하기 위하여 작성한 TcpNet Class이다.
서버 기능과 클라이언트 기능을 모두 수행할 수 있도록 작성하였다.

TcpNet.py

```
import socket
class TcpNet:                                           #..........(1)
    def __init__(self):                                 #..........(2)
        self.com_socket = socket.socket()
        self.Connection=self.com_socket
    def Accept(self,IP,Port):                           #..........(3)
        self.com_socket.bind((IP,Port))
        self.com_socket.listen(10) ;
        self.Connection, self.address = self.com_socket.accept()
    def Connect(self,IP,Port):                          #..........(4)
        self.com_socket.connect((IP,Port))
    def Send(self,bdta):                                #..........(5)
        self.Connection.send(bdta)
    def SendStr(self,Str1):                             #..........(6)
        self.Connection.send(bytes(Str1,"UTF-8"))
    def Receive(self):                                  #..........(7)
```

```
        return self.Connection.recv(4096)
    def ReceiveStr(self):                               #..........(8)
        return self.Connection.recv(4096).decode("UTF-8")
```

(1) TcpWork Class 선언문이다.

(2) 초기화 함수. socket의 인스턴스를 생성하고 있다.

(3) 서버로 동작하려면 이 함수를 호출하여야 한다.
라즈베리파이 자신의 IP와 Port값을 인수로 하여야 한다.
Port값은 임의로 설정해도 되지만 TCPIP 규약을 따른다면 ICANN Range를 보면 49152~65535 사이의 숫자가 임으로 사용할 수 있는 Port No.이다. 저자는 20000와 20001을 사용하였다.(특별한 이유는 없다)

(4) 클라이언트로 동작하려면 이 함수로 서버와 Connect 하여야 한다.

(5) Binary 데이터를 서버로 전송하는 함수

(6) String을 전송할 때는 Encode하여 전송하여야 한다.

(7) Binary 데이터를 수신하는 함수

(8) String을 수신할 때는 Decode 하여야 한다.

(1) Server 프로그램

TcpNet Class를 이용하여 서버 프로그램을 작성해보자.

TcpServer.py

```
import TcpNet                                  #......................(1)
Tcp = TcpNet.TcpNet()                          #......................(2)
Tcp.Accept('192.168.1.107',20000)              #......................(3)
print('Connected.........')
while True:
    print(Tcp.ReceiveStr())                    #......................(4)
    send_data = input('Reply : ')
    Tcp.SendStr(send_data)                     #......................(5)
```

(1) TcpNet 클래스를 사용할 것임을 선언함("TcpNet.py"가 동일한 디렉토리에 있어야 한다.)

(2) TcpNet 클래스의 인스턴스를 생성한다.

(3) 서버 모드로 대기한다.

(4) 클라이언트로부터 수신한 String을 화면에 프린트 한다.

(5) String을 클라이언트로 전송한다.

(2) 클라이언트 프로그램

다음은 TcpNet Class를 사용하여 작성한 클라이언트 프로그램이다.

```
TcpClient.py
import TcpNet                                  #....................(1)
Tcp = TcpNet.TcpNet()                          #....................(2)
Tcp.Connect('192.168.1.53',20001)              #....................(3)
print('Connected.........')
while True:
    send_data = input('message : ')
    Tcp.SendStr(send_data)                     #....................(4)
    print(Tcp.ReceiveStr())                    #....................(5)
```

(1) TcpNet 클래스를 사용할 것임을 선언함("TcpNet.py"가 동일한 디렉토리에 있어야 한다.

(2) TcpNet 클래스의 인스턴스를 생성한다.

(3) 클라이언트 모드로 동작하며 Server와 접속을 시도한다.

(4) String을 서버로 전송한다.

(5) 서버로부터 수신한 String을 화면에 프린트 한다.

- 서버와 클라이언트의 차이는 Accept와 Connect의 차이가 있을 뿐이다.

1-4) Non Blocking Mode

앞 절의 서버 프로그램과 클라이언트 프로그램을 다시 보자.

라즈베리파이가 서버일 때 클라이언트가 데이터를 전송하지 않으면, 서버가 클라이언트로 데이터를 전송할 수가 없고, 사용자가 입력을 하지 않으면 클라이언트로부터 전송되어온 데이터를 확인할 방법이 없다.

프로그램이 이렇게 동작하는 이유는 "input" 명령이 실행되면 사용자가 입력할 때까지 "input" 명령이 완료되지 않고 대기 상태로 있으며, "Tcp.ReceiveStr()" 명령도 데이터가 수신 되지 않으면 명령이 완료되지 않기 때문이다. 이와 같은 상태를 우리는 Blocking 되었다고 이야기 한다.

원격으로 하드웨어를 제어할 때 Blocking 모드로 프로그램을 진행하는 것은 대단히 불편한 조건이기 때문에, 하드웨어를 원격으로 제어할 때는 non Blocking 모드로 통신을 하여야 할 필요가 있다.

파이선의 Socket은 기본적으로는 Blocking mode로 동작하고 있지만, "setblocking" 명령을 사용하면 non Blocking 모드로 동작하도록 만들 수 있다. 하지만 모든 명령을

non Blocking 모드로 운영할 필요는 없다.

rcv 명령은 Blocking 모드로 운영 하면 데이터를 수신할 때까지 Blocking이 되므로 문제가 되지만, send 명령은 전송데이터의 크기가 클 때는 내부적으로 버퍼를 나누어서 순차적으로 데이터를 전송하는 방법을 사용하기 때문에 non Blocking 모드로 운영을 하면 데이터를 전송할 때 문제 되는 경우가 발생하기 쉬우므로 Blocking 모드로 운영을 하는 것이 좋다. 따라서 전체를 non Blocking 모드로 운영하는 것은 좋은 방법이 아니다. 데이터를 수신할 때는 non Blocking 모드로 운영하고 송신할 때 데이터의 용량이 크면 Blocking으로 운영할 수 있는 TcpWork 클래스를 만들자. 다음은 변형된 TcpWork 클래스의 내용이다.

TcpWork.py

```
import socket
class TcpWork:                                              #..........(1)
    def __init__(self):                                     #..........(2)
        self.com_socket = socket.socket()
        self.Connection=self.com_socket
    def Accept(self,IP,Port):                               #..........(3)
        self.com_socket.bind((IP,Port))
        self.com_socket.listen(10) ;
        self.Connection, self.address = self.com_socket.accept()
    def Connect(self,IP,Port):                              #..........(4)
        self.com_socket.connect((IP,Port))
        self.Connection = self.com_socket
    def Send(self,bdta):                                    #..........(5)
        self.Connection.send(bdta)
    def SendStr(self,Str1):                                 #..........(6)
        self.Connection.send(bytes(Str1,"UTF-8"))
    def Receive(self):                                      #..........(7)
        try:
            return self.Connection.recv(4096)
        except:
            return None
    def ReceiveStr(self):                                   #..........(8)
        try:
            return self.Connection.recv(4096).decode("UTF-8")
        except:
            return None
    def Blocking(self,Tme):                                 #..........(9)
        self.Connection.setblocking(Tme)
```

(1) TcpWork 클래스를 선언하였다.
(2) Socket 클래스의 인스턴스를 생성하였다.
(3) 서버 모드로 동작할 때 호출하는 함수
(4) 클라이언트로 동작할 때 호출하는 함수
(5) Binary 데이터를 전송할 때 사용하는 함수
(6) String 데이터를 전송할 때 사용하는 함수
(7) Binary 데이터를 수신할 때 사용하는 함수. non Blocking 모드일 때 recv 명령은 수신데이터가 없으면 Exception(Errno 11)을 발생한다. 따라서 Exception이 발생하면 "None"를 return하여 수신 데이터가 없음을 알 수 있도록 하였다.
(8) String 데이터를 수신할 때 사용하는 함수. non Blocking 모드 일 때는 (7)번과 같다.
(9) Blocking 설정함수이다. Tme=0이면 non Blocking모드로 설정된다.
0이 아니면 Blocking 모드로 동작한다.

TcpWork 클래스를 사용하여 클라이언트 프로그램을 작성해 보자.

대기 상태에서는 PC로 부터 전송되어 오는 데이터를 수신하고 GPIO 22 Key를 누르면 사용자의 입력을 PC로 전송하는 프로그램을 작성하자.

NbClient.py

```
import RPi.GPIO as IoPort
import time
import TcpWork                                   #................(1)
def KeyInput(key):                               #................(2)
  if IoPort.input(key)==True:
    return False
  time.sleep(0.1)
  while True:
    if IoPort.input(key)==True:
      break
  time.sleep(0.1)
  return True
KeyW = 22                                        #.................(3)
IoPort.setmode(IoPort.BCM)
IoPort.setup(KeyW, IoPort.IN)
Tcp = TcpWork.TcpWork()                          #.................(4)
Tcp.Connect('192.168.1.53',20001)                #.................(5)
print('connected')
Tcp.Blocking(0)                                  #.................(6)
```

```
while True:
    NbStr = Tcp.ReceiveStr()                           #.................(7)
    if NbStr != None:
      print(NbStr)
    if KeyInput(KeyW)==False:                          #.................(8)
      continue
    StrDta = input("Input Message : ")                 #.................(9)
    Tcp.SendStr(StrDta )
```

(1) TcpWork 클래스를 사용하기 위하여 선언한다.
(2) Key 입력을 검사하는 함수
(3) GPIO 22를 입력 Key로 설정한다.
(4) TcpWork 클래스의 인스턴스를 생성하였다.
(5) 클라이언트로 서버와 접속한다.
(6) Socket를 Non Blocking 모드로 설정한다.
(7) 수신 데이터가 있는지 확인한다. 수신데이터가 있으면 데이터를 출력한다.
(8) Key 입력이 있는지 확인한다.
(9) Key 입력이 있으면 사용자의 입력 String을 서버로 전송한다.

1-5) 프로토콜

통신에서 프로토콜은 대단히 중요하다. 거의 모든 통신프로그램은 프로토콜을 기반으로 통신이 운용되고 있다고 해도 과언이 아니다.

저자는 경험이 적은 독자들은 한번쯤 프로토콜을 만족하는 통신 프로그램을 작성해 보는 것이 필요하다고 생각하고 있다.

프로토콜을 만족하는 프로그램을 작성해보면, 제한된 형태로 프로그램을 작성해야 하기 때문에 조금은 귀찮다. 연습을 위하여 간단한 프로토콜을 만들어서 통신 프로그램을 작성해 보자.

(1) Client : File 전송

JK_Comm.exe 프로그램은 서버로 동작할 때 표 1-1)의 프로토콜을 사용하여 File을 전송하거나 수신하는 기능을 가지고 있다. 이 프로토콜을 사용하여 라즈베리파이의 File을 PC로 전송하는 프로그램을 작성해보자.

표 3-1은 JK_Comm.exe에서 File을 I/O할 때 사용하는 프로토콜이다.

|표 1-1| 통신 프로토콜

4Ah	12h	8bh	13h	Data Size 4 byte	Middle Check 1-byte	File Name Size 1-byte	File name n1-byte	Data n2-byte	Check sum

① 4Ah : Protocol Start를 의미한다.

② 12h, 8bh, 13h : 프로토콜에서 규정하는 여러 가지 의미를 나타내고 있지만 여기서는 그냥 전송된 데이터를 File로 보관하라는 명령어로 생각하자.

③ Data Size(4-byte) : Data Size = 1+n1+n2

④ Middle Check : 첫 번째 데이터(4Ah)부터 Data Size까지의 데이터를 byte 단위로 Xor한 결과 Middle Check=4A ^ 12 ^ 8b ^ 13 ^(Data size 0)^(Data size 1)^(Data size 2)^(Data size 3)

⑤ File Name Size : 저장할 File Name string의 Size

⑥ File Name : Data를 저장할 File Name

⑦ Data : 전송할 데이터

⑧ Check sum : 처음부터 Check sum 앞까지 모든 Byte를 Xor한 결과 다음은 **표 1-1**의 프로토콜을 구현한 SndProt Class이다.

전송할 byte 데이터를 인수로 하여 Class의 내부 함수 pFileSend를 호출하면 프로토콜의 형식을 갖춘 Byte 데이터로 만들어주는 함수이다.

통신을 할 때 사용자는 이 함수를 호출하고 return되는 값을 Ethernet으로 전송하기만 하면 된다. 저자가 제공한 File을 사용하는 것도 좋은 방법이지만 프로그램은 한번 분석해 보기 바란다.

SndProt.py

```
import os
class SndProt:                                  #................(1)
    def pFileSend(self,FileName,bDta):
        sze = len(bDta)                         #................(2)
        btsend = bytearray()                    #................(3)
        btsend.append(0x4a)                     #................(4)
        btsend.append(0x12)
        btsend.append(0x8b)
        btsend.append(0x13)
        flesze = len(FileName)
        sze += (flesze+1)                       #................(5)
        hsze = int(sze/0x1000000)
```

```
        btsend.append(hsze)
        hsze = sze - hsze* 0x1000000
        lsze = int(hsze/0x10000)
        btsend.append(lsze)
        sze = hsze - lsze * 0x10000
        hsze = int(sze/0x100)
        lsze = sze%0x100
        btsend.append(hsze)
        btsend.append(lsze)
        bcc=0
        for bt in btsend:                           #..................(6)
           bcc =  bcc ^ bt
        btsend.append(bcc)
        btsend.append(flesze)                       #..................(7)
        for ch in FileName:                         #..................(8)
           btsend.append(ord(ch))
        btsend = btsend + bDta                      #..................(9)
        bcc=0
        for bt in btsend:                           #.................(10)
           bcc =  bcc ^ bt
        btsend.append(bcc)
        return btsend                               #.................(11)
```

(1) SndProt Class의 선언

(2) 전송할 데이터의 크기를 계산한다.

(3) bytearray를 생성한다.

(4) 프로토콜 헤더를 만든다.

(5) 전송하는 데이터의 전체(파일 이름 + Data 크기) 크기를 계산한다.

(6) Middle Checksum을 계산한다.

(7) File이름의 크기를 전송할 수 있도록 bytearray에 기록한다.

(8) File의 이름을 전송할 수 있도록 bytearray에 기록한다.

(9) 데이터를 bytearray에 기록한다.

(10) Checksum을 계산한다.

(11) 프로토콜이 갖추어진 bytearray를 return한다.

프로토콜을 사용하여 file을 PC로 전송하는 프로그램은 다음과 같다.

TcpWork Class와 SndProt Class를 이용하여 작성하였기 때문에 동일한 디렉토리에 TcpWork.py File과 SndProt.py File이 있어야 한다.

```
                         File_Send.py
import os
import struct
import TcpWork                                #................(1)
import SndProt                                #................(2)

Tcp = TcpWork.TcpWork()                       #................(3)
Tcp.Connect('192.168.1.53',20001)             #................(4)
Prot = SndProt.SndProt()                      #................(5)
while True:
    FileName = input("Input File Name : ")    #................(6)
    if os.path.isfile(FileName) == False:
        print(FileName,' is not file name. Try Again !!!')
        continue
    fle = open(FileName,'rb')
    btfile = fle.read()                       #................(7)
    fle.close()
    bDta = Prot.pFileSend(FileName,btfile)    #................(8)
    Tcp.Send(bDta)                            #................(9)
```

(1) TcpWork Class의 사용을 선언한다.
(2) SndProt Class의 사용을 선언한다.
(3) TcpWork Class의 인스턴스를 생성한다.
(4) 서버와 연결한다.
(5) SndProt Class의 인스턴스를 생성한다.
(6) 전송할 File의 이름을 묻는다.
(7) 전송할 File의 내용을 읽어서 데이터를 만든다.
(8) 전송데이터를 프로토콜에 맞도록 변경한다.
(9) Ethernet로 전송한다.

(2) Client : File 수신

PC로부터 수신한 데이트를 File로 저장하는 프로그램을 작성하자.

JK_Comm.exe 프로그램은 File을 읽어서 binary 데이터로 전송하는 기능을 가지고 있다. JK_Comm.exe가 Byte data를 전송하는 프로토콜은 **표 1-1**의 프로토콜을 같이 사용하고 있다.

프로그램은 변형된 오토마타 기법을 사용하여 작성하였다. 통신 프로토콜이나 다양한 상태를 처리하는 프로그램을 작성할 때 대단히 유용한 기법이다. 1편에서 자주 사용하였던

State Diagram을 프로그램으로 표현 하였다고 보아도 좋을 것 같다.

프로그램은 다음과 같은 방법으로 수행된다.

① PC로부터 데이터 package를 수신한다.

② Package를 1-byte씩 RcvFile 모듈로 전송한다.

③ RcvFile 모듈은 1번 호출 될 때마다, 1개의 State만 수행하는 방법을 사용하여 수신 데이터가 프로토콜과 부합한지를 검사한다.

④ 프로토콜을 만족하면 File로 저장한다.

데이터의 수신 State를 State Diagram으로 표현하는 것도 방법이지만, 다음과 같이 서술적으로 표현하는 것도 유용한 방법 중 하나이다.

(솔직하게 말하면 이 책의 1 Page 속에 State Diagram을 전부 그릴 수가 없어서 선택한 방법이기도 하다.)

State0 : 4Ah

State1 : 12h

State2 : 8bh

State3 : 13h

State4 : Data Size Most High byte

State5 : Data Size Most Low byte

State6 : Data Size High byte

State7 : Data Size Low byte

State8 : Middle Check

State9 : File Name Size

State10 : Receive File Name

State11 : Data Receive

State12: Check Sum

위의 State Diagram을 만족하도록 작성한 RcvProt Class의 내용은 다음과 같다.
(TracePrt 함수의 구동 방법을 자세히 검토하기 바란다)

RcvProt.py

```
class RcvProt:                                   #...................(1)
    def __init__(self):                          #...................(2)
        self.btary = bytearray() ;
        self.btFileName = bytearray()
        self.state = 0
        self.dtaSze = 0
```

```
        self.Sze   = 0
        self.Bcc   =  0
        self.lst = []                              #..................(3)
    def  ByteTrace(self,dta):                      #..................(4)
        self.Bcc = self.Bcc ^ dta
        self.TracePrt(dta)
    def  TracePrt(self,dta):                       #..................(5)
        if  self.state ==0:
            if  dta == 0x4A:
                self.Bcc = 0x4A
                self.state = 1
            else:
                self.lst.append(dta)
        elif  self.state == 1:
            if  dta == 0x12:
                self.state = 2
            else:
                self.state = 0
                self.lst.append(0x4A)
                self.lst.append(dta)
        elif  self.state == 2:
            if  dta == 0x8B:
                self.state = 3
            else:
                self.state = 0
                self.lst.append(0x4A)
                self.lst.append(0x12)
                self.lst.append(dta)
        elif  self.state == 3:
            if  dta == 0x13:
                self.Sze = 0
                self.state = 4
            else:
                self.lst.append(0x4A)
                self.lst.append(0x12)
                self.lst.append(0x8B)
                self.lst.append(dta)
                self.state = 0
        elif  self.state == 4:
                self.dtaSze = dta * 0x1000000 ;
                self.state = 5
```

```
        elif  self.state == 5:
                self.dtaSze = self.dtaSze + dta* 0x10000
                self.state = 6
        elif  self.state == 6:
                self.dtaSze = self.dtaSze + dta* 0x100
                self.state = 7
        elif  self.state == 7:
                self.dtaSze = self.dtaSze + dta
                self.state = 8
        elif  self.state == 8:
                if  self.Bcc ==0 :
                    self.state = 9
                else:
                    self.lst.append(' Syntex Error!!!')
                    self.state = 0
        elif  self.state == 9:
                self.Sze = dta
                self.dtaSze =  self.dtaSze -self.Sze-1
                self.btFileName.clear()
                if self.Sze == 0:
                   self.lst.append(' Syntex Error!!!')
                   self.state = 0
                else:
                    self.state = 10
        elif  self.state == 10:
                self.btFileName.append(dta)
                self.Sze = self.Sze -1
                if self.Sze ==0:
                    self.state = 11
                    self.btary.clear()
        elif  self.state ==11:
                self.btary.append(dta)
                self.dtaSze = self.dtaSze - 1
                if  self.dtaSze == 0:
                    self.state = 12
        elif self.state == 12:
                if  self.Bcc ==0:
                    self.FileSave()
                self.state = 0
    def FileSave(self):                                      #................(6)
        fstr =''
```

```
        for bt in self.btFileName:
            fstr = fstr+chr(bt)
        fle = open(fstr,'wb')
        fle.write(self.btary)
        fle.close()
        print(fstr,' File is Saved!!!')
```

(1) RcvProt Class를 선언하였다.
(2) 초기화 함수이다. Data를 보관할 self.btary, self.btFileName bytearray를 생성한다.
(3) self.lst는 프로토콜에 적합하지 않은 경우 수신 데이터를 반환하기 위한 List이다.
(4) 수신데이터를 처리하기 전에 CheckSum을 계산하는 함수이다.
(5) 수신데이터를 1-byte씩 검토하고 결과에 따라 State를 변경하여 다음 데이터를 어떻게 수신해야 하는지를 지정한다.
결론적으로는 프로토콜을 분해하여 FileName과 데이터를 추출한다.
(6) 전송되어온 데이터를 File로 저장하는 함수이다.

RcvProt Class를 사용하여 작성한 File 수신 프로그램은 다음과 같다. TcpWork Class와 RcvProt.py File이 동일한 디렉토리에 있어야 한다.

File_Read.py

```
import TcpWork                              #................(1)
import RcvProt                              #................(2)

Eth = TcpWork.TcpWork()                     #................(3)
rcvFile = RcvProt.RcvProt()                 #................(4)
Eth.Connect('192.168.1.53',20001)           #................(5)
print('connected')
while True:
    btrcv = Eth.Receive()                   #................(6)
    for bt in btrcv:
        rcvFile.ByteTrace(bt)               #................(7)
    if len(rcvFile.lst)>1:                  #................(8)
        str1 = ''
        for bt in rcvFile.lst:
            str1 = str1 + chr(bt)
        print(str1)
        rcvFile.lst.clear()
```

(1) TcpWork의 사용을 선언한다.
(2) RcvProt의 사용을 선언한다.
(3) TcpWork의 인스턴스를 생성한다.
(4) RcvProt의 인스턴스를 생성한다.
(5) 서버에 연결한다.
(6) 서버에서 전송된 데이터를 수신한다.
(7) 수신한 데이터를 분석한다.
(8) 프로토콜에 접합하지 않은 데이터는 화면으로 출력한다.

예 제 1

라즈베리가 클라이언트로 동작하면서 서버로부터 전송되어 오는 모든 문자를 되돌려 주도록 프로그램을 작성하라.(Echo Program)

풀이 1-4절)에서 작성한 TcpWork Class를 사용하자.
데이터를 수신한대로 return하면 Echo를 수행하는 것은 문제가 없지만, Shell 화면으로 출력하려면 decode하여야 한다.

TcpIpEcho.py

```
import TcpWork
Eth = TcpWork.TcpWork()
Eth.Connect('192.168.1.53',20001)
print('connected')
while True:
    btrcv = Eth.Receive()
    Eth.Send(btrcv)
    print(btrcv.decode("UTF-8"))
```

예 제 2

TcpWork 클래스를 사용하여 클라이언트 프로그램을 작성하자.
대기 상태에서는 PC로 부터 전송되어 오는 File과 메시지를 수신하고 GPIO 22 Key를 누르면 사용자의 입력을 PC로 전송하고 GPIO 27 Key를 누르면 라즈베리파이에 있는 File을 전송하는 프로그램을 작성하자.

풀이 앞에서 작성한 프로그램에서 필요한 부분을 모으고 조합하여 작성한 프로그램이다.
TcpWork Class와 RcvProt.py, SndPort.py File이 동일한 디렉토리에 있어야 한다.

TcpClientRW.py

```
import RPi.GPIO as IoPort
import time
import os
```

```
import TcpWork
import RcvProt
import SndProt

def KeyInput(key):
  if IoPort.input(key)==True:
    return False
  time.sleep(0.1)
  while True:
    if IoPort.input(key)==True:
      break
  time.sleep(0.1)
  return True
KeyW = 22
KeyF = 27
IoPort.setmode(IoPort.BCM)
IoPort.setup(KeyW, IoPort.IN)
IoPort.setup(KeyF, IoPort.IN)
rcvFile = RcvProt.RcvProt()
sndFile = SndProt.SndProt()

Tcp = TcpWork.TcpWork()
Tcp.Connect('192.168.1.53',20001)
print('connected')
Tcp.Blocking(0)
while True:
    if KeyInput(KeyW)==True:
        StrDta = input("Input Message : ")
        Tcp.SendStr(StrDta )
    if KeyInput(KeyF)==True:
        FileName = input("Input File Name : ")
        if os.path.isfile(FileName) == False:
            print(FileName,' is not file name. Try Again !!!')
            continue
        fle = open(FileName,'rb')
        btfile = fle.read()
        fle.close()
        bDta = sndFile.pFileSend(FileName,btfile)
        Tcp.Send(bDta)
    btrcv = Tcp.Receive()
    if btrcv==None:
        continue
    for bt in btrcv:
        rcvFile.ByteTrace(bt)
    if len(rcvFile.lst)>1:
        str1 = ''
        for bt in rcvFile.lst:
            str1 = str1 + chr(bt)
        print(str1)
        rcvFile.lst.clear()
```

2 안드로이드 폰을 이용한 원격제어

여기서는 라즈베리파이를 Portable 장비로 사용할 수 있는 방법을 생각해 보기로 하자. 쉽게 말해서 컴퓨터 없이 자체적으로 프로그램을 수행할 수 있도록 하고, 또한 Portable이라 할 수 있는 Android 폰으로 제어할 수 있는 방법을 생각해 보기로 하자.

실험에 사용할 회로는 **그림 2-1**과 같다.

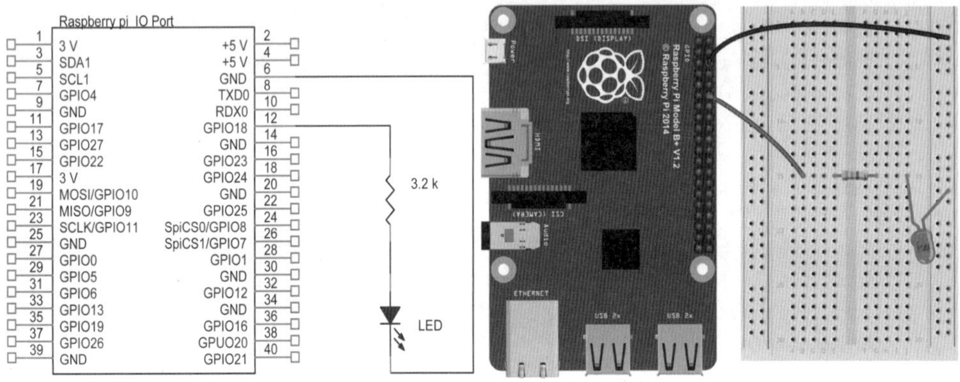

|그림 2-1| 원격 제어 회로

2-1) Input, print 명령

라즈베리파이를 -하드웨어를 제어하는- 포터블 장치로 사용할 때 문제가 되는 것은, 사용자 입력이 필요한 경우 input 명령이 필요하고 결과 값을 출력하려면 print 명령을 사용하는데, input 명령이 blocking 명령이라는 것도 문제지만, 컴퓨터를 포터블로 사용하기는 더욱 어렵다.

이러한 문제들을 안드로이드 폰을 이용하여 해결해 보자.

안드로이드 폰을 사용하기 곤란한 독자들은 JK_Comm.exe를 사용하여도 같은 결과를 얻을 수 있다.

라즈베리파이를 서버로 하고 안드로이드 폰은 클라이언트로 설정하자.

안드로이드 폰에서 사용하는 앱은, 서버이고 데이터를 전송할 수만 있으면 어떤 앱을 사용하여도 되지만, 여기서는 JK_Phone 앱을 사용하자.

가능성을 실험하기 위하여 다음과 같은 프로그램을 작성하자.

① 안드로이드 폰으로부터 숫자가 전송되어 올 때까지 기다린다.

② 안드로이드 폰으로부터 전송되어오는 숫자를 모두 합산한다.

③ 1초마다 한번 씩 합산된 값을 안드로이드 폰으로 전송한다.

다음은 위의 조건을 만족 하도록 작성한 프로그램이다.

- Booting을 고려하고 작성된 Program이기 때문에 Led가 On상태를 유지하기 전에는 통신이 되지 않는다.

Remote.py

```
import RPi.GPIO as IoPort
import TcpWork
import time

Led = 18                                     #.....................(1)
IoPort.setmode(IoPort.BCM)
IoPort.setup(Led, IoPort.OUT)
for i in range(0,30):                        #.....................(2)
  IoPort.output(Led,True)
  time.sleep(0.5)
  IoPort.output(Led,False)
  time.sleep(0.5)
IoPort.output(Led,True)                      #.....................(3)
Tcp = TcpWork.TcpWork()                      #.....................(4)
try:                                         #.....................(5)
  Tcp.Accept('192.168.1.107',20000)          #.....................(6)
  Pre = time.clock()
  Sum = 0
  Tcp.Blocking(0)                            #.....................(7)
  while True:
    Str1 = 'Sum = '+str(Sum)+'\r\n'          #.....................(8)
    Tcp.SendStr(Str1)
    while True:
      RcvNo = Tcp.ReceiveStr()               #.....................(9)
      if RcvNo != None:
        if RcvNo.isdigit()==True:
          Sum = Sum + int(RcvNo)             #....................(10)
      NowClk=time.clock()
      if (NowClk-Pre)>=1:                    #....................(11)
        Pre = NowClk
        break
except:
  IoPort.output(Led,False)                   #....................(12)
```

(1) Remote.py 프로그램의 동작상태를 표시하기 위한 Led이다.
(2) 30 Sec동안 On-Off를 반복한다. (다음 절 '자동실행'에서 필요하다.)
라즈베리파이가 Booting을 완료하고 안정될 때까지 기다리는 시간이다.
이 시간동안은 통신이 되지 않는다.
(3) Led를 On하여 준비가 되었음을 알린다.
(4) Tcp 인스턴스를 생성한다.
(5) 프로그램이 종료할 때 Exception이 수행되기 때문에 프로그램의 종료를 알기 위하여 필요하다.
(6) 서버모드로 동작한다.
(7) 클라이언트와 접속되었으므로 non Blocking 모드로 변경한다.
(8) Sum 값을 클라이언트로 전송한다.
(9) 클라이언트로부터 숫자를 수신한다.
(10) 수신된 값이 있으면 Sum에 합산한다.
(11) 1 Sec가 될 때마다 클라이언트로 데이터를 전송한다.
(12) 프로그램이 종료되었으므로 Led를 Off한다.

- Led의 On-Off가 끝나고 On 상태로 되었을 때 통신이 가능하다.
- 안드로이드에서 JK_Phone 앱 사용시 좌측 상단의 CheckBox가 Click 상태이면 앞에 "-." 또는 "Port_x,"가 첨부되기 때문에 숫자로 취급되지 않는다.
- 'Append'가 Checked되어 있으면 TextView에 Append된다.
- CheckBox가 해제된 상태에서도 숫자 1개만 전송하여야 한다. 여러 개의 숫자를 동시에 전송하거나 하려면 위의 프로그램을 수정해 주어야 한다.
- 연습 삼아 여러 개의 숫자가 동시에 전송되어 왔을 때 처리할 수 있는 기능을 부여하는 프로그램을 작성해 보는 것도 좋은 연습이란 생각도 든다. 가능하면 해보기 바란다.

2-2) 라즈베리파이 Booting할 때 프로그램 실행하는 방법

- 자동 실행 방법은 실수를 허용하지 않는다. 정확하게 처리하면 문제가 없지만 OS와 관련된 사항이라 한번의 작은 실수도 허용하지 않기 때문에 실수가 있으면 라즈비안 OS를 다시 인스톨해야 하는 사태도 발생한다. OS에 문제가 발생하지 않아도 자동 실행을 더 이상 허용하지 않는 경우가 가장 자주 발생하는 현상이다.

저자가 라즈베리파이를 선택한 중요한 목적중 하나는 라즈베리파이를 Portable 장비로 사용하는 것이다. Portable 장비로 사용하려면 라즈베리파이에 작성한 프로그램을 컴퓨터의 도움 없이 스스로 프로그램을 실행하는 방법이 필요하다.

라즈베리파이는 부팅 시 '/etc/rc.local' file을 참조한다.

따라서 'rc.local' file에 부팅 때 실행하여야 할 프로그램을 등록해 두면, 부팅 시 rc.local에 등록한 프로그램을 실행할 수 있다.

앞절에서 작성한 "Remote.py" 프로그램을 부팅 시 실행되도록 만들어 보자.

① Terminal 혹은 Putty 화면에서 다음과 같은 명령을 실행하자. 권한의 문제가 있기 때문에 반드시 sudo를 앞에 붙여야 한다.

```
pi@raspberrypi:~ $ sudo nano /etc/rc.local
```

다음은 rc.local file의 내용이다.

```
# Print the IP address
_IP=$(hostname -I) || true
if [ "$_IP" ]; then
    printf "My IP address is %s\n" "$_IP"
fi
exit 0
```

② fi와 exit 0 사이에 "python3 /home/pi/Remote.py &"를 삽입하자.

```
# Print the IP address
_IP=$(hostname -I) || true
if [ "$_IP" ]; then
    printf "My IP address is %s\n" "$_IP"
fi
python3 /home/pi/Remote.py &
exit 0
```

• 마지막에 첨부한 '&'는 프로세서를 다르게 하라는 뜻인데, 간단히 nonBlocking 모드로 동작한다고 생각하는 것이 편하다.

③ CTRL-O를 입력하여 File을 저장하고

④ CTRL-X로 nano editor를 종료하자.

⑤ Terminal 화면에서 sudo reboot 명령을 실행하면 reboot된다.

```
pi@raspberrypi:~ $ sudo reboot
```

⑥ 부팅후 GPIO18의 Led의 On-Off가 끝나고 On 상태를 유지할 때 안드로이드 폰에 있는 Raspi_Client.apk를 실행하여 통신 실험을 하자.

• 실행이 안되면 어떤 형태로든 실수가 있는 경우이다. 저자는 이 경우 복구가 되지 않아서 OS를 다시 설치하였다.

3 Serial 통신(RS232, RS422, RS423, RS485)

Serial 통신에서 보편적으로 많이 사용되는 통신 방식은 RS232, RS422, RS485 방식이다.

이들은 데이터의 전송 방식과 속도 허용 거리에 등에서 차이가 나는데, 통신규격에 의하면 RS232의 통신허용 거리는 최대 15 m이고 RS422, RS422, RS485 등의 허용 거리는 대략 1.2 km 이상이며, 통신 최대 허용 속도도 RS232가 가장 늦다는 단점이 있지만 비용 및 간편성이 높기 때문에 RS232가 자주 사용된다.

serial 통신이 다양한 방법으로 사용되고 있지만, 간편하게 생각하자 데이터는 같은데 하드웨어만 다르게 설치하면 된다고……

이런 생각을 Application Layer까지 확장해 보면 동일한 데이터를 물리적 통신 수단만 다르게 함으로서, TcpIp 통신이 되기도 하고, Serial통신이 되기도 한다고…… 좀 더 확장하면 하드웨어를 모르는 사람도 하드웨어를 제어할 수 있고 통신도 할 수 있다고……

Serial 통신 데이터의 format은 그림 3-1)과 같다.

① Start : Serial Data의 시작 BIT이고 Low이다.

② LSB : 보편적으로 Serial Data는 LSB 우선 통신을 한다.

③ MSB : 최종 데이터 Bit이다. 일반적으로 데이터 크기는 address bit를 포함하면 5~9-bit가 허용되고 있는데 최근에는 8-bit 통신이 보편화 된 것으로 보인다.

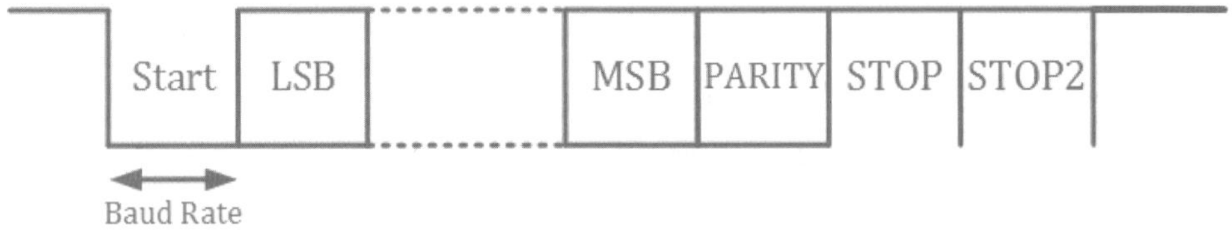

|그림 3-1| Serial Data Format

④ PARITY는 데이터의 신뢰성을 높이기 위한 수단으로 사용되고 있다. 옵션이기 때문에 사용하지 않아도 되며, 잘 사용하지 않는다.

⑤ STOP : High이고 Stop bit는 1, 1.5, 2-bit 3가지 경우가 있다.

⑥ Baud Rate : 데이터 1-bit의 속도를 나타낸다.

라즈베리파이 3의 경우 Update와 Upgrade를 충분히 하면 Serial 통신이 가능하다. 다른 모듈을 설치할 필요는 없다.

하지만 Serial 통신과 Bluetooth 통신은 동시에 활성상태가 되지 못한다.

그렇기 때문에 Serial 통신을 수행하려면 Bluetooth 통신이 활성화 되지 못하도록 만들어야 한다.

Bluetooth 통신을 비활성 상태로 만들려면, /boot/config.txt file의 내용을 수정하여야 한다. /boot/config.txt의 내용을 바꾸려면 관리자 권한으로 file을 수정하여야 하므로 Putty 혹은 Terminal 상태에서 다음과 같은 명령을 실행하여야 한다.

```
sudo nano /boot/config.txt
```

Editor에 File이 open되면 그림과 같이 file의 마지막 줄에

```
dtoverlay=pi3-miniuart-bt
```

를 추가하여야 한다.

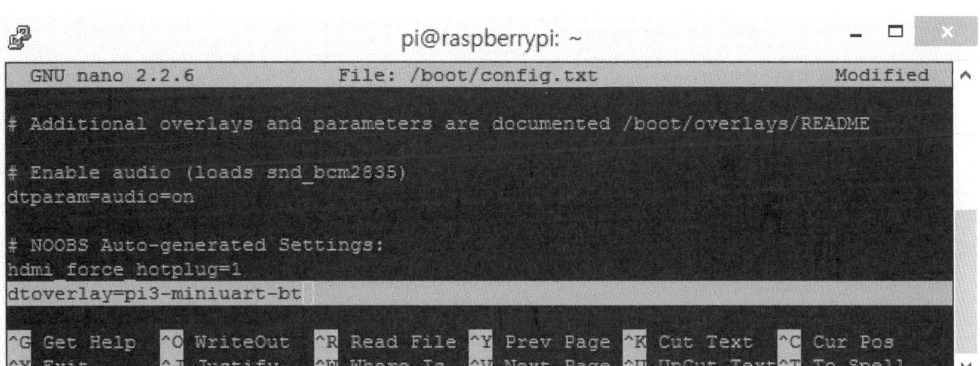

|그림 3-2| config.txt의 수정 내용

• Bluetooth를 사용하려면 위에서 수정한 내용을 다시 복구 하여야 한다.

Serial 통신 관련하여 또 다른 문제는 Serial Device ttyAMA0는 Serial Console로 사용되고 있기 때문에, 프로그램이 관리자 권한으로 실행되어야 Serial Device ttyAMA0를 사용할 수 있다.

관리자 권한으로 프로그램을 실행하려면 통신 프로그램을 Putty 혹은 Terminal 상태에서

```
sudo python3 "통신 프로그램"
```

와 같은 명령을 실행하여야 한다. Shell 상태에서 프로그램을 수행하면 권한 문제로 인하여 Serial Device ttyAMA0를 사용할 수 없기 때문에 Error로 처리된다. Shell 상태에서 Error 없이 프로그램을 수행하려면 /boot/cmdline.txt File의 내용에서

1.92 이후 버전에서는 "console=serial0,115200" 그 이전 버전에서는 "console = ttyAMA0,115200"을 제거하여야 한다. /boot/cmdline.txt를 수정하려면 관리자 권한으로 수정하여야 하기 때문에 Putty 혹은 Terminal 상태에서

```
$ sudo nano /boot/cmdline.txt
```

를 실행한 다음 Editorfh "console=ttyAMA0,115200"을 제거하여야 한다.

• 다음은 cmdline.txt 내부에서 "console" 항을 제거한 예이다.

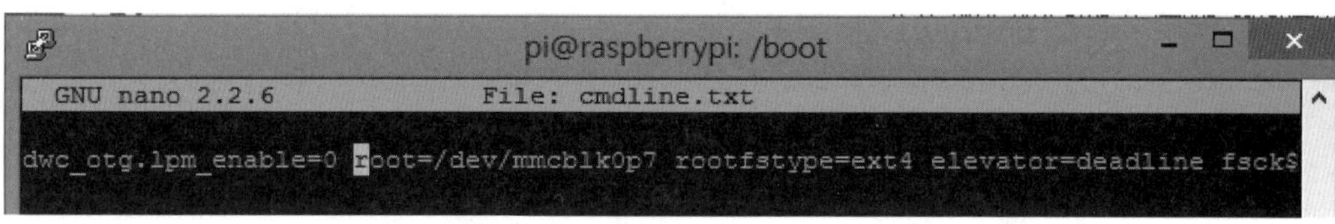

그림 3-3은 프로그램에서 사용한 회로도이다.

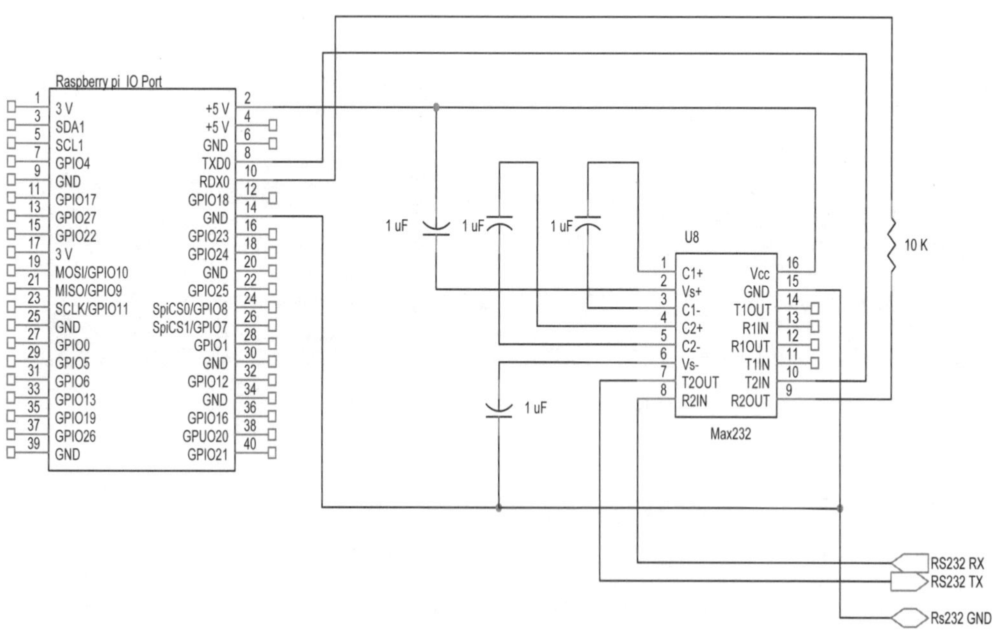

|그림 3-3| 시리얼 통신 회로도

Serial 통신을 하려면 PC측에서 Serial 데이터를 송수신하는 프로그램이 필요하다. 부록에서 소개하는 JK_Srl.exe를 사용하였다. 동일출판사나 JK 전자 홈 페이지에서 다운 받을 수 있다.

- RS232 통신 하드웨어는 약간의 전자적인 조치(PC 측의 통신 케이블, 납땜 등)가 필요하다. 그래서 결선도를 그려두지 않았다.

3-1) Rs232 통신

Rs232 통신은 속도와 물리적 한계가 있기 때문에 요즘은 주로 근거리 데이터 통신용으로 사용되며, Chatting이나 Text String의 전송 등의 목적으로는 거의 사용되고 있지 않다.

먼저 Rs232 Class를 만들어보자.

Rs232 Class도 non Blocking으로 제작하여야 한다.

독자들이 Class를 직접 작성하는 것이 바람직하지만, 저자가 제시한 File을 사용하는 것도 나쁜 방법은 아니다. 하지만 분석은 해보고 지나가자.

Rs232.py

```
import serial                                    #.....................(1)
import time
class Rs232:                                     #.....................(2)
    def __init__(self,Baud):
        self.srl = serial.Serial('/dev/ttyAMA0',baudrate=Baud)
                                                 #.....................(3)
    def Send(self,dta):                          #.....................(4)
        self.srl.write(dta)
    def Receive(self):                           #.....................(5)
         sno = self.srl.inWaiting()              #.....................(6)
         if sno == 0:
             return None                         #.....................(7)
         while True:                             #.....................(8)
             time.sleep(0.01)                    #.....................(9)
             sno2 = self.srl.inWaiting()
             if  sno == sno2:
                 btrcv = self.srl.read(sno)              #.........(10)
                 return btrcv
             sno = sno2
```

(1) serial 모듈을 사용한다.

(2) Rs232 Class의 선언문이다.

(3) serial의 인스턴스를 생성한다.
(4) 데이터를 전송하는 함수
(5) 데이터를 수신하는 모듈
(6) 내부 버퍼에 수신한 데이터의 개수를 검사한다.
(7) 수신된 데이터가 없으면 None를 return한다.
(8) 데이터를 Package 단위로 수신하기 위한 loop이다.
(9) Serial 데이터 Package 사이의 최소 시간 간격을 10mSec로 보았다.
(10) Package를 모두 수신하였다 것이 확인 되었으므로 데이터를 수신하고 이 값을 return한다.

이 절에서는 0~255까지 256개의 byte 데이터를 전송하고, byte 데이터를 수신하는 프로그램을 작성해 보자.

컴퓨터에서 JK_Srl.exe를 실행하고, 통신 포트를 컴퓨터에서 실질적으로 사용하는 포트로 설정하고 Baud rate는 9600으로 설정한 다음, 프로그램을 실행하자.

- JK_Srl.exe는 0~255까지 256개의 dummy data를 전송하는 기능을 가지고 있다.

Serial.py

```
import Rs232                                    #......................(1)
Srl = Rs232.Rs232(9600)                         #......................(2)
bte = bytearray()                               #......................(3)
for i in range(0,256):
   bte.append(i)
Srl.Send(bte)                                   #......................(4)
while  True:
    dta = Srl.Receive()                         #......................(5)
    if dta != None:
        break
print(dta)
```

(1) Rs232 Class를 사용한다.
(2) Serial 포트를 9600 Baud Rate로 Open한다.
(3) 전송할 bytearray를 생성한다.
(4) Rs232fh 데이터를 전송한다.
(5) Serial Data를 수신할 때까지 기다린다.

3-2) Class의 재사용

앞에서 사용한 TcpIp Class와 Serial Class 모두 편의성 때문에 이름을 다르게 사용하였지만 결국은 Open, Read, Write 3가지 명령을 처리할 뿐이다. 그렇다면 프로토콜에 맞추어서 File 데이터를 전송하기 위한 form으로 변환하는 과정이나, 수신한 데이터를 File Data로 분해하는 과정은 같을 수밖에 없다. 이런 것이 OOP를 사용하는 이유 중 하나이다.

JK_Srl.exe도 File을 송수신할 수 있는 기능을 가지고 있다.

앞에 있는 "Non Blocking절"에서 작성한 FileRW.py 프로그램과 같이 대기 상태에서는 PC로 부터 전송되어 오는 File을 수신하고 GPIO 22 Key를 누르면 File을 PC로 전송하는 프로그램을 작성해 보자.

RcvPort, SndProt Class는 그대로 사용하기로 하고, TcpClientRW.py 프로그램에서 TCP 통신 부분을 RS232로 바꾸기 만하면 된다. 다만 Key를 한 개만 사용하여 메시지를 전송하는 부분은 생략하였다.

연습 삼아 추가해 보기 바란다.

SrlFileRW.py

```
import RPi.GPIO as IoPort
import os
import time
import Rs232                                              #................(1)
import RcvProt
import SndProt

def KeyInput(key):
  if IoPort.input(key)==True:
    return False
  time.sleep(0.1)
  while True:
    if IoPort.input(key)==True:
      break
  time.sleep(0.1)
  return True

KeyW = 22
IoPort.setmode(IoPort.BCM)
IoPort.setup(KeyW, IoPort.IN)
rcvFile = RcvProt.RcvProt()
sndFile = SndProt.SndProt()
Srl = Rs232.Rs232(9600)                                  #................(2)
```

```
print('Start')
while True:
    btrcv = Srl.Receive()                                    #................(3)
    if btrcv != None:
      for bt in btrcv:
        rcvFile.ByteTrace(bt)
    if KeyInput(KeyW)==False:
      continue
    FileName = input("Input File Name : ")
    if os.path.isfile(FileName) == False:
        print(FileName,' is not file name. Try Again !!!')
        continue
    fle = open(FileName,'rb')
    btfile = fle.read()
    fle.close()
    bDta = sndFile.pFileSend(FileName,btfile)
    Srl.Send(bDta)                                   #................(4)
```

(1) Rs232 Class를 사용한다.

(2) Rs232를 9600 BPS로 Open한다.

(3) Rs232로 데이터를 수신한다.

(4) RS232로 데이터를 전송한다.

4 Bluetooth

Bluetooth를 설명하기 전에 먼저 언급하고 싶은 것은 "Serial 통신"과 블루투스의 차이점은 물리적 통신 Path만 다를 뿐이라는 것이다.

"Serial 통신"과 다른 점은 유선이냐 무선이냐 하는 차이밖에 없기 때문에 사용자는 단순히 Bluetooth가 통신할 수 있도록 설정만 해주면 "Serial 통신"에서 작성한 프로그램을 동일하게 사용할 수 있다는 것이다.

그리고 2번째로 고려해야 할 사항은 Serial 통신에서 Bluetooth를 불활성 상태로 설정하였다면 그 부분을 수정하여야 한다. Putty 혹은 Terminal 상태에서 다음과 같이 명령을 실행 한다.

Editor에서 File에 "dtoverlay=pi3-miniuart-bt"의 내용이 있으면 그 줄을 삭제하거나, **그림 4-1**과 같이 사용되지 못하도록 만들어야 한다.

- **그림 4-1** 경우는 줄의 앞에 '#'을 삽입하여 사용되지 않도록 만들었다.

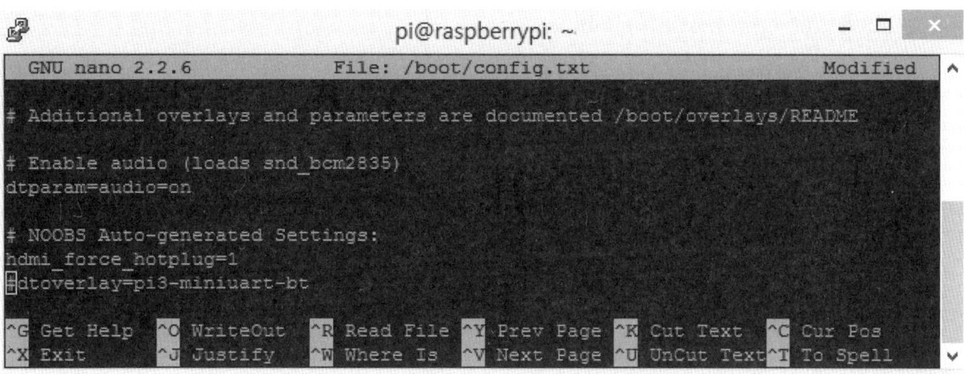

|그림 4-1| config.txt의 수정 내용

Bluetooth는 근거리 무선 통신을 위한 표준 규격이다.

Bluetooth는 1개의 Master와 다수의 Slave가 연결된 Network 방식을 기반으로 하고 있으며 이를 Piconet이라 하며, Keyboard, Mouse, 이어폰 등의 컴퓨터 주변 장비를 컴퓨터와 연결하는 수단으로 사용되면서, 사실상 USB를 대신할 수 있는 무선 통신 수단으로 이용되고 있다.

Piconet이에 참여하려면 Slave가 Master에 등록 되어야 하는데 이러한 과정을 페어링이라 한다. Bluetooth 장비는 페어링이 되어 있어야 통신이 가능하다.

라즈베리파이3는 Bluetooth가 내장되어 있기 때문에 별도의 장비 없이 Bluetooth를 사용할 수 있다. 라즈베리파이 3의 내장 Bluetooth를 활성화 하려면 다음과 같이 Bluetooth 모듈을 설치하여야 한다.

불행히도 Tightvncserver 화면으로는 Bluetooth 관리가 어렵다.

저자는 라즈베리파이에 모니터와 mouse를 설치한 후에야 다른 블루투스와 pairing을 할 수 있었다.

Bluetooth를 사용하려면 Update와 Upgrade가 충분히 되어 있어야 한다.

```
$sudo apt-get update
$sudo apt-get upgrade
```

저자는 Update와 Upgrade를 충분히 하기 위하여 위의 명령을 2번쯤 실행하고 다음과정을 수행하였다.

① $ sudo apt-get update

② $ sudo apt-get dist-upgrade

③ $ sudo apt-get upgrade

④ $ sudo apt-get install pi-bluetooth

⑤ $ sudo apt-get install bluetooth bluez blueman

이 과정을 모두 수행 하였으면 reboot하여야 한다.

⑥ $ sudo reboot

Bluetooth가 설치되었으면 화면 우측 상단에 Bluetooth icon이 생성된다.

icon이 보이지 않으면 Menu=〉Preprrences=〉BluetoothManager를 Click (**그림 4-2**)하면 Bluetooth를 사용할 수 있다.

Bluetooth 통신 프로그램을 작성해 보자.

저자는 통신 프로그램을 실험하기 위하여 저자의 컴퓨터에 HC06 Slave 모듈을 설치하였다. HC06은 시중에서 쉽게 구할 수 있을 뿐 아니라, Serial 통신을 기반으로 하기 때문에 "제 2장 Serial 통신"에서 사용한 JK_Srl.exe 프로그램을 그대로 사용할 수 있다는 장점을 가지고 있기 때문이다.

(a) (b)

|그림 4-2|

Bluetooth 통신을 하려면 먼저 통신할 장비를 등록하여야 한다.

① Menu=〉Preprrences=〉BluetoothManager를 Click하자.

② Search를 Click하면 통신 가능한 장비가 나타난다.

③ 장비를 선택하고 우측 마우스를 Click하면 popup 창이 나타난다.

④ Popup 창에서 "setup"을 선택하면 장비와 연결이 된다.

⑤ pin 번호를 요구하면 "1234"가 디폴트 값이다. pin 번호가 변경되었다면 그 값을 입력하여야 한다.(특별한 조치가 없었다면 "1234"이다.)

⑥ Bluetooth Manager화면을 보면 Device의 주소가 보인다.
그림에 있는 장비의 Address는 "98:D3:31:B3:7E:A7"이다.
Terminal 화면에서 다음과 같이 Device를 등록하자.

```
$ sudo rfcomm bind 0 98:D3:31:B3:7E:A7 1
```

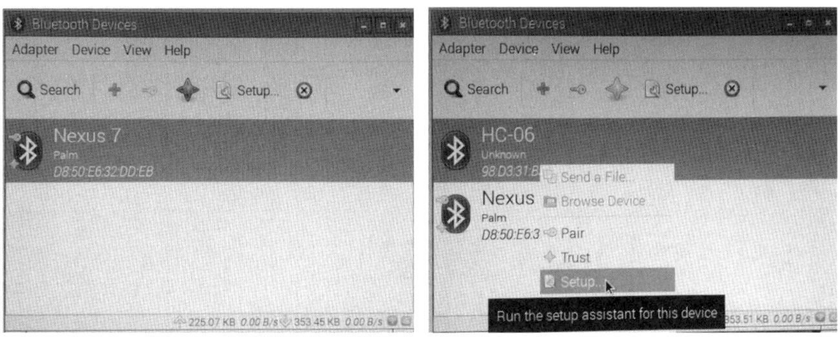

|그림 4-3| Bluetooth Manager화면

다음 Bluetooth 통신 프로그램은 컴퓨터에서 전송되어온 데이터를 Echo하는 프로그램이다.

프로그램이 실행한 다음, 상대 장비 측에서 데이터를 전송하면, Echo를 하기 때문에 결과를 알 수 있다. 저자는 컴퓨터에서 JK_Srl.exe 프로그램을 실행한 다음, Dummy Data를 전송하여 결과를 확인하였다.

BrthEcho.py

```
import serial                                              #...............(1)
import os                                                  #...............(2)
os.system('sudo rfcomm bind 0 98:D3:31:B3:7E:A7 1')        #..........(3)
btSerial = serial.Serial('/dev/rfcomm0', baudrate=9600, timeout=0.5)
                                                           #...............(4)
while True:
    rcv = btSerial.read(256)                               #...............(5)
    if len(rcv) > 0:
        print(rcv)                                         #...............(6)
        btSerial.write(rcv)                                #...............(7)
```

(1) Serial 모듈을 선언하였다.
(2) system 명령을 사용하기 위하여 os 선언
(3) system 명령으로 'Device'를 등록한다.
(4) Bluetooth 모듈을 Serial 방식으로 제어한다.

(5) Serail 데이터를 읽어 들인다.

(6) Shell 화면에 수신 데이터를 확인한다.

(7) 수신한 데이터를 return한다.

- 컴퓨터에서 JK_Srl.exe을 실행한다면 "Serial 통신"에 만들었던 프로그램에서 '/dev/ttyAMA0' 대신 '/dev/rfcomm0'를 대입하면 같은 결과를 얻을 수 있다.

```
self.srl = serial.Serial('/dev/rfcomm0',baudrate=Baud)
```

5 i2c (EEPROM 사용)

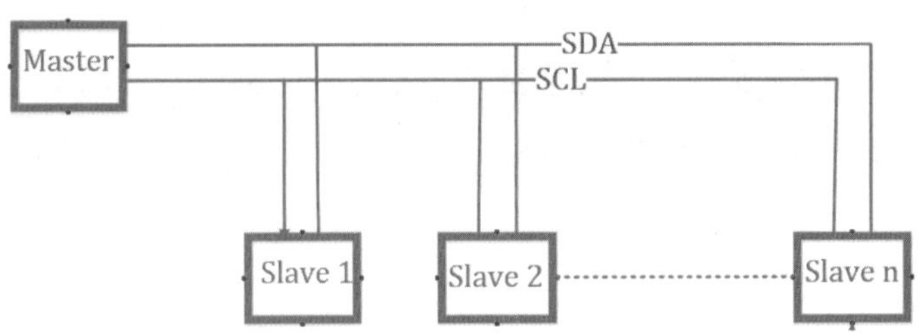

|그림 5-1| I2C 통신망

i2c는 다자간 통신이 가능하기 때문에, 주변 기기들을 i2c bus로 연결하여 제어할 때 자주 사용된다. I2C 통신은 Master와 Slave간의 통신을 기반으로 하고 있기 때문에 Master의 제어 명령에 따라 Slave가 응답하는 방식으로 시스템을 관리한다. 그림 5-1)은 I2C Bus로 결선된 I2C 통신망을 나타내고 있다.

라즈베리파이에서 I2C를 사용하려면 smbus 모듈이 설치되어야 한다.

다음은 라즈베리에서 I2C를 활성화 하는 방법이다.

① Putty 혹은 Terminal을 실행한다.

② $ "sudo raspi-config"를 실행한다.

③ "Advanced Options"=>"I2C"를 선택한다.

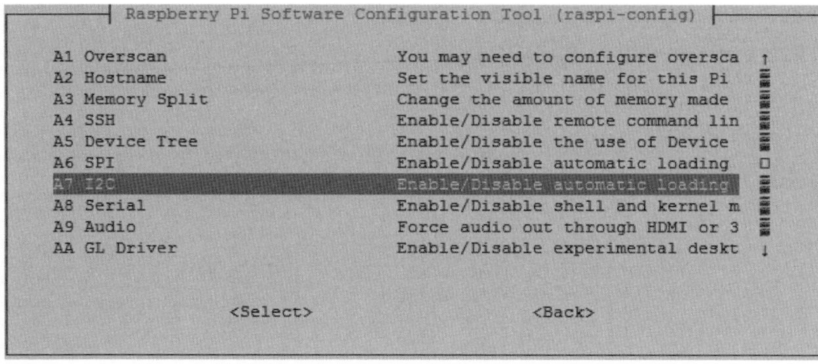

④ I2C Enabled를 "YES"=>"OK"=>"YES"=>"OK"를 선택하면 I2C를 사용할 수 있다.

⑤ 우측 화살표를 누르고 "Finish"를 선택하여 Tool Configuration을 종료한다.

⑥ /etc/modules file의 내용을 관리자 권한으로 수정하기 위하여

```
$ sudo nano /etc/modules
```

을 실행하여 다음과 같은 내용이 있음을 확인한다.

```
i2c-dev
```

없으면 file의 내용에 한 줄 추가한다. *File 저장 CTRL-O, 종료 CTRL-X

⑦ 라즈베리파이에서 I2C 통신을 허용하려면 raspi-blacklist.conf file을 수정하여야 하는데, OS가 최신 버전이면 raspi-blacklist.conf file 자체가 없을 수도 있지만, 일단 점검은 해보자.

```
$ sudo nano /etc/modprobe.d/raspi-blacklist.conf
```

을 실행하면 raspi-blacklist.conf의 내용을 볼 수 있다.

• OS가 최신버전인 경우 혹은 이 파일 자체가 없으므로 다음 내용은 무시해도 된다.

```
blacklist i2c-bcm2708
```

으로 표기된 사항이 있으면 다음과 같이 앞에 #을 붙여서 수정한다.

```
#blacklist i2c-bcm2708
```

⑧ python3 smbus를 다음과 같이 인스톨하여야 한다.

```
$ sudo apt-get install python3-smbus
```

⑨ reboot 한다.

```
$ sudo reboot
```

⑩ reboot한 다음 Terminal을 실행하고 i2c tool을 설치한다.

```
$ sudo apt-get install i2c-tools
```

I2C 통신은 **그림 5-1**에서 보는 바와 같이 Master가 Slave를 제어하는 방식이기 때문에, 각각의 Slave에 Address를 부여하고, 통신시 Address를 먼저 송출하고, 그 뒤에 데이터를 전송하는 방식을 사용하고 있다.

I2C 통신을 구현하는 프로그램을 작성해 보자.

저자는 I2c 통신 실험 대상으로 EEPROM 24lc02을 사용하였다.

24lc02는 256 byte의 데이터를 저장할 수 있는 i2c serial eeprom이며, 독자들이 브레드 보드를 이용하여 실험할 수 있는 AT24C02 모듈이 공급되고 있기 때문에 선택하였다.

그림 5-2는 저자가 사용한 회로도이고 **그림 5-3**은 결선도이다.

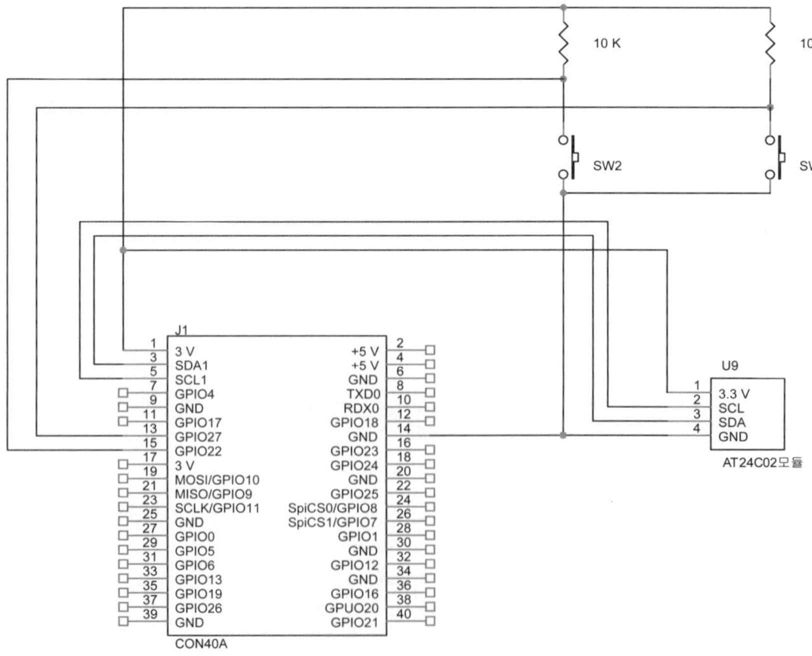

|그림 5-2| At24C02 실험 회로

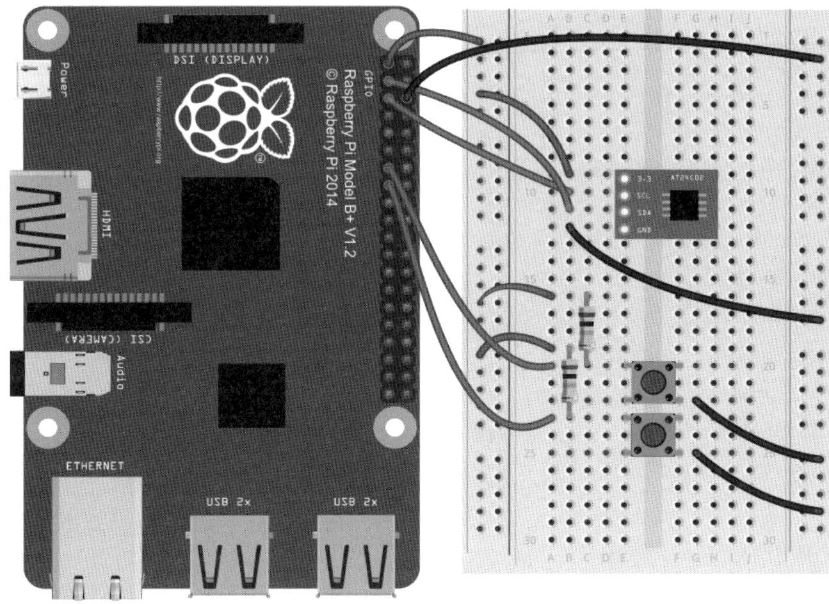

|그림 5-3| 결선도

앞에서 언급하였듯이 I2C 통신 명령어는 지정된 부품 혹은 장비에 Address를 부여하고 데이터 전송 시에는 Address를 먼저 송출하고 데이터를 송출하는 구조이다. 그런데 24lc02는 자체 Address도 필요하지만 메모리 내부에 데이터를 저장하는 위치(0~255)에 대한 값도 요구하기 때문에, i2c 모듈 명령어 중에서 2개의 address를 지정할 수 있는 "write_byte_data" 명령와 "read_byte_data" 명령어를 사용하여 프로그램을 작성하였다. 작성된 프로그램은 다음과 같다.

I2c1.py

```
import time
import smbus

i2c = smbus.SMBus(1)                              #.................(1)
rcv = input('Input String : ')
pos = 0 ;
for ch in rcv:
    i2c.write_byte_data(0x50,pos,ord(ch))         #.................(2)
    time.sleep(0.01)                              #.................(3)
    pos = pos + 1
i2c.write_byte_data(0x50,pos,0x0)                 #.................(4)
time.sleep(0.01)
```

```
str1 = ''
i=0
while True:
    brcv = i2c.read_byte_data(0x50,i)          #..................(5)
    if(brcv==0):
        break ;
    if i>255:
        break
    str1 = str1+chr(brcv)
    i = i+1
    time.sleep(0.01)                            #..................(6)
print(str1)
```

(1) i2c 인스턴스를 생성한다

(2) 24lc02에 데이터를 기록한다 0x50은 device Address이다

(3) write_byte_data 명령을 처리(저장)하는데 필요한 시간적 delay를 주어야 한다.

(4) String의 끝임을 알기위하여 '0'을 기록한다.

(5) 24lc02에서 데이터를 읽는다.

(6) read_byte_data 명령을 처리(읽어 들이는)하는데 필요한 시간적 delay를 주어야 한다.

평가문제 1

24lc02는 256개의 메모리를 가지고 있다. 따라서 데이터의 길이를 16글자 이내로 제한 한다면 메모리를 16개의 block으로 나눌 수 있다.
GPIO 22 Key를 누르면, input 명령으로 block의 번호와 String을 입력 받아서 지정된 Block에 string을 기록하고 GPIO 27 Key를 누르면 input 명령으로 block 번호를 입력 받아서 지정된 String을 읽어서 shell 화면에 출력하는 프로그램을 작성하라.
단 string의 길이는 16글자 이하라야 한다.

풀이 메모리를 16-byte단위로 나누면, 256 = 16×16이므로 메모리의 불록 address는 0부터 15까지이다.

I2c2.py

```
import time
import smbus
import RPi.GPIO as IoPort
class I2C:
    def __init__(self):
```

```
        self.bus = smbus.SMBus(1)
    def Write(self,adr,pos,dta):
        self.bus.write_byte_data(adr,pos,dta)
        time.sleep(0.01)
    def Read(self,adr,pos):
        rcv = self.bus.read_byte_data(adr,pos)
        time.sleep(0.01)
        return rcv
def KeyInput(key):
    if IoPort.input(key)==True:
        return False
    time.sleep(0.1)
    while True:
        if IoPort.input(key)==True:
            break
    time.sleep(0.1)
    return True
def  SaveString():
    while True:
        rcv = input('Input String (pos,String) : ')
        try:
            srcv = rcv.split(',')
            if len(srcv)!=2:
                print('Bat input Format (pos,string) : ',rcv)
                continue
            pos = int(srcv[0])
            if pos>15:
                print('position no is too big : ',pos)
                continue
            if len(srcv[1])>16:
                print('string length is too Big : ',srcv[1])
                continue
        except:
            print(srt1, " Input Error : '",rcv, "' Try again!!!!")
            continue
        pos = pos * 16
        lpos = pos+16
        for ch in srcv[1]:
            i2c.Write(0x50,pos,ord(ch))
            pos = pos + 1
        if pos <lpos:
            i2c.Write(0x50,pos,0)
        return
def  ReadString():
    while True:
        rcv = input('Input Position Value : ')
        try:
            pos = int(rcv)
            if pos>15:
                print('position no is too big : ',pos)
```

```
                    continue
            except:
                print(srt1, " Input Error : '",rcv, "' Try again!!!!")
                continue
            pos = pos * 16
            str1 = ''
            for i in range(0,16):
                ch = i2c.Read(0x50,pos)
                if ch==0:
                    return str1
                else:
                    str1 = str1 + chr(ch)
                pos = pos + 1
            return str1
i2c = I2C()
key1 = 22
key2 = 27
IoPort.setmode(IoPort.BCM)
IoPort.setup(key1, IoPort.IN)
IoPort.setup(key2, IoPort.IN)
print('Hit Any Key......')
while True:
    k1 = KeyInput(key1)
    if k1==True:
        SaveString()
        print('Hit Any Key......')
        continue
    k2 = KeyInput(key2)
    if k2==True:
        rcv = ReadString()
        print('String : ',rcv)
        print('Hit Any Key......')
        continue
```

6 SPI(93C46 사용)

SPI는 통신이라기보다는 부품 혹은 장비와 데이터를 송수신할 수 있는 방법으로 많이 사용되고 있다. 동기 통신이기 때문에 데이터 통신 속도가 달라도 문제가 되지 않으므로 속도가 서로 다른 종류의 장비나 부품과 통신할 때 유용하게 사용할 수 있는 통신 방식이다.

SPI는 동기신호를 출력하면서 데이터를 입출력하는 쪽을 Master라하며 수신한 동기신호

에 따라 데이터를 입출력하는 쪽을 Slave라 하고

① MOSI : Master Out Slave In , Master 출력 포트

② MISO : Master In Slave Out . Master 입력 포트

③ SCLK : 동기 Pulse

④ SS : Slave Select, Slave 선택 신호

와 같이 4 개의 통신선을 사용하며, **그림 5-1**과 같이 나머지 선은 공유하지만 SS만 다르게 하여 Multi Slave를 제어할 수 있도록 하고 있다.

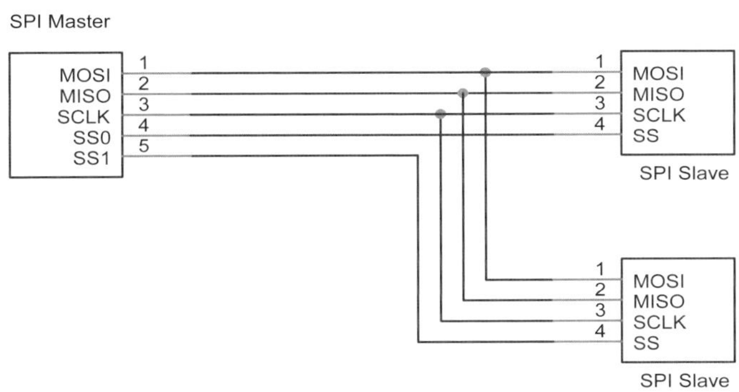

|그림 6-1| Slave가 2개인 SPI 통신

그림 6-1은 Slave가 2개인 경우이다.

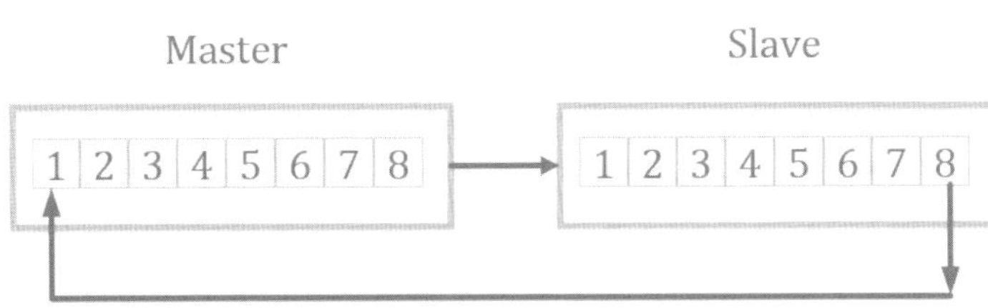

|그림 6-2| SPI 통신 Bit의 전송

데이터 전송 방법은 **그림 6-2**와 같이 Master에서 8-bit를 전송하는 하는 동안 Slave도 자신의 데이터를 동시에 전송하기 때문에, Master와 Slave가 데이터를 동시에 상대방에게 전송을 할 수 있는 구조이다.

다시 말하면 Master의 8-bit의 데이터가 Slave로 전송되면 Slave의 8-bit 데이터가 Master로 전송되는 구조이다.

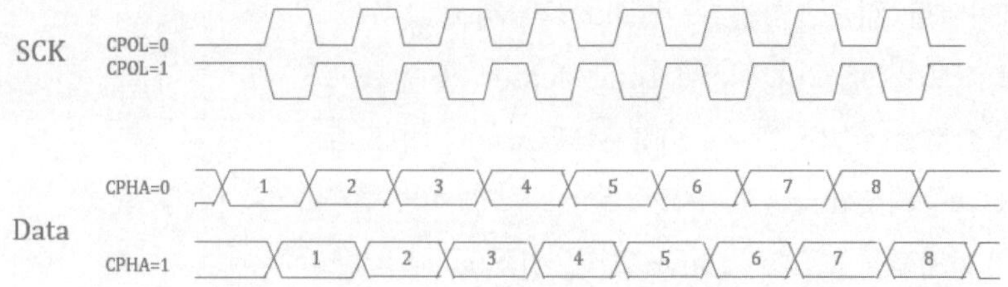

|그림 6-3| SPI mode

SPI는 다양한 장비와 부품 등에서 사용하는 통신 방법이기 때문에, SCLK 동기 신호의 극성과 데이터 bit의 위상이 서로 다른 경우에 대응하기 위하여, **그림 6-3**에 보는 바와 같이 내부적으로 2-bit(CPOL,CPHA)를 사용하여, 동기 신호의 극성과 bit 데이터의 위상을 변경할 수 있도록 하고 있다. 파형을 보면 CPOL=0이면 동기 신호는 Low 상태에서 High pulse를 출력하며, CPOL=1이면 High 상태에서 Low pulse를 출력하도록 되어 있고, CPHA=0이면 pulse가 시작될 때 데이터를 수집하고, CPHA=1이면 pulse가 종료될 때 데이터를 수집 하도록 되어 있다.

통신에 대한 경험이 많지 않은 독자들에게는 무언가 어렵다는 생각이 들 수도 있을 것 같다.하지만 걱정할 필요는 없다.

프로그램을 작성하는 측에서는 단지 4가지의 서로 다른 모드가 있구나 하는 정도로 생각해도 무방하다. 프로그래머가 하는 일은 통신 상대에 맞추어 모드를 설정해 주기만 하면 되기 때문이다. 하지만 때로는 상대측의 모드를 알지 못하는 경우도 있다.그런 경우는 무식한 방법이지만 임의로 설정해서 통신해 보고 통신 상태가 좋지 않으면 모드를 변경하면 된다.

모드 값은 4가지 경우 밖에 없기 때문이다.

참고로 저자의 경험으로는 CPOL=0, CPHA=0인 경우가 가장 많았다.

라즈베리파이 3의 SPI 모듈은 Update와 Upgrade만 제대로 되어 있다면, SPI를 활성하는 것만으로 통신이 가능하다.

다음은 라즈베리에서 SPI를 활성화 하는 방법이다.

① Putty 혹은 Terminal을 실행한다.

② $ “sudo raspi-config”를 실행한다.

③ “Advanced Options”=>“SPI”를 선택한다.

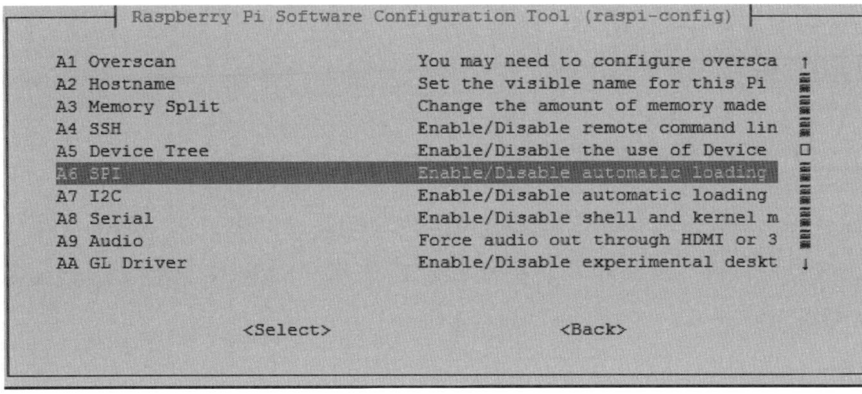

④ SPI Enabled를 “YES”=〉“OK”=〉“YES”=〉“OK”를 선택하면 SPI를 사용할 수 있다.

⑤ 우측 화살표를 누르고 “Finish”를 선택하여 Tool Configuration을 종료한다.

⑥ 라즈베리파이 3의 사용자면 이것으로 충분하지만 old ver sion인 경우는 다음과 같은 과정이 추가로 필요하다.

⑦ /etc/modprobe.d/raspi−blacklist.conf file의 내용을 관리자 권한으로 수정하기 위하여

```
pi@raspberrypi:~ $ sudo nano /etc/modprobe.d/raspi-blacklist.conf
```

을 실행하여 /etc/modprobe.d/raspi−blacklist.conf의 내용을 보고

```
blacklist spi-bcm2708
```

으로 표기된 사항이 있으면 다음과 같이 앞에 #을 붙여서 수정한다.

```
#blacklist spi-bcm2708
```

⑧ terminal 화면에서 다음과 같은 명령들이 처리되어야 한다.

```
$ sudo apt-get install python3-dev
$ git clone git://github.com/doceme/py-spidev
$ cd py-spidev
$ sudo python3 setup.py install
$ sudo reboot
```

라즈베리파이는 SPI SS가 2개이기 때문에 원칙적으로는 2개의 장비만 통신할 수 있도록 되어 있지만, 필요하다면 남아 있는 GPIO pin을 SS로 사용하여 그 보다 많은 수의 장비도

제어할 수 있다. 물론 그런 경우에는 프로그램 상에서 GPIO pin을 별도로 control해야 한다는 불편함은 감수해야 한다.

6-1) SPI 통신 프로그램 1

SPI 통신 프로그램을 작성하자. 실험을 위하여 저자는 93C46 IC를 사용하였다. 93C46 IC는 오래전부터 사용해온 IC이기 때문에 브레드보드에 사용할 수 있는 DIP type을 쉽게 구할 수 있다.

그림 6-4는 저자가 사용한 회로도이다.

표 6-1은 93C46 IC의 명령어 Set이다.

그런데 불행히도 명령어 Set를 보면 93c46 통신데이터는 8-bit단위로 구성되어 있지 않다.

|표 6-1| 93C46의 명령어 set

instruction	SB	OP Code	Address		Data		Comment
			X 8	X 16	X 8	X 16	
READ	1	10	$A_6 - A_0$	$A_5 - A_0$			Data Read
EWEN	1	00	11xxxxx	11xxxx			Write Enable
ERASE	1	11	$A_6 - A_0$	$A_5 - A_0$			Erase
WRITE	1	01	$A_6 - A_0$	$A_5 - A_0$	$D_7 - D_0$	$D_{15} - D_0$	Write
ERAL	1	00	10xxxxx	10xxxx			Erase All
WRAL	1	00	01xxxxx	01xxxx	$D_7 - D_0$	$D_{15} - D_0$	Write all
EWDS	1	00	00xxxxx	00xxxx			Write Disable

표 6-1을 자세히 검토해 보면 93C46의 16-bit Write 명령어의 구성은

① Strobe : 1-Bit

② OP Code : 2-Bit

③ Address : 6-bit

④ Data : 16 bit

으로 구성되어 있고

93C46의 16-bit Read 명령어의 구성은

① Strobe : 1-bit

② OP Code : 2-Bit

③ Address : 6-bit

④ Data out Start : 1-bit

⑤ Data : 16 Bit

으로 구성되어 있다.

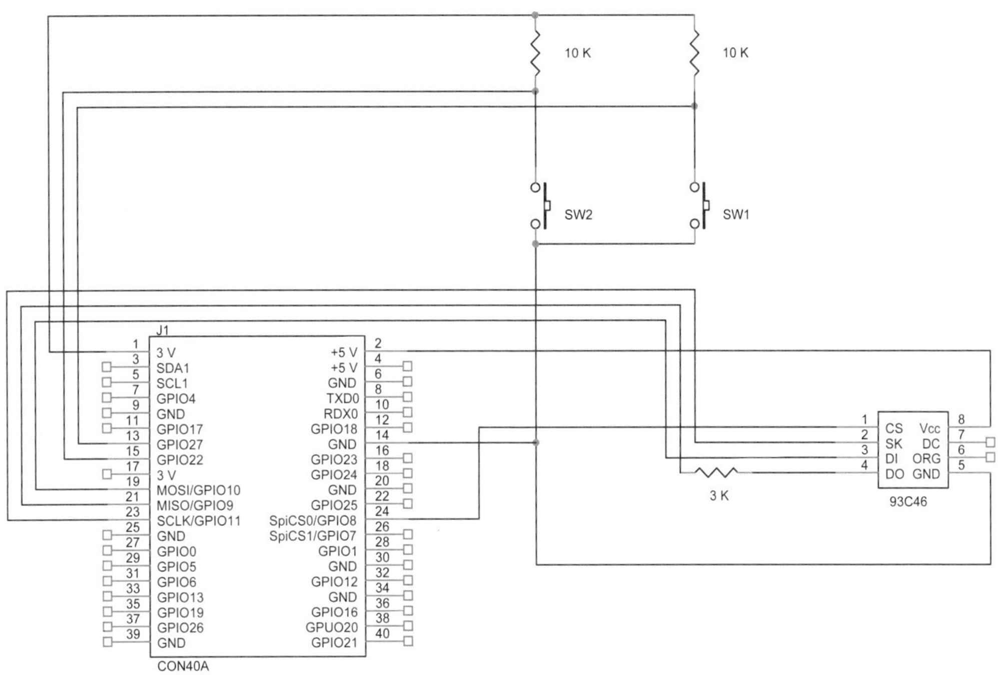

|그림 6-4| SPI 통신 회로도

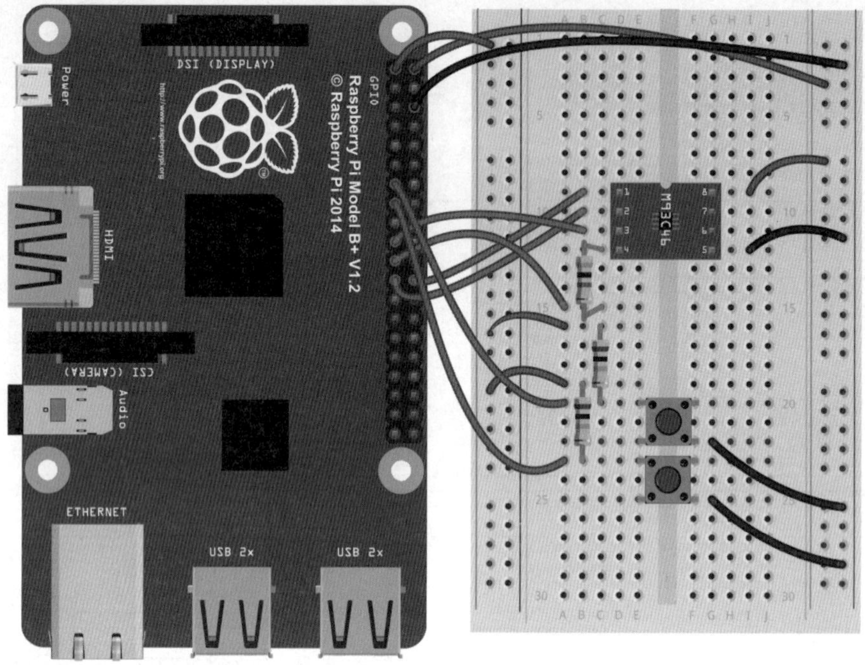

|그림 6-5| SPI 통신 결선도

그렇기 때문에 저자는 데이터를 Write할 때는

① Strobe : 1-Byte : 0x01(00000001) 고정

② OP Code+Address : 1-Byte : ooxxxxxx

③ Data : 2-Byte

로 만들어서 전송을 하고,

데이터를 Read 할 때는

① Strobe + Op Code 상위 Bit : 1-Byte : 000000SO_H

② OpCode 하위 Bit + Address + '0' : 1-Byte : $O_L$xxxxxx0

③ Data : 2-byte

로 만들어서 사용하였다.

Bit의 구성이 어렵게 느끼는 독자들을 위하여 93C46 부분을 Class로 만들어 놓았기 때문에, Class를 그대로 사용하여도 문제는 없지만 Bit 구성 방법을 한번쯤은 검토해 보는 것도 좋을 것 같다.

• 예전장비들 중에는 이렇게 편법을 동원할 수밖에 없는 것들이 많았다.

At93c46.py

```
import time
import spidev                                   #......................(1)

class Ep93c46():                                #......................(2)
    def __init__(self):                         #......................(3)
        self.spi = spidev.SpiDev()              #......................(4)
        self.spi.mode = 0x0                     #......................(5)
        self.spi.open(0,0)                      #......................(6)
        print('')                               #......................(7)
        self.spi.cshigh = True                  #......................(8)
    def  EWEN(self):                            #......................(9)
        self.spi.xfer([ 0x01,0x3f] )
        time.sleep(0.1)
    def  EWrite(self,adr,v1,v2):                #......................(10)
        adr = adr & 0x3f
        adr = adr | 0x40
        spsend = [ 0x01,adr,v1,v2]
        self.spi.xfer2(spsend)
        time.sleep(0.01)
    def ERead(self,adr):                        #......................(11)
        adr = adr & 0x7f
        spsend = [ 0x03,adr,0xff,0xff]
        sprcv = self.spi.xfer2(spsend)
        time.sleep(0.01)
        return sprcv[ 2] ,sprcv[ 3]
eeprom = Ep93c46()                              #......................(12)
eeprom.EWEN()                                   #......................(13)
for i in range(0,0x40):
    eeprom.EWrite(i,2*i,2*i+1)                  #......................(14)
eeprom.EWrite(4,21,32)                          #......................(15)
for i in range(0,0x40):
    r2,r3 = eeprom.ERead(2*i)                   #......................(16)
    print(r2,r3)
```

(1) spi 모듈을 선언하였다.

(2) 93C46 Class이다.

(3) 93C46 초기화 함수이다.

(4) SPI 인스턴스를 생성한다.

(5) 통신 모드는 CPHA=0, CPOL=0이다.

(6) Open(0,0)에서 첫 번째 숫자는 Bus를 선택하는 값이고 2번째 0는 SS를 선택하는 값이다. 여기서는 0,0를 선택한다.

(7) print('')는 사실은 필요 없다. 하지만 없으면 Error가 발생한다.
(저자가 무언가를 모르고 있거나, 아니면 Bug인지도 모르겠다)

(8) SS 신호의 극성을 High로 선택하였다. 부품 에 따라서는 SS 신호의 극성이 Low인 경우도 있다. 93C46은 High이다.

(9) 93C46에 데이터를 쓸 수 있도록 상태를 변경하는 함수이다

(10) 93C46에 16-bit 데이터를 기록하는 함수이다.
데이터를 기록하는데 필요한 시간을 10 mSec(0.01)로 설정하였다.

(11) 93C46에서 16-bit 데이터를 읽어 들이는 함수이다.
데이터를 읽어들 이는데 필요한 시간을 10 mSec(0.01)로 설정하였다.

(12) Ep93c46() 인스턴스를 생성하였다.

(13) 93C46에 데이터를 기록할 수 있는 상태로 만든다.

(14) 93C46에 0~127까지의 데이터를 기록한다.

(15) 4 번지의 데이터 값을 변경하였다

(16) 93C46 내부에 저장되어 있는 값을 읽어서 확인한다.
15번에서 4번지의 값을 수정하였으므로 4번지만 다른 값이 되었음을 알 수 있다.

6-2) SPI 통신 프로그램 2

93C46도 그렇지만, SPI 통신 장비는 전송하는 데이터의 크기가 8-bit를 기준으로 하지 않는 경우가 자주 있다. 때로는 데이터 자체의 크기도 10-bit, 12-bit 등 다양하다.

사실 이런 경우 라즈베리파이의 SPI 모듈을 사용하여 처리하지 못하는 것은 아니지만 불편한 것은 사실이다.

다행히도 SPI는 동기통신을 기반으로 하기 때문에, Clock의 주기가 달라도 문제가 되지 않으므로 2장에서처럼 I/O Bit를 Control하여 통신을 할 수 있다.

여기서는 SPI 통신을 Bit I/O 방식으로 처리하는 프로그램을 작성해 보자. 저자는 장비를 제어할 때, 이런 방법을 가끔 사용하고 있다.

① SPI 통신을 Bit I/O로 수행하기 위하여

② GPIO10(MOSI) : 출력 bit로 설정한다.

③ GPIO9(MISO) : 입력 bit로 설정한다.

④ GPIO11(SCLK) : 출력 bit로 설정한다.

⑤ GPIO8 : 출력 bit로 설정한다.

93C46이 CPOL=0, CPHA=0이므로 Bit 데이터의 처리 함수는 다음과 같은 방법으로 구현한다.

① GPIO10으로 bit 데이터를 출력한다.
② GPIO11에 High를 출력한다.
③ GPIO9 bit의 값을 읽어서 보관한다.
④ GPIO11에 Low를 출력한다.
⑤ 입력된 Bit값을 return 한다.

93C46의 메모리에 16-bit 데이터를 Write 할 때는
① '101'을 출력하고
② Address 5-Bit를 출력하고
③ 16-bit의 데이터를 출력하여야 한다.

93C46의 메모리 데이터를 16-bit로 Read 할 때는
① '110'을 출력하고
② Address 5-Bit를 출력한 다음
③ Start 신호 1-Bit를 수신한 다음
④ 16-Bit 데이터를 읽어야 한다.

93C46의 EWEN은 "10011xxxx"을 출력하도록 되어 있으므로, '100111111'을 출력하기로 한다.

다음은 Bit I/O를 이용하여 SPI 통신을 수행하는 프로그램이다.

93C462.py

```
import RPi.GPIO as IoPort
import time
import spidev

class Ep93c46():                                   #....................(1)
    def __init__(self):                            #....................(2)
        self.Mosi = 10
        self.Miso = 9
        self.Clk  = 11
        self.SS   = 8
        IoPort.setmode(IoPort.BCM)
        IoPort.setup(self.Mosi, IoPort.OUT)
```

```
        IoPort.setup(self.Clk, IoPort.OUT)
        IoPort.setup(self.SS, IoPort.OUT)
        IoPort.setup(self.Miso, IoPort.IN)
        IoPort.output(self.Mosi,False)
        IoPort.output(self.Clk,False)
        IoPort.output(self.SS,False)
    def EWEN(self):                          #.....................(3)
        IoPort.output(self.SS,True)
        rew=[ True,False,False,True,True,True,True,True,True]
        for bt in rew:
            self.SpiBit(bt)
        IoPort.output(self.SS,False)
        time.sleep(0.1)
    def EWrite(self,adr,v1,v2):              #.....................(4)
        IoPort.output(self.SS,True)
        badr = self.mkbit8(adr)
        bv1 = self.mkbit8(v1)
        bv2 = self.mkbit8(v2)
        self.SpiBit(True)
        self.SpiBit(False)
        self.SpiBit(True)
        for i in range(2,8):
            self.SendBit(badr[ i] )
        for bt in bv1:
            self.SendBit(bt)
        for bt in bv2:
            self.SendBit(bt)
        IoPort.output(self.SS,False)
        time.sleep(0.01)
    def ERead(self,adr):                     #.....................(5)
        badr = self.mkbit8(adr)
        IoPort.output(self.SS,True)
        self.SpiBit(True)
        self.SpiBit(True)
        self.SpiBit(False)
        for i in range(2,8):
            self.SendBit(badr[ i] )
        ret1 = 0
        for i in range(0,8):
            ret1 = ret1 * 2
            if self.SpiBit(True) == 1:
```

```
                ret1 = ret1 + 1
            ret2 = 0
            for i in range(0,8):
                ret2 = ret2 * 2
                if self.SpiBit(True) == 1:
                    ret2 = ret2 + 1
            IoPort.output(self.SS,False)
            return ret1,ret2
        def SendBit(self,bt):                    #....................(6)
            if bt=='1':
               self.SpiBit(True)
            else:
               self.SpiBit(False)
        def SpiBit(self,bBit):                   #....................(7)
            IoPort.output(self.Mosi,bBit)
            IoPort.output(self.Clk,True)
            brcv = IoPort.input(self.Miso)
            IoPort.output(self.Clk,False)
            return brcv
        def mkbit8(self,dta):                    #....................(8)
            str1 = bin(dta)
            str2 = ''
            for i in range(0,len(str1)-2):
                str2 += str1[ i+2]
            while len(str2) < 8:
                str2 = '0'+str2
            return str2

eeprom = Ep93c46()
eeprom.EWEN()
for i in range(0,64):
    eeprom.EWrite(i,2*i,2*i+1)
eeprom.EWrite(3,12,14)
for i in range(0,64):
    ret1,ret2 = eeprom.ERead(i)
    print(ret1,ret2)
```

(1) Bit I/O로 SPI통신을 처리하는 93C46 Class이다.

(2) Class를 초기화한다. Bit Port를 입력 혹은 출력으로 설정한다.

(3) 93C46의 EWEN 함수이다.

(4) 93C46에 16-bit 데이터를 기록하는 함수

(5) 93C46에서 16-bit 데이터를 읽어들이는 함수
(6) Bit를 SPI Port로 출력하는 함수
(7) Bit Data를 SPI 통신 프로토콜에 따라 전송하는 함수
(8) 숫자를 8-Bit Bit Stream으로 변환하는 함수

7 1_Wire 통신(온도 및 습도 측정)

1-wire 통신은 device사이에 통신을 할 수 있도록 만든 bus system으로 고안된 통신 방법으로, Master가 포함되어 있는 Network을 MicroNet이라 하지만, 통신 목적에 따라 다양한 protocol을 사용하기 때문에, 통신 대상에 따라 처리 방법이 조금씩 달라진다.

원칙적으로 1-wire는 open collector를 기반으로 하는 통신 방법이기 때문에, 1개의 통신선과 그라운드선 2가닥만 사용하도록 설계되어 있으며, 필요에 따라서는 통신선을 이용하여 전원을 공급할 수 있도록 되어 있다.

iButton(혹은 Dallas Key)은 1-wire 통신의 대표적인 사용 방법 중 하나이며 가정용 전자키 등으로 많이 사용되는 방법이다.

다음은 iButton 데이터의 입출력 파형의 예이다.

Master는 통신 line에 데이터를 출력하면서, 같은 통신 Line을 읽기 때문에 출력 파형과 입력 파형으로 구분하여 그렸지만, 실질적인 통신 파형은 입력 파형과 같다고 보아야 한다.

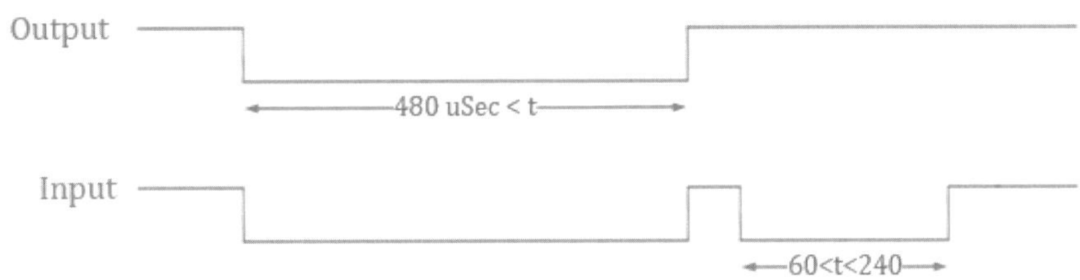

(a) Reset 파형

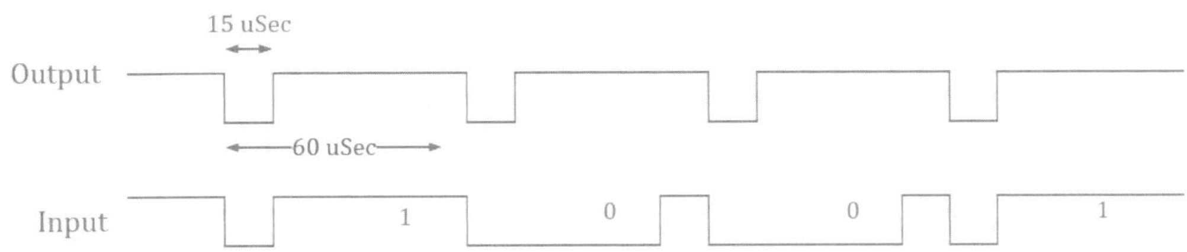

(b) 데이터 입력 파형

|그림 7-1| 1-wire 파형

라즈베리파이에서 1-wire를 활성화 하는 방법은

① Putty 혹은 Terminal을 실행한다.

② $ "sudo raspi-config"를 실행한다.

③ "Advanced Options"=〉"1-wire"를 선택한다.

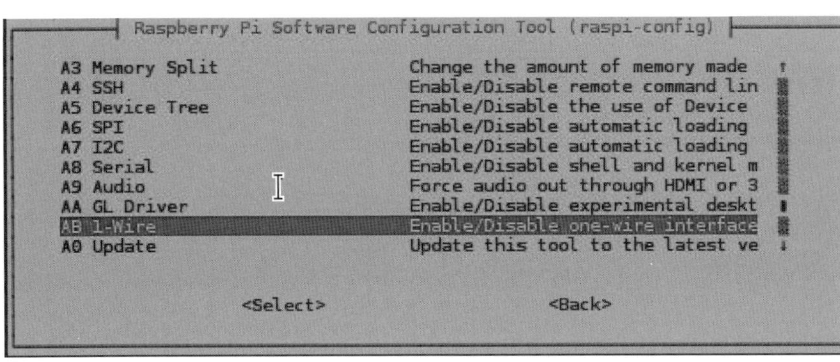

④ "Enable"=〉"OK"를 선택하면 1-wire 통신을 사용할 수 있다.

⑤ 우측 화살표를 누르고 "Finish"를 선택하여 Tool Configuration을 종료한다.

1-wire 프로그램을 작성해 보기로 하자.

1-wire 통신 실험은 "DTH11"을 사용하기로 하자.

실험에 사용하는 DHT11의 Reset은 IButton과 동일하지만 Read할 때의 프로토콜은 **그림 7-2**와 같다.

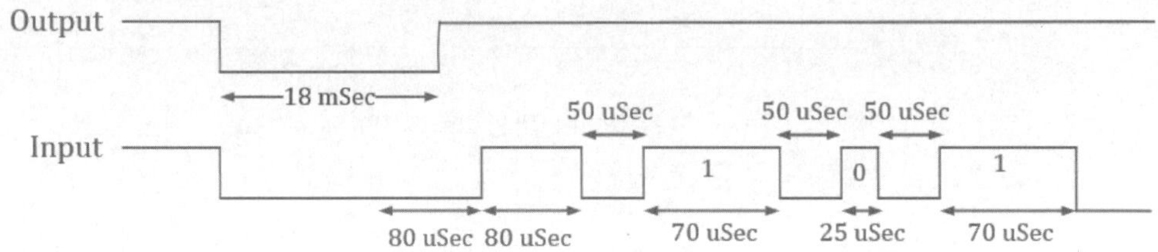

|그림 7-2| DHT11 수신 파형

그림 7-2의 DHT11 수신 파형을 간략히 설명하면

① Master가 18 mSec 동안 Low를 출력하면

② DHT11에서 Low를 출력하고 High를 출력한 다음

③ 50 uSec 동안 Low를 출력하고 High를 출력하는데

④ 출력하는 데이터가 0 이면 High의 pulse의 폭이 25 uSec이고

⑤ 출력하는 데이터가 1 이면 High의 pulse의 폭이 70 uSec이다.

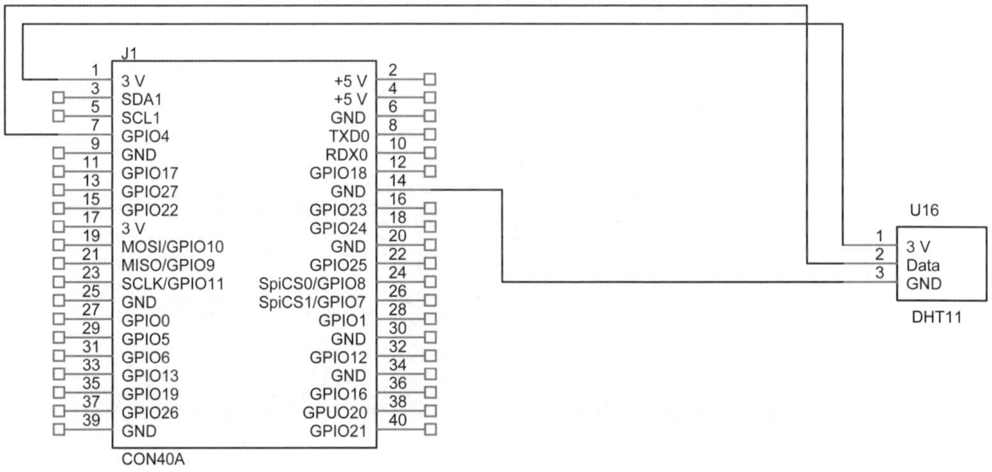

|그림 7-3| 1-wire 회로도

|그림 7-4| 1-wire 걸선도

DHT11은 출력을 시작하면 40-bit(8-Bit×5)를 출력한다.

따라서 출력된 데이터는 5-byte이며, 1~2 번째 8-Bit 데이터는 습도를 나타내며, 3~4 번째 8-Bit는 온도 값을 나타내며, 5번째 8-Bit는 Checksum이며 1~4번째 데이터를 모두 합한 값과 같아야 한다.

그림 7-3은 저자가 실험한 회로이다.

온습도를 읽는 프로그램은 다음과 같다.

Thermo.py

```
import RPi.GPIO as IoPort
import time
def InitPort():                                   #......................(1)
    IoPort.setmode(IoPort.BCM)
    IoPort.setup(4,IoPort.OUT)
    IoPort.output(4,IoPort.HIGH)
    time.sleep(0.025)
    IoPort.output(4,IoPort.LOW)
    time.sleep(0.02)
    IoPort.setup(4, IoPort.IN, pull_up_down=IoPort.PUD_UP)
def MakeBit():                                    #......................(2)
    btval=[]
    lcount = 0
    flag = 0 ;
```

```
    for bt in data:
        if flag==0:
            if bt==0:
                continue
            else:
                lcount = 1
                flag=1
        else:
            if bt==1:
                lcount = lcount + 1
            else:
                if lcount > 8 :
                    btval.append(1)
                else:
                    btval.append(0)
                flag=0
    return btval
while True:
    data = []
    InitPort()                                  #..................(3)
    for i in range(0,1000):
        data.append(IoPort.input(4))            #..................(4)
    bitval = MakeBit()                          #..................(5)
    if len(bitval)<40:
        continue
    tval =[]
    pos = 0
    val1 = 0
    bitval.remove(1)                            #..................(6)
    for bt in bitval:                           #..................(7)
        val1 = val1 * 2
        val1 = val1 + bt
        pos = pos + 1
        if pos==8 :
            tval.append(val1)
            val1=0
            pos = 0
    tval.append(val1)
    if len(tval)<5:
        continue
    Total = 0
```

```
for i in range(0,4):
    Total = Total + tval[ i]                    #..................(8)
if Total == tval[ 4] :                          #..................(9)
    print('Humidty     : ',tval[ 0] )
    print('Temperature : ',tval[ 2] )
    break
```

(1) Data Port를 25 mSec 동안 High를 유지하다, 20 mSec동안 Low를 출력하고 Data Port를 입력으로 변경하는 함수
(2) High Pulse의 값이 40 uSec 보다 길면 '1' 짧으면 '0'으로 설정하여 Bit Data를 만든다.
(3) 통신을 시작한다.
(4) 1000개의 데이터를 읽어 들인다.
(5) 입력된 데이터를 Bit Stream으로 변경한다.
(6) 1번째 Bit 는 Skip한다.
(7) 5개의 byte를 만든다.
(8) CheckSum을 계산한다.
(9) CheckSum이 맞으면 출력하고 프로그램을 종료한다.

8 적외선 통신(리모컨 송수신)

적외선 통신의 단점은 조명기기 등에서 방출되는 빛의 영향을 받는다는 점과 거리상의 제한이 있다는 것인데, 실내에서 사용한다면 별다른 문제가 없으며, 벽을 투과할 위험도 없고, 보안성이 높으며, 간섭 등의 문제에서 자유로울 수 있으며, 비용이 작게 들기 때문에, 실내에서 사용하는 AV 장치 등을 무선으로 제어하는 수단으로 많이 사용되고 있다.

그렇기 때문에 근래에 출시되고 있는 Audio 혹은 Video 장치들은 대부분 리모컨 제어 기능을 가지고 있다.

리모컨으로 사용되고 있는 적외선 통신 방식은 외부 빛의 영향을 줄이기 위하여 Bit Data를 대략 30 KHz~60 KHz의 주파수로 변조하여 송출하는데, 시중에서 사용되고 있는 리모컨은 38 KHz로 변조한 신호를 가장 많이 사용하고 있다.

적외선 리모컨의 프로토콜은 제조회사마다 조금씩 다르기 때문에, 혼란스럽기는 하지만 일반적으로 다음 3가지 방식이 많이 사용되고 있다.

① Bi-Phase 방식 : 신호의 **그림 10-1(a)**에서 보는 것처럼 1주기 내에서 High → Low로 변환하면 0, Low → High로 변환하면 1로 정의하는 방식이다. 쉽게 생각하면 신호의 1주기가 Low로 시작되고 High로 끝나면 1, High로 시작하여 Low로 끝나면 0으로 생각하는 방식이다.

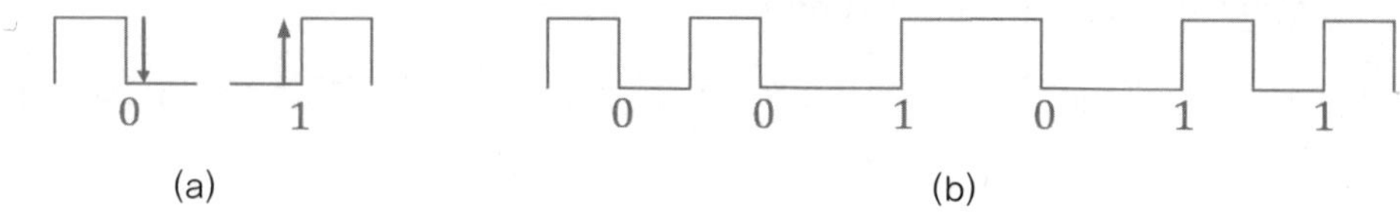

|그림 8-1| Bi_Phase 방식

② On-Off King 방식 : 일정한 폭을 갖는 High 신호 다음에 Low 신호의 길이로 0과 1을 구분하는 방법이다. Low신호가 짧으면 0, Low신호가 길면 1을 나타낸다.

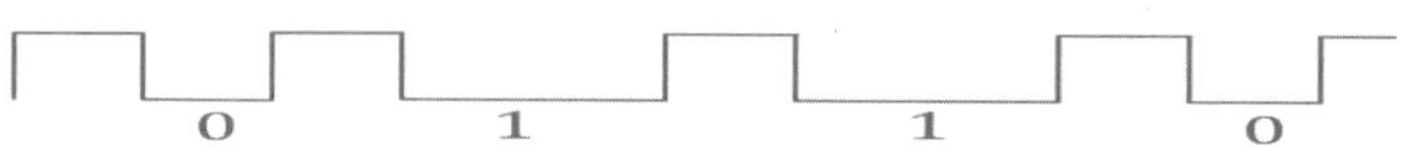

|그림 8-2| On-Off King 방식

③ PWM 방식 : On-Off King 방식과 달리 High의 시간으로 0과 1을 구분하는 방식이다.

|그림 8-3| PWM 방식

Ir 통신 관련 자료를 보면 변조 주파수와 Pulse의 폭 등이 다르고, 어떤 경우는 통신하는 Bit의 수까지 다르게 지정하고 있기 때문에, 저자는 특정 모드만을 지원하고 있는 라이브러리를 사용하는 것은 바람직하지 않다고 보았다.

그래서 저자는 이 책에서 송신하거나 수신할 때 사용하는 복조 신호 자체를 분석하여 통신 데이터를 만들거나 찾아내는 방법을 사용하였는데, 독자들의 입장에서는 프로그램을 작성 하는 것이 다소 불편 하겠지만, 대신 모든 종류의 리모컨을 제어할 수 있다고 생각한다면 불편한 것이 문제 되지는 않으리라 생각된다.

저자의 손 가까이에 LG와 삼성의 리모컨이 있기 때문에, 복조신호를 분석하여 데이터를 추출하는 예로서 LG와 삼성 리모컨을 사용해보기로 하자.

LG와 삼성 리모컨은 On-Off King 방식을 사용하고 있으며 프로토콜은 다음과 같다.

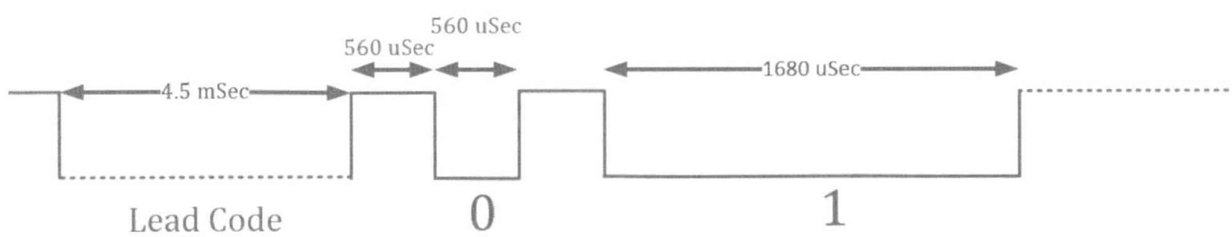

|그림 8-4| LG 리모컨 파형

① Lead Code : 4.5 mSec Low

② High : 560 uSec

③ Low : 0 이면 560 uSec, 1 이면 1680 uSec

8-1) 리모컨 수신

리모컨 데이터는 38 KHz으로 변조된 신호이기 때문에 리모컨 데이터를 수신하려면 적외선을 수신하고 변조된 신호를 다시 복조해 주는 수신기가 있어야 한다.

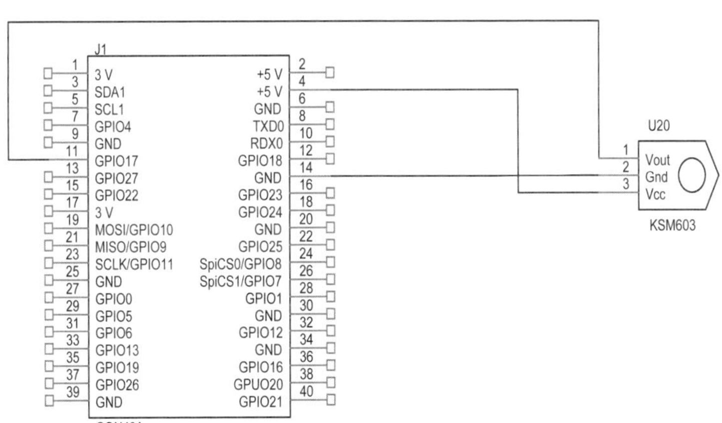

|그림 8-5| 리모컨 수신 회로도

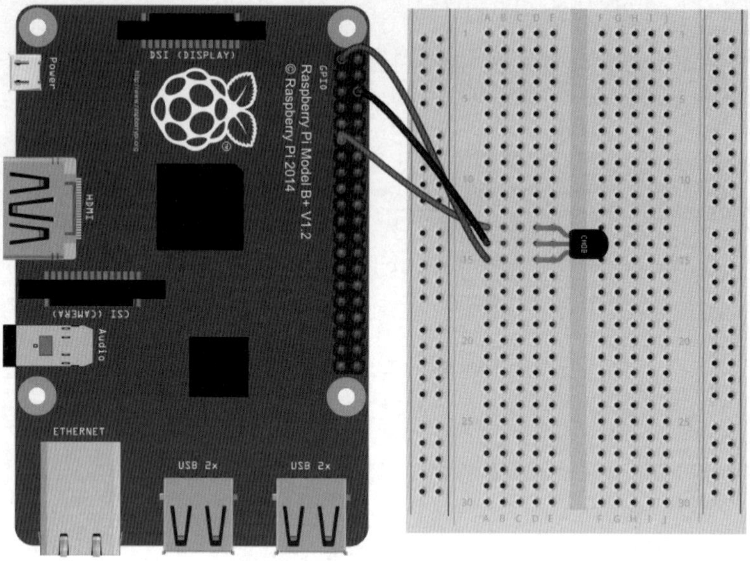

|그림 8-6| 리모컨 수신 결선도

저자는 KSM603을 리모컨 수신기로 사용하였다.

리모컨 수신 회로도는 **그림 8-5**와 같다.

적외선 리모컨 통신 프로토콜은 On-Off King 방식만 생각하더라도 제조회사에 따라 Leadcode와 High-Time 및 Low-Time(0,1 모두)이 조금씩 다르다. 한 예로 Denon Code의 경우는 High-time이 275uSec로 정의하고 있다.NEC나 삼성 Code의 1/2밖에 되지 않는다.

뿐만 아니라 적외선 리모컨이 오디오나 비디오 장치용으로만 사용되는 것이 아니다. 적외선 리모컨의 비용이 다른 무선 통신기에 비하여 대단히 저렴하기 때문에 자동화 장비 등에서도 무선통신이 필요할 때 자주 사용되고 있다. 그런데 문제는 일반 리모컨과 동일한 신호를 사용하면 보안상의 문제도 있고 간섭을 받을 수도 있기 때문에 통신 방식은 동일하지만 Time은 다르게 설정하는 경우가 많다.

여기서 On-Off King 방식 그 자체를 다시 분석을 해 보면,

① 처음 Lead Code(Start를 알리는 Low 신호)가 입력된 다음

② High Pulse가 T_H동안 유지된다.

③ 데이터 비트가 0이면 T_H동안 Low를 유지한다.

④ 데이터 비트가 1이면 $2 \times T_H$ 이상의 시간동안 Low 상태를 유지한다.

따라서 앞에서 입력되는 High 상태의 시간과 Low 상태의 시간을 비교하면 0과 1을 구분할 수 있다.

이 방식을 적용하면 Time이 서로 다른 리모컨의 데이터도 읽을 수 있다.

다음은 리모컨 수신 프로그램이다. 여기서 주의 할 점은 KSM603의 성격이다. KSM630은 출력의 디폴트값이 High이고 적외선 신호를 단순하게 복조만 하기 때문에 송신측에서 High로 보낸 신호를 Low로 출력하고 있다. 따라서 High와 Low를 바꾸어 놓고 분석을 해야 한다는 점이다.

참고로 Bit Data는 Little Endian으로 입력되고 있다.

복조 신호를 분석하여 데이터를 추출하는 프로그램은 다음과 같다.

IrReceive.py

```
import RPi.GPIO as IoPort

Irport = 17
IoPort.setmode(IoPort.BCM)
IoPort.setup(Irport, IoPort.IN)
while True:
    while True:                                    #...................(1)
        if IoPort.input(Irport)==False:
            break
    rcv=[]
    for i in range(0,40000):                       #...................(2)
        rcv.append(IoPort.input(Irport))
    Cnt=0
    Type=0
    Pls = 0
    drcv=[]
    Bcnt = 1
    ChkV = 200
    Bdta = 0
    for bt in rcv:
        if Type == 0:
            if bt==0:
                Cnt = Cnt + 1                      #................(3)
            else:
                Chkv = Cnt * 1.5                   #................(4)
                Cnt = 1
                Type = 1
        else:
            if bt==1:
                Cnt = Cnt + 1
            else:
```

```
            if Pls == 0 :                          #................(5)
                Pls = 1
                Cnt = 1
                Type = 0
                continue
            if Cnt>Chkv:                           #................(6)
                Bdta = Bdta+Bcnt
            Bcnt = Bcnt * 2                        #................(7)
            if Bcnt == 256:
                drcv.append(Bdta)                  #................(8)
                Bcnt = 1
                Bdta = 0
            Cnt = 1
            Type = 0
    str1 = "Data : "
    for vl in drcv:
        str1 = str1 + hex(vl)+','                  #................(9)
    print(str1)                                    #................(10)
```

(1) Low가 입력될 때까지(리모컨의 Lead Code) 기다린다.

(2) 입력 신호를 충분한 시간 동안 읽어 들인다.

(3) Low 상태의 개수를 Count한다.(Low 지속시간을 알아야 한다.)

(4) Low 시간과 High의 지속시간이 같으면 0이고 2배 정도로 길면 1이므로(Low지속시간 * 1.5)를 기준으로 0,1을 구분한다.

(5) Lead Code를 제외하기 위하여 첫 번째 Bit는 skip한다.

(6) (Low지속시간 * 1.5)를 기준으로 0,1을 구분한다.
1이면 Bit의 가중치를 더한다. 0이면 더할 필요가 없다.

(7) Little Endian이므로 뒤로 갈수록 Bit의 가중치를 높여 주어야 한다.

(8) 8-Bit가 입력되었으면 1-Byte가 완성되었으므로 값을 보관한다.
Bit의 가중치는 1부터 다시 시작된다.

(9) LCD에 Display할 수 있도록 숫자를 string으로 변환한다.

(10) 수신한 데이터를 출력한다.

8-2) 리모컨 송신하기

Ir 통신은 기본적으로 많은 데이터를 전송하려는 것이 아니고 간단한 데이터 1~2개 정도를 전송하려는 것이 목적인 경우가 많다.

송수신 데이터의 양이 적다는 것은 Information의 관점에서 보면 데이터의 비중이 높다는 것을 뜻하며, 바꾸어 말하면 송수신 데이터의 신뢰성이 대단히 중요하다는 뜻이 된다.

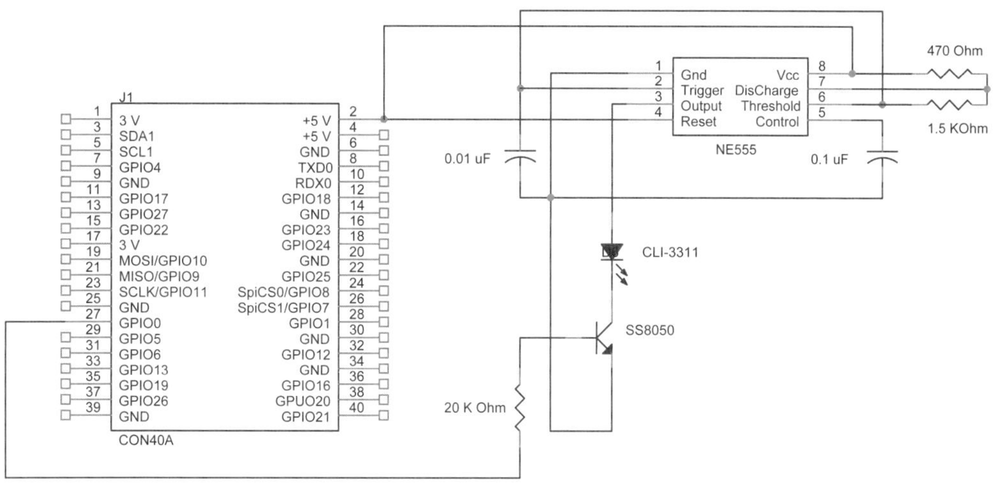

|그림 8-7| 리모컨 데이터 전송 회로도

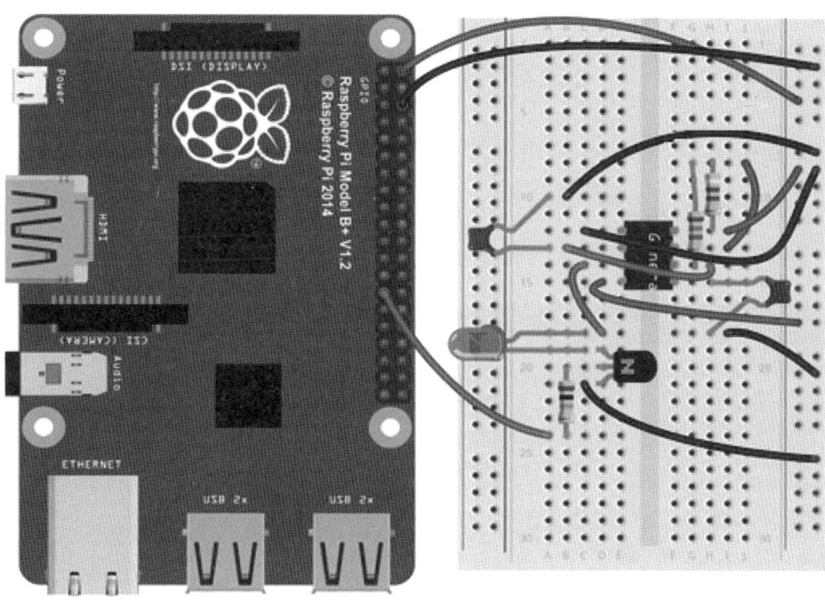

|그림 8-8| 리모컨 데이터 전송 결선도

그렇기 때문에 일반적으로 직전에 전송한 데이터의 보수(1의 보수) 값을 데이터 전송 직후에 전송 하는 방법을 많이 사용하고 있다.

다시 말하면 3을 전송하려면, 3의 보수 값은 252 이므로(합해서 255가 되는 숫자라 생각하면 편하다), 3을 전송할 때 3을 전송한 다음 보수 값 252를 바로 뒤에 전송하는 방법을 사용하고 있다. 그렇게 하면 전송 데이터의 개수가 2배로 늘어나지만, 신뢰성을 확보하려면 필요한 조치라 생각하는 것이 좋을 것 같다.

그림 8-7은 리모컨 데이터 송신 회로이다. 저자는 적외선 송신을 위하여 적외선 LED CLI-3311-H를 사용하였다.

그림 8-7에서 NE555는 38 KHz 변조 신호를 만들기 위하여 사용한 발진용 IC이다. 회로를 제작해보면 NE555가 발진하는 주파수는 대략 35.5 KHz 정도인데 좀 더 정밀하게 하려면, 가변저항을 이용하여 정확하게 38 KHz의 주파수를 얻을 수 있다. 하지만 이 상태라 하더라도 통신상의 문제가 되는 것 같지는 않다.

SS8050은 매뉴얼 상으로 Portable Radio의 Output Amp라 설명하고 있지만, 효율 좋은 NPN Transistor라 생각하는 것이 편하다.

회로는 SS8050의 Base로 입력되는 복조 신호가 NW555에 의해 만들어진 발진 신호에 의해 변조되고, 이 신호를 적외선 LED SS8050이 송출한다고 보면 될 것이다.

프로그램은 사용자가 입력한 2-Byte 데이터를 적외선 LED로 송출하도록 작성하였으며, 신뢰성 확보를 위하여 보수 신호를 같이 송출하도록 작성하였다.

데이터 전송은 pulse의 폭 자체가 데이터 이므로 입력된 데이터를 Byte 단위로 송출하지 않고, 전송 데이터를 모두 1개의 Bit Stream으로 만들어서 한꺼번에 송출하는 방식을 적용하였다.

- 2-Byte 데이터만 전송하도록 만드는 이유는 대부분의 리모컨이 2-Byte Code를 사용하기 때문인 것도 있지만, 저자가 실험을 해보면 1회 전송 데이터가 길어지면 적외선 수신 부품이 Down되는 경향을 보이는 것 같았다.

IrSender.py

```
import RPi.GPIO as IoPort
import time

def Infout(tme):                           #........................(1)
  IoPort.output(Infra,True)
  time.sleep(0.00049)
  IoPort.output(Infra,False)
  time.sleep(tme)
def SendHeader():                          #........................(2)
  IoPort.output(Infra,True)
  time.sleep(0.0093)
  IoPort.output(Infra,False)
  time.sleep(0.0036)
```

```
def SendTail():                            #..........................(3)
  IoPort.output(Infra,True)
  time.sleep(0.0005)
  IoPort.output(Infra,False)
  time.sleep(0.5)
def mkbit8(dta):                           #..........................(4)
    str1 = bin(dta)
    str2 = ''
    for i in range(0,len(str1)-2):
        str2 += str1[i+2]
    while len(str2) < 8:
        str2 = '0'+str2
    return str2
def SendByte(dta):                         #..........................(5)
  global Slist
  str1 = mkbit8(dta)
  for i in range(0,8):
    Slist.append(str1[7-i])
  for i in range(0,8):
    if str1[7-i]=='1':
      Slist.append('0')
    else:
      Slist.append('1')
def SendSlist():                           #..........................(6)
  for ch in Slist:
    if ch=='1':
      Infout(0.0016)
    else:
      Infout(0.0005)
Infra = 0
IoPort.setmode(IoPort.BCM)
IoPort.setup(Infra, IoPort.OUT)
while True:
  Slist = []                               #..........................(7)
  Rcv = input('Input 2-byte Data : ')      #..........................(8)
  if len(Rcv)> 2:
    print(len(Rcv), 'is over the Allowed Inpu Length, Try Again')
    continue
  ilst = []
  for ch in Rcv:
    ilst.append(ord(ch))                   #..........................(9)
```

```
for ch in ilst:
  SendByte(ch)                        #.......................(10)
SendHeader()                          #.......................(11)
SendSlist()
SendTail()
```

(1) 데이터를 적외선 Led로 송출하는 함수이다.

(2) 데이터 전송 전에 Header(Lead Code)를 송출하는 함수

(3) 데이터 전송후 전송 마무리를 하는 함수

(4) Character 데이터를 8-Bit String으로 변환하는 함수

(5) Slist에 데이터 bit를 저장한 후,보수 코드도 만들어서 추가하는 함수

(6) Slist에 있는 데이터를 모두 출력한다.

(7) Slist를 초기화 한다.

(8) 사용자 입력을 받는다.

(9) Character를 Char Code로 변환한다.

(10) Char Code를 Slist에 보관한다.

(11) 적외선 Led로 데이트를 송출한다.

9 PWM

PWM(Pulse-width modulation)은 Message를 Pulse signal로 변조하는 기술이라 하는데, 간단하게 말하면 일정한 시간간격으로 Pulse를 출력하는데 pulse가 high 상태를 유지하는 시간으로 데이터의 크기를 나타내는 방식을 말한다.

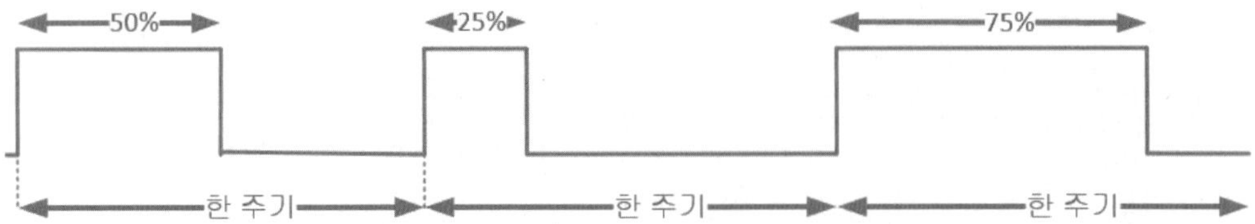

|그림 9-1| PWM 신호

그림 9-1을 보면 첫 번째 Pulse은 High 상태를 50%동안 유지하고 있으며, 2번째는 25%, 3번째는 75%동안 High 상태를 유지한다.

수신측에서 이러한 신호를 수신하였을 때 "어떤 의미로 해석해야 하느냐" 하는 것은 송신측과 미리 약속이 되어 있어야 함은 당연하다.

한 예로 숫자 50,25,75를 전송했다고 해석할 수도 있고, 약속되어있는 어떤 값을 기준으로 50%, 25%, 75%를 나타내고 있다고 보아도 된다.

PWM은 위와 같은 방법으로 신호의 전송수단으로 사용되기도 하지만, Motor 등의 전력제 어용으로 사용되기도 하고, Sound Effect 신호를 만들거나 Audio 신호를 증폭하는 목적으로 사용되기도 한다.

추가적으로 PWM은 임베디드 시스템에서 D/A 신호를 생성하는 목적으로 자주 사용된다.

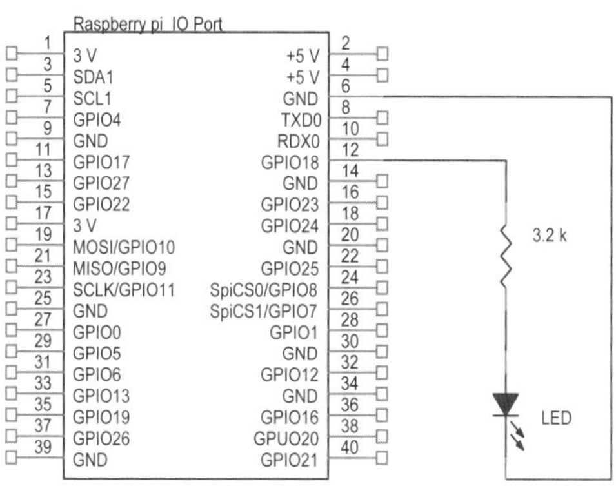

|그림 9-2| PWM 회로도

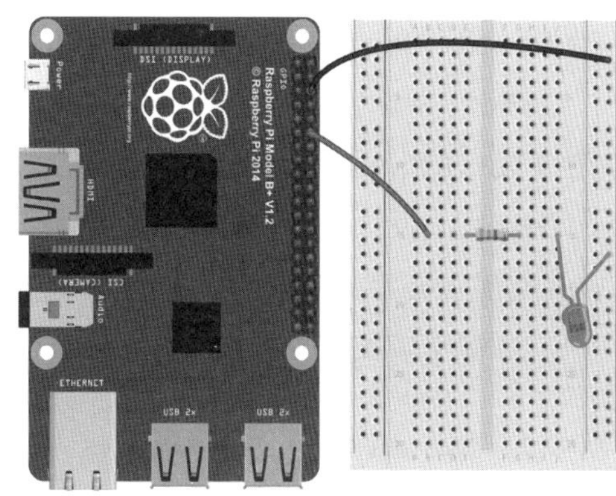

|그림 9-3| PWM 결선도

여기서 우리는 PWM을 이용하여 LED의 밝기를 조절해보자.

그림 9-2는 프로그램 실행할 때 사용한 회로도이다.

PWM을 GPIO18로 출력하였고 PWM의 주파수는 1000Hz로 하였다.

프로그램은 다음과 같다.

Pwm.py

```
import RPi.GPIO as IoPort


Led = 18
IoPort.setmode(IoPort.BCM)
IoPort.setup(Led, IoPort.OUT)
p= IoPort.PWM(Led,1000)                    #........................(1)
p.start(0)                                 #........................(2)
```

```
try:
  while True:
    rcv = input('Input No. (0~100) : ')
    if rcv.isdigit() ==False:
      print(rcv,' is not a Positive Number!, Try again!!!')
      continue
    val = int(rcv)
    if val > 100 or val < 0:
      print(rcv,' is out of range!, Try again!!!')
      continue
    p.ChangeDutyCycle(val)                          #................(3)
except:
  p.stop()                                          #................(4)
```

(1) Led(GPIO18)를 PWM 출력 Port로 설정하였다.
PWM의 주파수는 1000Hz으로 설정하였다.

(2) PWM 출력을 시작한다.

(3) PWM Duty 값을 변경한다. $0 \leq duty \leq 100$

(4) CTRL-C로 종료하면 Exception이 발생하기 때문에 이 시점에서 PWM을 종료하면 프로그램이 종료되면서 PWM도 종료된다.

10 AUDIO(녹음 및 재생)

Audio 프로그램을 작성해 보면 라즈베리파이의 단점이 눈에 보인다.

Audio 프로그램은 상당히 많은 양의 데이터를 관리하게 되기 때문에, 내부적으로 사용하게 되는 메모리 Buffer의 수와 크기가 커질 수밖에 없다. 그래서 인지 정상적인 프로그램을 수행하는 중에 라즈베리파이가 Down되는 현상을 자주 겪게 된다. 저자의 경우 Shell 프로그램을 다시 실행하거나, 어떤 경우는 라즈베리를 다시 부팅해야 하는 경우도 있었던 것 같다. 하지만 프로그램을 수행하기 전에, 내부적으로 메모리를 관리할 수 있는 시간을 충분히 주면 Down되는 횟수가 현저히 줄어드는 것을 느낄 수 있었다.

라즈베리파이에서 Audio를 출력할 수 있는 방법은

① analog 출력 포트와

② 모니터 출력 포트인 hdmi 포트

2가지의 출력 포트를 가지고 있으므로 사용자는 자신의 목적에 따라 출력 포트를 지정해 주어야 한다.

출력 포트를 지정하는 방법은

```
$ sudo raspi-config
```

를 실행한 다음 'Advanced Option'=〉'Audio'를 선택하면 다음과 같은 화면이 생성된다.

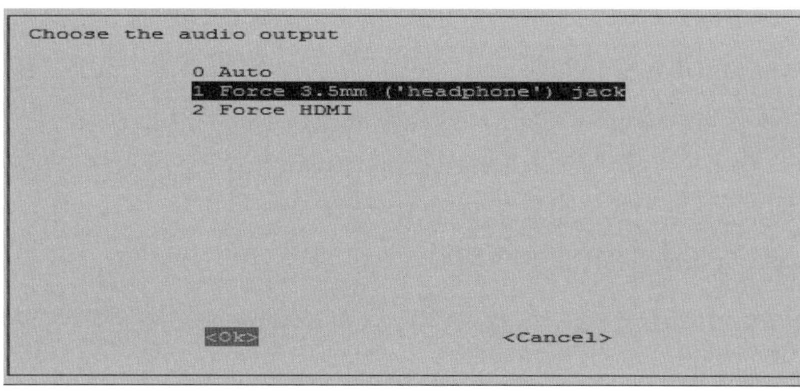

위의 그림은 "headphone jack"으로 출력을 설정하는 예이다.

- Terminal에서 '$ amixer cset numid=3 1' 명령을 수행해도 "headphone jack"으로 출력이 설정된다.
- '$ amixer cset numid=3 2' 명령을 수행하면 HDMI로 출력된다.

라즈베리파이는 audio 신호를 입출력하는 수단으로 다양한 방법이 제공되고 있지만, 그 모든 경우를 고려한다면 너무 복잡해 질 것 같다.

그래서 이 책에서는 audio 신호의 입력은 USB 마이크를 사용하고 출력은 Headphone jack을 사용하는 것을 기준으로 설명하기로 한다.

그렇기 때문에 이장을 공부하려면 headphone 또는 Speaker와 USB 마이크가 필요하다. Speaker가 달린 Monitor를 사용하고 있는 독자들은 위의 그림에서 '2 Force HDMI'를 선택하면 headphone이나 별도의 speaker를 사용하지 않아도 될 것 같다.

10-1) Audio 신호의 녹음

USB 마이크에서 입력되는 Audio 신호를 녹음하려면 'pyaudio' 모듈을 사용하는 것이 편하다. 'pyaudio'를 사용하면 마이크로 입력되는 audio 신호를 'wave' file로 만들 수 있다.

'pyaudio' 모듈을 install 하려면 Terminal에서 다음과 같은 명령을 수행하여야 한다.

```
$ sudo apt-get install python3-dev
$ sudo apt-get install python-pyaudio python3-pyaudio
```

명령을 수행한 후

```
$ sudo reboot
```

를 수행하여 reboot 하여야 한다.

녹음하는 과정은

① pyaudio.Pyaudio()를 생성한다.

② Pyaudio의 Stream을 'input = true'로 생성한다.

③ 녹음 시간이 종료 될 때까지 Frame단위로 Stream을 읽어서 List에 보관한다.

④ 녹음이 종료되면 보관된 List를 wave file에 기록한다.

다음은 USB 마이크 입력을 녹음하는 프로그램이다.

Record.py

```
import pyaudio                          #..........................(1)
import wave                             #..........................(2)
RSec = 5                                #..........................(3)
WaveFile = "MicIn.wav"
Format = pyaudio.paInt16                #..........................(4)
Rate = 48000                            #..........................(5)
Chunk = 1200                            #..........................(6)
p = pyaudio.PyAudio()                   #..........................(7)
stream = p.open(format=Format,          #..........................(8)
            channels=1,
            rate=Rate,
            input=True,
            frames_per_buffer=Chunk)
print("* recording")
frames = []                             #..........................(9)
for i in range(0, int(Rate/ Chunk * RSec)):
    data = stream.read(Chunk)           #.........................(10)
    frames.append(data)
print("* done recording")
stream.stop_stream()                    #.........................(11)
stream.close()
p.terminate()                           #.........................(12)
```

```
wf = wave.open(WaveFile, 'wb')         #..........................(13)
wf.setnchannels(1)                     #..........................(14)
wf.setsampwidth(p.get_sample_size(Format))   #....................(15)
wf.setframerate(Rate)                  #..........................(16)
wf.writeframes(b''.join(frames))       #..........................(17)
wf.close()                             #..........................(18)
```

(1) pyaudio를 선언한다.
(2) wave 모듈은 Python3에 내장되어 있는 모듈이며, Wave File을 읽거나 저장하는 목적으로 사용된다.
(3) 녹음을 기록되는시간 5초로 설정하였다.
(4) Wave file의 Data format(16-bit)이다.
(5) Audio Signal의 Sample 주파수이다. 일반적으로 44100 Hz을 많이 사용 하지만 저자의 USB 마이크는 48000 Hz이었다.
(6) Chunk의 size이다. Rate/Chunk를 계산한 결과가 정수가 되도록 설정하는 것이 좋다. 정수가 아니면 Error 발생 원인이 된다.
44100 Hz인 경우는 512 혹은 1024로 설정하는 것이 좋다.
(7) pyaudio의 instance를 생성한다.
(8) Record된 결과를 수신할 수 있는 Audio Stream을 Open한다.
(9) Audio Stream을 저장할 Empty list를 생성한다.
(10) Audio Stream을 읽어 들인다.
(11) List에 Stream을 보관한다.
(12) Record를 종료한다.
(14) Wave File을 생성한다.
(15) Wave File에 Data Format을 기록한다.
(16) Wave File에 데이터의 Sample Rate의 값을 기록한다.
(17) Wave File에 List에 저장된 내용을 binary로 저장한다.
(18) Wave File의 기록을 종료한다.

10-2) Wave File의 재생

pyaudio를 이용하여 Wave file을 재생하는 과정은 녹음하는 과정을 역으로 처리하면 된다.
① wave file을 읽기로 open한다.
② pyaudio.PyAudio()를 생성한다.
③ PyAudio의 stream을 'output=True'로 생성한다.

④ wave file에서 frame 단위로 stream을 읽는다.

⑤ pyaudio stream으로 출력한다.

다음은 pyaudio를 이용하여 wave file을 재생하는 프로그램이다.

Pyaudio.py

```
import pyaudio                                      #................(1)
import wave
import os

os.system('amixer cset numid=3 1')                  #................(2)
Chunk = 1200                                        #................(3)
wf = wave.open('MicIn.wav', 'rb')
p = pyaudio.PyAudio()                               #................(4)
stream = p.open(                                    #................(5)
        format=p.get_format_from_width(wf.getsampwidth()),
        channels=wf.getnchannels(), rate=wf.getframerate(),
        output=True)
data = wf.readframes(Chunk)                         #................(6)
while len(data) > 0:
    stream.write(data)                              #................(7)
    data = wf.readframes(Chunk)
stream.stop_stream()
stream.close()
p.terminate()
```

(1) pyaudio를 선언한다.

(2) Audio출력을 Headphone jack로 지정한다.
HDMI로 출력하면 'amixer cset numid=3 2'로 설정하여야 한다.

(3) Frame buffer의 크기를 결정한다.

(4) PyAudio()를 생성한다.

(5) 'output=True'로 stream을 생성한다.

(6) Frame단위로 File을 읽는다.

(7) 읽어들인 Frame을 stream으로 출력한다.

10-3) Wave File의 재생(Callback이용)

-어떤 이유인지는 몰라도- 라즈베리파이3에서 'pyaudio'를 이용하여 wave File을 재생하면 음질이 그다지 좋은 것 같지는 않다.

그래서인지 재생할 때 CallBack 함수를 사용할 것을 권하고 있는데 CallBack함수를 사용하는 예는 다음과 같다.

PyaudioCallback.py

```
import pyaudio
import wave
import time
import os

def Pycallback(in_data, frame_count, time_info, status):      #....(1)
    data = wf.readframes(frame_count)
    return (data, pyaudio.paContinue)

os.system('amixer cset numid=3 1')                           #...........(2)
wf = wave.open('MicIn.wav', 'rb')
p = pyaudio.PyAudio()
stream = p.open(format = pyaudio.paInt16,                    #...........(3)
        channels = 1, rate = 44100, frames_per_buffer = 2048,
        output = True, input = False, output_device_index = 0,
        stream_callback = Pycallback)
stream.start_stream()                                        #............(4)
while stream.is_active():                                    #............(5)
    time.sleep(0.5)
stream.stop_stream()
stream.close()
wf.close()
p.terminate()
```

(1) Callback 함수를 정의하였다.

(2) Audio출력을 Headphone jack로 지정한다.
HDMI로 출력하면 'amixer cset numid=3 2'로 설정하여야 한다.

(3) 'output=True'로 stream을 open 하였다. Pycallback를 Callback 함수로 지정하였다.

(4) Stream을 start 한다.

(5) Stream이 종료될 때까지 기다린다.

10-4)Wave File의 재생(aplay 사용)

pyaudio를 이용하여 wave file을 재생해 보면 음질이 그다지 좋아 보이지 않는다. 저자의 추측에 불과하지만, Frame 단위로 읽어서 동작하는 과정에서 문제가 있는 것으로 보인다.

'aplay'를 이용하면 wave file을 File단위로 처리하기 때문인지는 모르겠지만 pyaudio에서 생기는 문제가 없는 것으로 보인다.

'aplay' 명령은 Terminal에서 수행가능한 명령으로 "Advanced Linux Sound Architecture" (ALSA) driver에 포함되어 있으므로 ALSA를 설치하여야 한다. ALSA Driver는 다음 명령으로 설치할 수 있다.

```
$ sudo apt-get install alsa-utils
```

"Audio 신호의 녹음"에서 wave file을 만들었다면("MicIn.wav")

Terminal에서 다음과 같은 명령을 실행해 보자.

```
$ aplay MicIn.wav
```

녹음된 File이 다시 재생된다.

Python 프로그램에서 재생을 하려면 다음과 같이 "os.system" 함수를 사용하면 된다. 다음 프로그램을 실행해 보자.

Aplay.py

```
import os
str1 = input('Input Wave File Name : ')
os.system('amixer cset numid=3 1')              #...............(1)
str1 = 'aplay '+str1                            #...............(2)
os.system(str1)                                 #...............(3)
```

(1) Headphone jack으로 출력하기 위한 명령이다.

'amixer cset numid=3 2' 라 두면 HDMI 포트로 출력한다.

(2) 만들어지는 string은 "aplay '입력된 filename' "이 된다.

(3) aplay를 이용하여 재생한다.

10-5) MP3 File의 재생

라즈베리파이에서 MP3 File을 재생하는 방법은 mpg321, Omxplayer... 등, 여러 가지 방법이 제공되고 있다.

어느 것이 좋으냐하는 문제는 취향이라고 말할 수밖에 없을 것 같다.

mpg321를 사용하기로 하자. mpg123를 install하는 방법은 Terminal에서 다음과 같은 명령을 수행하면 된다.

```
$ sudo apt-get -y install mpg321
```

Winscp를 이용하여 MP3 File을 Update하고 다음과 같은 명령을 수행하여 보자.(저자는 "SummerTime.mp3"를 upload 하였다.)

```
$ mpg321 SummerTime.mp3
```

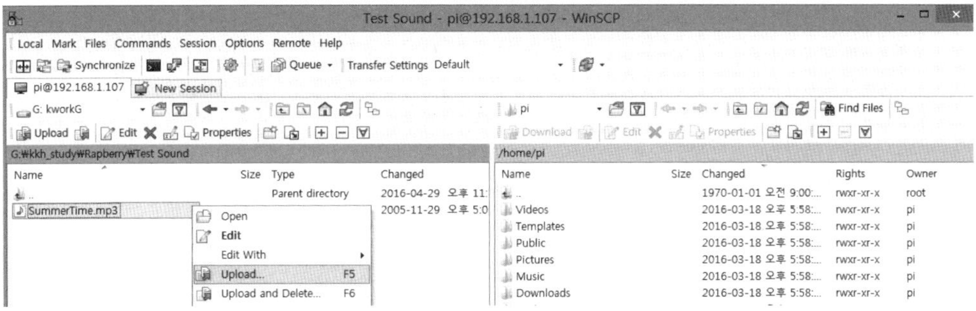

파이선에서 Mp3 재생을 관리하려면 System 명령을 사용하면 된다.

Mp3Play.py

```
import os
str1 = input('Input mp3 File Name : ')
os.system('amixer cset numid=3 1')                #...............(1)
str1 = 'mpg321 '+str1                              #...............(2)
os.system(str1)                                    #...............(3)
```

(1) Headphone jack으로 출력하기 위한 명령이다.
'amixer cset numid=3 2' 라 두면 HDMI 포트로 출력한다.

(2) 만들어지는 string은 "mpg321 '입력된 filename'"가 된다.

(3) mpg321를 이용하여 재생한다.

- mpg321 프로그램은 볼륨 조정 등 다양한 기능을 가지고 있다.
  저자는 여기 까지만 소개 하지만, 좀 더 많은 기능을 사용하고 싶은 독자는 mpg321 manual을 참조하기 바란다.
- Omxplayer를 사용하려면 위의 과정에서 'mpg321' 대신 'Omxplayer'를 사용하면

mpg321대신 Omxplayer를 사용할 수 있다

예 제 1

GPIO22 Key를 누르면 녹음이 시작되고, GPIO22 Key를 다시 누르면 녹음이 정지되며, GPIO27을 누르면 녹음된 내용이 재생되는 프로그램을 작성하라.

풀이 이 문제는 Key Event를 사용하여야 하는 문제이다. 녹음과 재생은 앞에서 사용한 함수들을 재사용 하기로 하자.
하드웨어는 **그림 1-1** 회로를 사용하라.

PlayRecord.py

```
import pyaudio
import wave
import os
import RPi.GPIO as IoPort
import time

def KeyHit(channel):
    global KeyVal
    if  channel ==Key1:
      KeyVal = 1
    elif  channel ==Key2:
      KeyVal = 2
def Record():
    global frames
    Format = pyaudio.paInt16
    Rate = 48000
    Chunk = 1200
    p = pyaudio.PyAudio()
    stream = p.open(format=Format,
        channels=1,
        rate=Rate,
        input=True,
        frames_per_buffer=Chunk)
    print("* recording")
    frames = []
    while KeyVal==0:
        data = stream.read(Chunk)
        frames.append(data)
    print("* done recording")
    stream.stop_stream()
    p.terminate()
    wf = wave.open('MicIn.wav', 'wb')
    wf.setnchannels(1)
    wf.setsampwidth(p.get_sample_size(Format))
```

```
    wf.setframerate(Rate)
    wf.writeframes(b''.join(frames))
    wf.close()

def Play():
    print('Playing.......')
    os.system('aplay MicIn.wav')
    print('End Play....')
os.system('amixer cset numid=3 1')
Key1 = 22
Key2 = 27
IoPort.setmode(IoPort.BCM)
IoPort.setup(Key1, IoPort.IN)
IoPort.setup(Key2, IoPort.IN)
IoPort.add_event_detect(Key1,IoPort.FALLING,callback=KeyHit)
IoPort.add_event_detect(Key2,IoPort.FALLING,callback=KeyHit)
KeyVal = 0
while True:
    if KeyVal==1:
        time.sleep(1)
        KeyVal = 0
        Record()
        while KeyVal != 0:
            time.sleep(0.5)
            KeyVal=0
        time.sleep(0.5)
        while KeyVal != 0:
            time.sleep(0.5)
            KeyVal=0
    if KeyVal==2:
        time.sleep(0.5)
        Play()
        time.sleep(0.5)
        KeyVal = 0
```

11 Camera(사진 촬영 및 비디오)

독자들이 라즈베리파이의 카메라를 사용할 때 주의 할 점은, 다양한 카메라들이 라즈베리파이에서 사용할 수 있도록 지원하고 있기 때문에, 상당히 많은 소프트웨어 라이브러리가 지원되고 있으며 지원하고 있는 기능들도 원하는 거의 모든 것을 수행할 수 있을 정도로 대단히 다양하다.

그런데 어떤 카메라의 소프트웨어 모듈은 라즈베리파이의 카메라 포트에 있는 카메라를 지원하지 않고 USB 포트로 연결된 카메라만 사용할 수 있도록 설정을 변경해 버리기도 하고, 어떤 모듈은 old version의 os만 지원하기도 한다. 덕분에 저자는 저자가 사용하는 라즈베리파이의 OS를 몇 번이나 다시 설치하기도 하였다. 그래서 저자는 이 장에서는, 사용하는 카메라는 라즈베리파이 카메라 포트를 사용하는 카메라로 제한하기로 하며, 카메라의 기능도 단순히 사진을 촬영하고 Video를 촬영하는 것만 설명하고 있지만, 라이브러리를 잘 이용하면 다양한 기능을 생각보다 쉽게 구사할 수 있다는 말은 해 두고 싶다.

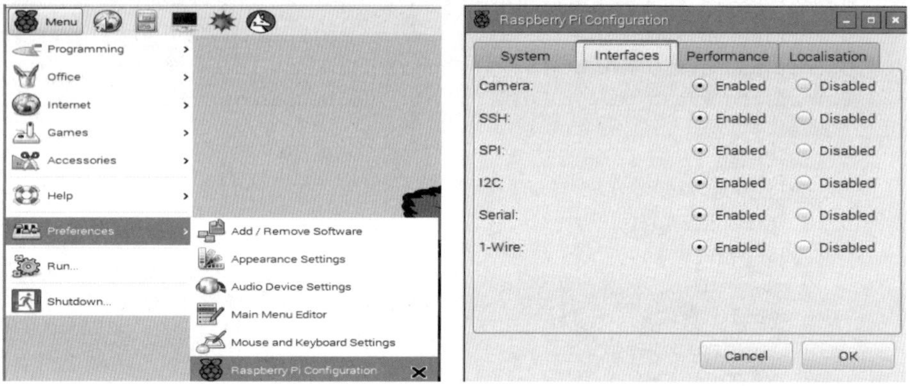

|그림 11-1|

라즈베리파이에서 카메라를 사용하려면, 먼저 updata와 upgrade를 충분히 해 주고 나서, 카메라를 모듈을 사용할 수 있도록 설정 해 주기만 하면 된다.

라즈베리 화면에서 Menu=〉Preferemce=〉Raspberry pi configuration을 선택한 다음 Interface tab을 선택하고 'camera'를 'Enable'로 설정하고 나서 Reboot하면 된다.

11-1) Camera 사용하는 방법(Terminal 명령)

Terminal에서 카메라를 작동하려면, 사진을 촬영할 때는 raspistill, raspistillyuv 명령을 사용하고, 비디오를 촬영하려면 raspivid 명령을 사용한다. raspistillyuv는 raspistill 명령에 image와 file의 관리 방법이 추가된 명령이라 생각해도 좋을 것 같다.

raspistill, raspivid 명령은 촬영에 필요한 많은 옵션을 가지고 있다.

표 11-1은 저자의 관점에서 필요하다 생각되는 카메라 옵션을 정리한 것이고, 다음은 Terminal 화면에서 명령을 실행한 예이다.

- 이 실험은 HDMI 포트에 모니터를 연결한 상태로 하는 것이 Preview를 볼 수 있기 때문에 유리하다.

① 다음 명령을 수행하면 image1.jpg 파일이 생성된다.

```
$ raspistill -o image1.jpg
```

② 다음 명령을 수행하면 해상도가 1280×720인 사진 file을 만들 수 있다.

```
$ raspistill -o image2.jpg -w 1280 -h 720
```

③ 다음 명령을 수행하면 10초동안 2초에 1번씩 사진을 찍을 수 있다

```
$ raspistill -o image%04d.jpg -t 10000 -tl 2000 -v
```

file 이름에 %04d가 있으므로 촬영될 때 마다 이름이 만들어지기 때문에 image0001.jpg ~ image0006.jpg까지 모두 6개의 사진이 촬영되며 촬영되는 정보가 terminal 화면에 출력된다.

|표 11-1| 카메라 옵션

옵션	사용예	기능
-p	-p 0,0,400,300	촬영 전에 미리보기 화면 설정
-rot	-rot 90	시계 빙향 회전 각 (0~359) 실질적으로는 0~270
-w	-w	화면의 폭
-h	-h 300	화면의 높이
-o	-o image1.jpg	출력될 파일의 이름
-t	-t 5000	종료 시 까지의 시간
-tl	-tl 2000	사진의 촬영시간 간격 -t 20000 -tl 4000 이라 두면 20 Sec동안 4초에 한번씩 촬영함 File의 이름 중에 %04d를 포함시키면 시간 별로 찍은 사진을 구분할 수 있다.
-v	-v	촬영 관련 정보를 출력한다.

④ 다음은 앞의 명령에 preview 기능(0,0,800,600)과 90도 회전하는 옵션을 추가한 명령이다.

```
$ raspistill  -rot 90 -p 0,0,800,600 -o image%04d.jpg -t 10000 -tl
2000
```

⑤ 다음 명령을 수행하면 5초동안 Video 촬영을 한 다음 video.h264 file을 생성한다.

```
$ raspivid -t 5000 -o video.h264
```

⑥ 다음은 위의 명령에 화면의 해상도 1280×720을 설정한 명령이다.

```
$ raspivid -t 5000 -o video.h264 -w 1280 -h 720
```

⑦ 다음은 preview 기능(0,0,800,600)과 90도 회전하는 옵션을 추가한 명령이다.

```
$ raspivid -t 5000 -o video.h264 -w 1280 -h 720
  -p 0,0,800,600 -rot 90
```

11-2) Camera 사용하는 방법(Python 프로그램)

카메라와 관련된 모듈은 picamera이다.

picamera 모듈은 방대한 자료이기 때문에, 전체를 설명한다는 것은 무리인 것 같다. 저자가 필요하다고 생각되는 기능만을 설명하기로 하자.

다음은 간단하게 사진을 촬영하는 프로그램의 예이다.

Picamera1.py

```
import picamera                                 #.................(1)
camera = picamera.PiCamera()                    #.................(2)
camera.capture('cam1.jpg')                      #.................(3)
```

(1) picamera를 선언한다.

(2) picamera의 인스턴스를 생성한다.

(3) 사진을 촬영한다.

다음은

① 사진의 해상도를 지정하고,

② 각도를 90 만큼 rotation하고(카메라가 아니라, 표현되는 화면을 90도 회전하여 출력한다.)

③ preview를 실행하면서

④ 3개의 사진을 찍는 프로그램의 예이다.

```
Picamera2.py
import picamera                                     #................(1)
import time
camera = picamera.PiCamera()                        #................(2)
camera.rotation = 90                                #................(3)
camera.resolution = (1280,720)                      #................(4)
camera.start_preview()                              #................(5)
camera.capture('cam_1.jpg')                         #................(6)
time.sleep(2)                                       #................(7)
camera.capture('cam_2.jpg')
time.sleep(2)
camera.capture('cam_3.jpg')
camera.stop_preview()                               #................(8)
camera.close()                                      #................(9)
```

(1) picamera를 선언한다.

(2) picamera의 인스턴스를 생성한다.

(3) 회전각을 90도로 한다. 0, 90, 180, 270 4개의 값만 허용된다.

(4) 사진의 resolution을 설정한다. 저자 카메라의 해상도는 2592×1944이므로 1280×720의 해상도가 지원된다.

(5) Preview를 실행한다.

(6) 사진 촬영을 하고 “cam_1.jpg” File에 저장한다.

(7) 2 sec 기다린다.

(8) Preview를 종료한다.

(9) picamera를 종료한다.

다음은 5 Sec동안 Video를 촬영하는 프로그램이다.

```
Picamera3.py
import time
import picamera
camera = picamera.PiCamera()
camera.start_preview()                    #........................(1)
camera.preview.fullscreen = False         #........................(2)
camera.preview.window = (0, 0, 640, 480)          #................(3)
camera.start_recording('video.h264')              #................(4)
time.sleep(5)
camera.stop_recording()                           #................(5)
camera.stop_preview()
camera.close()
```

(1) Video preview를 시작한다.
(2) Video preview full 화면을 disable로 설정한다.
(3) Video preview Window를 설정한다.
(4) Video 촬영을 시작한다.
(5) Video 촬영을 종료한다.

예 제 1

GPIO22 Key를 누르면 Video 촬영이 시작되고, GPIO22 Key를 다시 누르면 Video 촬영이 정지되며, GPIO27을 누르면 사진을 촬영하는 프로그램을 작성하라.

풀이 프로그램이 시작되면 Preview를 window에 Display한다.
프로그램을 종료하기 위하여 CTRL-C를 누르면 Exception이 발생하므로 Exception이 발생한 시점에 Preview와 Picamera를 종료한다.
하드웨어는 **그림 1-1** 회로를 사용하라.

Picamera4.py

```
import picamera
import RPi.GPIO as IoPort
import time

def KeyHit(channel):
    global KeyVal
    if channel ==Key1:
       KeyVal = 1
    elif channel ==Key2:
       KeyVal = 2
def VideoRecord():
    global KeyVal,VrlNo
    print("recording.....")
    str1 = 'Video'+str(VrlNo)+'.h264'
    camera.start_recording(str1)
    while True:
      if KeyVal == 1:
        break
    KeyVal = 0
    camera.stop_recording()
    print(str1,' is Created')
    VrlNo = VrlNo + 1
def Capture():
    global SrlNo
    str1 = 'cam_'+str(SrlNo)+'.jpg'
```

```
    camera.capture(str1)
    print(str1,' is Created')
    SrlNo = SrlNo + 1
Key1 = 22
Key2 = 27
IoPort.setmode(IoPort.BCM)
IoPort.setup(Key1, IoPort.IN)
IoPort.setup(Key2, IoPort.IN)
IoPort.add_event_detect(Key1,IoPort.FALLING,callback=KeyHit)
IoPort.add_event_detect(Key2,IoPort.FALLING,callback=KeyHit)
KeyVal = 0
SrlNo = 0
VrlNo = 0
camera = picamera.PiCamera()
camera.start_preview()
camera.preview.fullscreen = False
camera.preview.window = (0, 0, 640, 480)
try:
  while True:
    if KeyVal==1:
       time.sleep(1)
       KeyVal = 0
       VideoRecord()
       while KeyVal != 0:
           time.sleep(0.5)
           KeyVal=0
       time.sleep(0.5)
       while KeyVal != 0:
           time.sleep(0.5)
           KeyVal=0
    if KeyVal==2:
       time.sleep(0.5)
       Capture()
       time.sleep(0.5)
       KeyVal = 0
except:
    camera.stop_preview()
    camera.close()
```

11-3) 컴퓨터로 사진 전송하기

JK_Comm.exe프로그램을 이용하여 카메라로 촬영한 화면을 PC에서 직접 확인할 수 있도록 프로그램을 작성해 보자.

JK_Comm.exe를 수행한 상태에서 camera로 촬영을 하고 PC로 'jpg' extention을 갖는 File 이름으로 전송하기만 하면 된다.

하드웨어는 **그림 1-1** 회로를 사용하라.

CamMonitor.py

```
import io
import time
import TcpWork
import SndProt
import picamera

camera = picamera.PiCamera() ;
Tcp = TcpWork.TcpWork()
Tcp.Connect('192.168.1.53',20001)
Prot = SndProt.SndProt()
camera.start_preview()
time.sleep(2)
SrlNo=1
while True:
    my_stream = io.BytesIO()
    camera.capture(my_stream, 'jpeg')
    buf = my_stream.getbuffer()
    fname = 'test'+str(SrlNo)+'.jpg'
    bDta = Prot.pFileSend(fname,buf)
    Tcp.Send(bDta)
    rcv = input('Hit Any Key')
    my_stream.close()
    SrlNo=SrlNo+1
```

memo

Raspberry Pi 3

제 4 편

하드웨어 제어

하드웨어 제어편은 파이선 명령어를 어느 정도 사용 할 수 있지만 하드웨어 자체에 대해서는 경험이 별로 많지 않은 독자층을 기준으로 하였으며, 독자들이 라즈베리파이 이외의 다른 장비를 가지고 있지 않고, 실험에 대한 경험도 많지 않을 것이란 가정 하에 집필 하였다.

라즈베리파이를 하나의 작은 컴퓨터로 생각한다면, 라즈베리파이의 장점은 다른 컴퓨터에 비하여 하드웨어를 제어하기 쉽게 되어 있다는 점이다.

저자의 사적인 생각대로라면 Low Cost이고 가격에 비해 막강한 software 능력을 가진 제어 장비라 보는 편이다.

라즈베리파이는 Arm이 가지고 있는 장점을 최대한 살려서 만들었기 때문에 반도체 부품을 포함하여 하드웨어 제어에 필요한 거의 모든 기능을 가지고 있을 뿐 아니라 크기-실질적인 상황에서는 이것이 더 중요할 수도 있다-와 전력 소비가 적다는 것은 대단한 장점이란 생각이 든다.

하지만 모든 것이 완벽할 수는 없다. 다른 관점에서 보면 라즈베리파이는 그 장점이 도리어 단점이 될 수도 있기 때문이다.

예를 든다면 IO Port의 전류 구동 능력이라든지, 전기적 충격에 대한 저항력 등은 구조적인 문제와 관련이 있는 것으로 보인다.

라즈베리파이가 Hardware적으로 파손 되는 것을 막으려면 다음을 만족하여야 한다.

① GPIO pin에 3.3V 이상의 전압을 인가하지 않는다.

② GPIO pin의 출력으로 3mA 이상의 전류가 흐르지 못하게 한다.

③ 라즈베리파이에 5V이상의 전원을 연결하지 않는다.

④ 3.3V 전원으로부터 50mA 이상의 전류가 흐르지 못하게 한다.

⑤ 5V 전원에서 total 250mA 이상의 전류가 흐르지 못하게 한다.

보기에 따라서는 대단히 약한 장비가 될 수도 있기 때문에, 실지로 사용할 때는 주변에 buffer 등의 보완이 필요하다는 것을 염두에 두어야 한다.

- 저자는 장비가 없는 독자들도 실험을 할 수 있도록 하기 위하여 외부 전원을 사용하지 않았고 라즈베리파이의 하드웨어에서 출력되는 3V, 5V 정원을 사용하였기 때문에 저항 등의 값을 큰 값을 사용할 수밖에 없었지만, 외부 3V, 5V를 사용하면 회로에 적절한 저항 등의 값을 설정하는 것이 더 유리하다는 것을 밝혀 둔다.

1 7 세그먼트 제어(StopWatch 제작)

저자가 7-세그먼트를 하드웨어 제어의 첫 번째로 선택한 것은 하드웨어 제어를 할 때 시분할 (Time sharing)이 중요하다고 생각하였기 때문이다. 4-숫자 FND는 시분할을 하여야 표시되는 숫자가 자연스럽게 보이기 때문이다. 시분할 하는 방법을 주위 깊게 생각해 보기 바란다.

7 세그먼트는 원칙적으로는 0부터 9까지의 숫자를 표현할 수 있도록 만들어진 부품이다. **그림 1-1**은 7-세그먼트와 7-세그먼트로 0~9까지의 숫자를 표현한 그림이다.

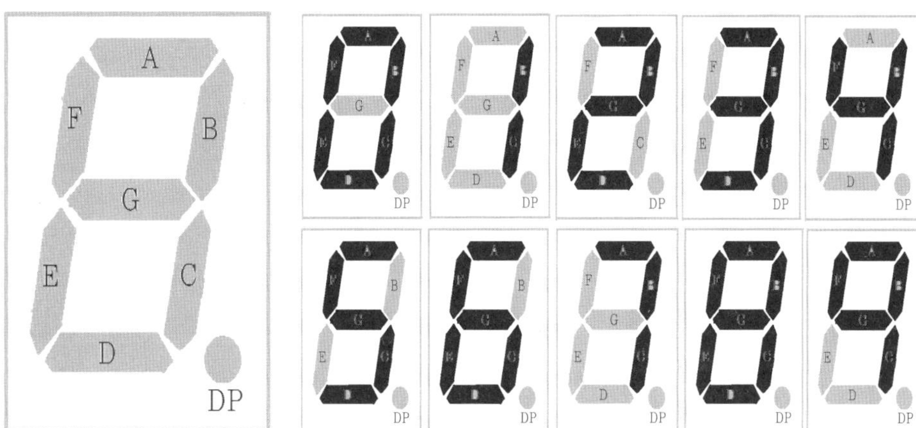

|그림 1-1| 7-세그먼트

이절에서 사용할 7-세그먼트는 "MT03641BR"이며 1개의 모듈에 4개의 7-세그먼트를 가지고 있는 애노드 공통형이다. 그림 1-2에 pin의 번호와 이름을 표시하였다.

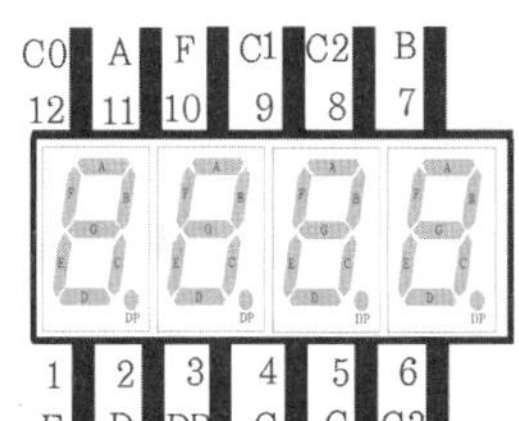

|그림 1-2| MT03641BR

그림 1-2에서 C0~C3는 세그먼트 선택 신호이고 A~G, DP는 **그림 1-1**에 표시된 세그먼트 기호를 나타낸다. 동작을 간단히 설명하면

① C0에 3.3V의 전압을 인가하고 3번을 0V로 하면 4번째 DP가 on된다.

② C0에 3.3V의 전압을 인가하고 11번을 0V로 하면 4번째 A가 on된다.

③ C1에 3.3V의 전압을 인가하고 3번을 0V로 하면 3번째 DP가 on된다.

④ C2에 3.3V의 전압을 인가하고 1번을 0V로 하면 2번째 E가 on된다.

1장에서 실험하는 7-세그먼트를 회로도는 다음과 같다. FND는 MT03641BR가 실장 되어 있는 FND 모듈을 사용하였다.

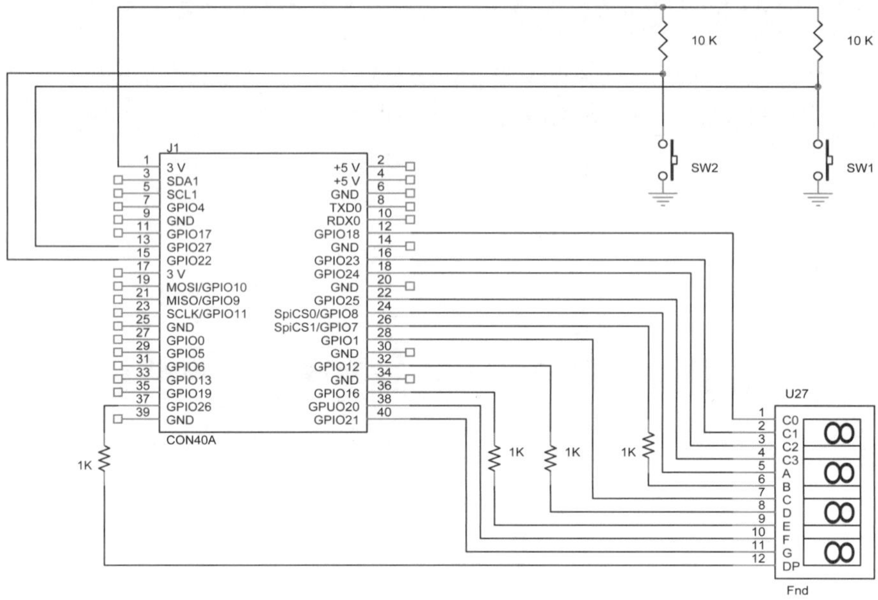

|그림 1-3| 7-세그먼트 회로도

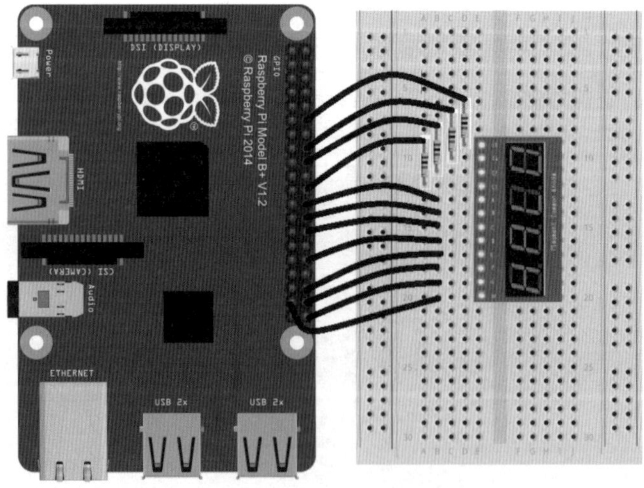

|그림 1-4| 라즈베리파이 3 모델 B의 외형도

1-1) FND Class

프로그램을 작성하기 전에 먼저 생각해야 할 점은 다음과 같다.

① 첫 번째 세그먼트에 숫자를 표현하려면 8개의 데이터 Port에-데이터를 출력한 상태에서-C3는 3.3V C0, C1, C2는 0V가 되어야 한다.

② 2, 3,4번째 세그먼트도 출력할 때는 첫 번째 세그먼트 출력하는 방법과 동일하게 해당 포트만 3.3V이고 나머지 포트는 0V를 출력하여야 한다.

③ 따라서 4 개의 세그먼트에 4개의 숫자를 표시하려면 C0~C3가 Scan 되어야 한다.

④ C0~C3가 순차적으로 Scan되어야 하는데, 잔상효과를 고려하면 Scan 시간이 1/30 Sec 보다 빨라야 숫자가 고정된 것처럼 볼 수 있다.

다음은 Fnd의 기능을 구현할 수 있도록 만든 Fnd Class 이다.

프로그램이 길고 작성하기에 지루하다. 저자가 제공하는 파일을 사용하는 것이 편할 것 같다. 하지만 어떤 함수를 만들어 두었는지 한번 보고 지나가자. 숫자의 표현은 **그림 1-1**의 Fnd 그림과 비교해 보자.

Fnd.py

```
import RPi.GPIO as IoPort
import time
class FND:                                    #.................(1)
    def __init__(self):                       #.................(2)
        self.fndc0 = 18
        self.fndc1 = 23
        self.fndc2 = 24
        self.fndc3 = 25
        self.fnda  = 1
        self.fndb  = 12
        self.fndc  = 16
        self.fndd  = 20
        self.fnde  = 21
        self.fndf  = 13
        self.fndg  = 19
        self.fnddp = 26
        self.c0  = 4
        self.c1  = 3
        self.c2  = 2
        self.c3  = 1
        self.pos = 0
        IoPort.setmode(IoPort.BCM)
        IoPort.setup(self.fndc0, IoPort.OUT)
```

```
        IoPort.setup(self.fndc1, IoPort.OUT)
        IoPort.setup(self.fndc2, IoPort.OUT)
        IoPort.setup(self.fndc3, IoPort.OUT)
        IoPort.setup(self.fnda, IoPort.OUT)
        IoPort.setup(self.fndb, IoPort.OUT)
        IoPort.setup(self.fndc, IoPort.OUT)
        IoPort.setup(self.fndd, IoPort.OUT)
        IoPort.setup(self.fnde, IoPort.OUT)
        IoPort.setup(self.fndf, IoPort.OUT)
        IoPort.setup(self.fndg, IoPort.OUT)
        IoPort.setup(self.fnddp, IoPort.OUT)
    def Clear(self):                            #..................(3)
        IoPort.output(self.fnda,True)
        IoPort.output(self.fndb,True)
        IoPort.output(self.fndc,True)
        IoPort.output(self.fndd,True)
        IoPort.output(self.fnde,True)
        IoPort.output(self.fndf,True)
        IoPort.output(self.fndg,True)
        IoPort.output(self.fnddp,True)
    def Val_0(self):                            #...................(4)
        IoPort.output(self.fnda,False)
        IoPort.output(self.fndb,False)
        IoPort.output(self.fndc,False)
        IoPort.output(self.fndd,False)
        IoPort.output(self.fnde,False)
        IoPort.output(self.fndf,False)
        IoPort.output(self.fndg,True)
        IoPort.output(self.fnddp,True)
    def Val_1(self):                            #....................(5)
        IoPort.output(self.fnda,True)
        IoPort.output(self.fndb,False)
        IoPort.output(self.fndc,False)
        IoPort.output(self.fndd,True)
        IoPort.output(self.fnde,True)
        IoPort.output(self.fndf,True)
        IoPort.output(self.fndg,True)
        IoPort.output(self.fnddp,True)
    def Val_2(self):                            #....................(6)
        IoPort.output(self.fnda,False)
        IoPort.output(self.fndb,False)
        IoPort.output(self.fndc,True)
        IoPort.output(self.fndd,False)
```

```
        IoPort.output(self.fnde,False)
        IoPort.output(self.fndf,True)
        IoPort.output(self.fndg,False)
        IoPort.output(self.fnddp,True)
    def Val_3(self):                                  #....................(7)
        IoPort.output(self.fnda,False)
        IoPort.output(self.fndb,False)
        IoPort.output(self.fndc,False)
        IoPort.output(self.fndd,False)
        IoPort.output(self.fnde,True)
        IoPort.output(self.fndf,True)
        IoPort.output(self.fndg,False)
        IoPort.output(self.fnddp,True)
    def Val_4(self):                                  #....................(8)
        IoPort.output(self.fnda,True)
        IoPort.output(self.fndb,False)
        IoPort.output(self.fndc,False)
        IoPort.output(self.fndd,True)
        IoPort.output(self.fnde,True)
        IoPort.output(self.fndf,False)
        IoPort.output(self.fndg,False)
        IoPort.output(self.fnddp,True)
    def Val_5(self):                                  #....................(9)
        IoPort.output(self.fnda,False)
        IoPort.output(self.fndb,True)
        IoPort.output(self.fndc,False)
        IoPort.output(self.fndd,False)
        IoPort.output(self.fnde,True)
        IoPort.output(self.fndf,False)
        IoPort.output(self.fndg,False)
        IoPort.output(self.fnddp,True)
    def Val_6(self):                                  #...................(10)
        IoPort.output(self.fnda,False)
        IoPort.output(self.fndb,True)
        IoPort.output(self.fndc,False)
        IoPort.output(self.fndd,False)
        IoPort.output(self.fnde,False)
        IoPort.output(self.fndf,False)
        IoPort.output(self.fndg,False)
        IoPort.output(self.fnddp,True)
    def Val_7(self):                                  #...................(11)
        IoPort.output(self.fnda,False)
        IoPort.output(self.fndb,False)
```

```
        IoPort.output(self.fndc,False)
        IoPort.output(self.fndd,True)
        IoPort.output(self.fnde,True)
        IoPort.output(self.fndf,True)
        IoPort.output(self.fndg,True)
        IoPort.output(self.fnddp,True)
    def Val_8(self):                                 #..................(12)
        IoPort.output(self.fnda,False)
        IoPort.output(self.fndb,False)
        IoPort.output(self.fndc,False)
        IoPort.output(self.fndd,False)
        IoPort.output(self.fnde,False)
        IoPort.output(self.fndf,False)
        IoPort.output(self.fndg,False)
        IoPort.output(self.fnddp,True)
    def Val_9(self):                                 #..................(13)
        IoPort.output(self.fnda,False)
        IoPort.output(self.fndb,False)
        IoPort.output(self.fndc,False)
        IoPort.output(self.fndd,True)
        IoPort.output(self.fnde,True)
        IoPort.output(self.fndf,False)
        IoPort.output(self.fndg,False)
        IoPort.output(self.fnddp,True)
    def Clear_C(self):                               #..................(14)
        IoPort.output(self.fndc0,False)
        IoPort.output(self.fndc1,False)
        IoPort.output(self.fndc2,False)
        IoPort.output(self.fndc3,False)
    def View(self,pos):                              #..................(15)
        if pos == 0:
            IoPort.output(self.fndc0,True)
        elif pos == 1:
            IoPort.output(self.fndc1,True)
        elif pos == 2:
            IoPort.output(self.fndc2,True)
        elif pos == 3:
            IoPort.output(self.fndc3,True)
    def Value(self,pos,v1):                          #..................(16)
        self.Clear_C()
        if v1 == 0:
            self.Val_0()
        elif v1 == 1:
```

```
            self.Val_1()
        elif v1 == 2:
            self.Val_2()
        elif v1 == 3:
            self.Val_3()
        elif v1 == 4:
            self.Val_4()
        elif v1 == 5:
            self.Val_5()
        elif v1 == 6:
            self.Val_6()
        elif v1 == 7:
            self.Val_7()
        elif v1 == 8:
            self.Val_8()
        elif v1 == 9:
            self.Val_9()
        self.View(pos)                                  #.................(17)
    def fndview(self):                                  #.................(18)
        if self.pos ==0:
            self.Value(0,self.c0)
        elif self.pos ==1:
            self.Value(1,self.c1)
        elif self.pos ==2:
            self.Value(2,self.c2)
        else:
            self.Value(3,self.c3)
            self.pos = 0
            return
        self.pos = self.pos + 1
```

(1) FND Class의 정의

(2) FND Class의 초기화, FND의 View Pin(fndc0~fndc3)과 Segment pin(fnda~fnd, fnd에)과 GPIO Port를 mapping한다.

(3) 세그먼트의 모든 값을 True로 만들기 때문에 세그먼트가 모두 꺼진 상태로 보인다.

(4)~(13) 0~9까지의 숫자 표시이다.

(14) View Port를 모두 False로 만든다, 화면 표시가 되지 않는다.

(15) 지정된 Segment만 표시한다.

(16) 세그먼트의 값을 설정한 다음 지정된 세그먼트만 표시한다.

(17) 세그먼트를 순차적으로 표시한다.

FND Class를 사용하는 프로그램을 작성하자. 프로그램은 간단히 FND에 "1234"라는 숫자를 표현 하도록 하도록 작성하자.

FndView.py

```
import time
import Fnd                                    #......................(1)

View = Fnd.FND()                              #......................(2)
View.c0 = 4                                   #......................(3)
View.c1 = 3
View.c2 = 2
View.c3 = 1
while True:
    View.fndview()                            #......................(4)
    time.sleep(0.01)
```

(1) Fnd 클래스를 사용하기 위하여 선언한다.Fnd.py 파일이 동일한 디렉토리에 있으면 된다.

(2) Fnd File에 있는 FND 클래스의 인스턴스를 생성한다.

(3) 각각의 세그먼트에 표현하려는 숫자를 지정한다.

(4) Segment를 계속적으로 Scan한다. 1/30 Sec보다 늦게 Scan하면 FND의 숫자가 껌벅이는 것을 느끼게 된다.

1-2) Stop Watch의 제작

시 분할(Time Sharing) 프로그램을 작성해 보자. Stop Watch를 만들어 보는 것이 좋을 것 같다.

Stop Watch의 기능은 GPIO 27 key를 누르면 시간이 0으로 Reset되고, GIOP 22을 1번 누르면 시간이 0.1 Sec 마다 증가하며, GPIO 22을 한번 더 누르면 시간이 멈추는 StopWatch를 만들어보자.

Time 측정은 python에서 제공하는 time class의 member 함수 time.clock을 사용하여 측정하기로 한다.

숫자의 표현은 앞에서 작성한 Fnd.py를 사용하자.

FND가 껌벅이는 현상을 없애려면 1/30 Sec마다 Scan해 주어야 한다.

FND를 1/30 Sec 마다 scan하여야 하므로 Key를 polling하는 방식으로 Key-Check를 하기는 곤란하다.

따라서 Key Hit는 Key event를 이용하여야 하는데, 사용자가 Key를 한번 클릭하였어도 채터링 현상 때문에 Key Event는 여러 번 발생할 수 있다. 채터링을 막기 위한 방법이 필요하므로 변수(ChatTime)을 사용하여 1 Sec 이내에 발생하는 key-event는 채터링에 의한 event라 보고 무시하자.

Timer.py

```
import RPi.GPIO as IoPort
import time
import Fnd                                    #....................(1)

def KeyHit(channel):                          #....................(2)
  global ChatTime,Flag,Val,Pre
  if channel ==Key1:
      if ChatTime < 10 :                      #....................(3)
          return
      if Flag == 0:
          Flag = 1                            #....................(4)
          Pre = time.clock()
          Pre = Pre - Val                     #....................(5)
      else:
          Flag = 0                            #....................(6)
      ChatTime = 0
  elif  channel == Key2:                      #....................(7)
      Val = 0
      SetVal(Val)
      Pre = time.clock()
def SetVal(Vl):                               #....................(8)
    Val = int(Vl*10)
    Fnd.c0 = Val%10
    Val = int(Val /10)
    Fnd.c1 = Val % 10
    Val = int(Val /10)
    Fnd.c2 = Val % 10
    Val = int(Val /10)
    Fnd.c3 = Val % 10
Key1 = 22
Key2 = 27
IoPort.setmode(IoPort.BCM)
IoPort.setup(Key1, IoPort.IN)
IoPort.setup(Key2, IoPort.IN)
```

```
IoPort.add_event_detect(Key1,IoPort.FALLING,callback=KeyHit)
IoPort.add_event_detect(Key2,IoPort.FALLING,callback=KeyHit)
                                             #....................(9)
Fnd = Fnd.FND()                              #...................(10)
Val = 0
Flag = 0
SetVal(Val)
Pre = time.clock()
ChatTime = 10
while True:
    Fnd.fndview()                             #..................(11)
    if Flag == 0:
        time.sleep(0.001)                     #..................(12)
        ChatTime = ChatTime + 0.01
        continue
    ref = time.clock()
    if ref > Pre+Val:                         #..................(13)
        Val = Val + 0.1
        SetVal(Val)                           #..................(14)
        ChatTime = ChatTime + 1
```

(1) Fnd 클래스를 사용하기 위하여 선언한다. Fnd.py 파일이 동일한 디렉토리에 있으면 된다.

(2) Key-Event 함수이다. Key가 눌리면 이 함수가 작동한다.

(3) ChatTimedl 10보다 작으면 1초 이전에 Key Click이 있었다고 판단할 수 있으므로 Key Event를 무시한다.

(4) Flag=1이면 Stop Watch가 다시 Time을 Count한다.

(5) Pre+Val의 값과 현재 시간을 비교하여 0.1초 증가할지 여부를 판단하므로 새로운 Count를 시작하는 시점에서 Pre+Val 값이 출발 시간과 같도록 Pre값을 수정해 주어야 한다. 시간이 증가하면 Val 값만 증가한다.

(6) Flag=0이면 시간을 Count하지 않고 멈추어 있는다.

(7) Val(Timer 값)을 0으로 하고 Pre을 현재의 clock 값으로 설정해 둔다.

(8) 출력할 숫자를 4자리로 만들어서 FND에 Display하는 값을 생성한다.

(9) KeyEvent 설정, Callback 함수는 KeyHit이다.

(10) Fnd 인스턴스를 생성한다.

(11) Fnd가 표시되도록 한다.

(12) Time을 Count하지 않는 상태이다.(1 mSec 단위로 Scan 하므로 ChatTime은 0.01

을 더한다. 1 Sec가 되면 ChatTime은 10이 된다.)

(13) ref(현재의 Clock 값)이 Pre+Val 보다 크면 Val에 0.1이 더해지므로

0.1 단위로 시간을 측정할 수 있다.

0.1 Sec단위이므로 ChatTime은 1씩 증가한다.

(14) Fnd에 표시할 수치를 변경한다.

2 Serial LCD 사용(날짜 시계 제작)

LCD는 후면에 조명을 두고, 전면에 있는 액정이 전기신호에 따라 빛을 차단하거나 통과시키는 방식으로 화면을 만들어내는 제품이다.

LCD는 전력소모가 적기 때문에 휴대용 Display 장치로 많이 사용하고 있다.

Serial LCD를 사용해 보자. 여기서 사용할 Serial LCD는 16 글자, 2줄 사용할 수 있는 'Serial LCD1602'이다, 하드웨어 제작이 쉬워서 선택하였다.

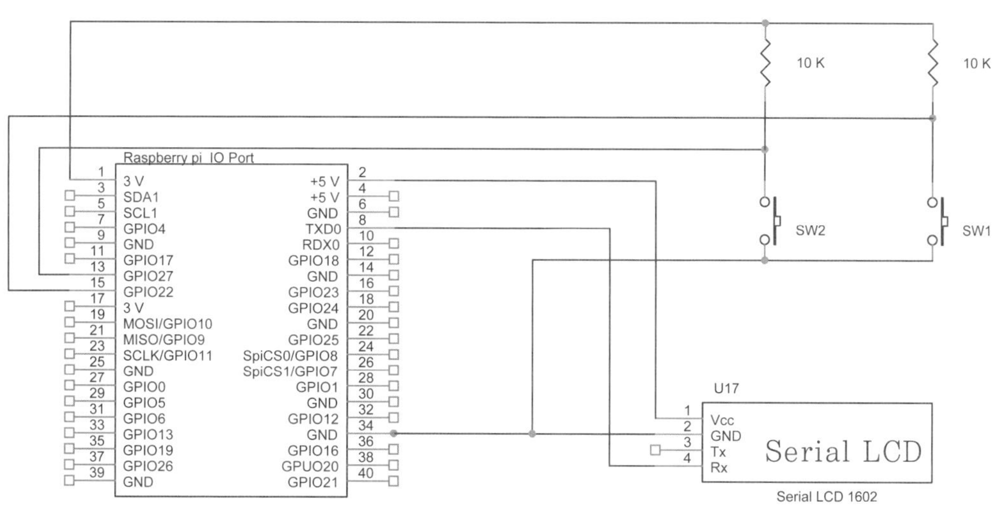

|그림 2-1| LCD 회로도

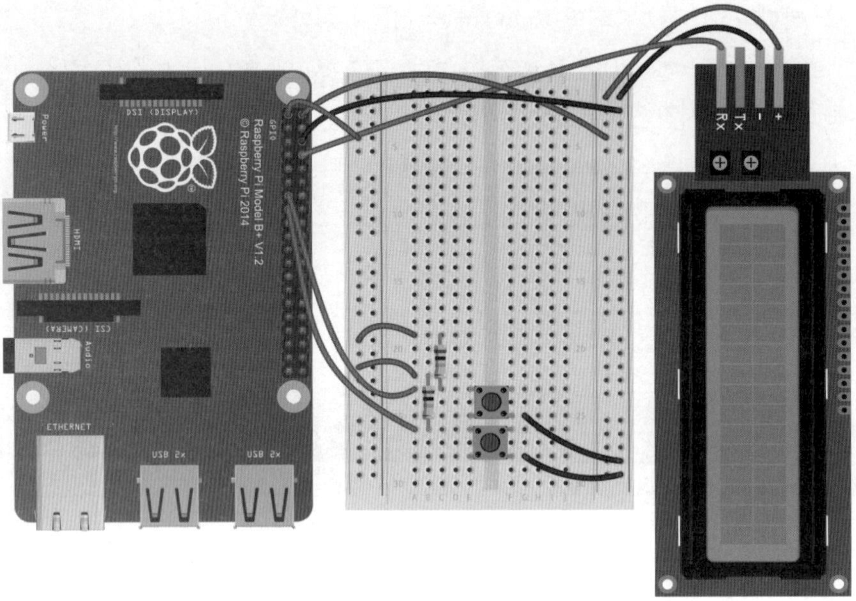

|그림 2-2| LCD 결선도

그림 2-1은 저자가 사용한 회로도이다.

저자가 선택한 Serial LCD의 프로토콜은 "$ 명령어 \n"과 같은 구조를 가지며 명령어 Set는 다음과 같다.

CLEAR : LCD를 Clear한다.
GO : Cursor의 위치를 지정한다. (Row, Col)
PRINT : Cursor 위치에서 부터 String을 Display한다.
HOME : Cursor의 위치를 (1,1)로 설정한다.
CURSOR : Cursor의 표시방법을 지정한다.
첫 문자가 1이면 Display, 0이면 Hide
2번째 1이면 Blink, 0이면 고정

2-1) Lcd Class

다음은 LCD 프로그램이다. Lcd 첫줄에 "This is Test Str"라 기록하고
2번째 줄에는 "No : 1234567890"이 표시되도록 작성하였다.
프로그램은 명령어 Set를 확인할 수 있도록 평이하게 작성하였다.

SrlLcd.py

```
import serial
```

```
import time
class SrlLCD:                                   #..........................(1)
    def __init__(self,Baud):                    #..........................(2)
       self.srl = serial.Serial('/dev/ttyAMA0',baudrate=Baud)
    def SendCmd(self,str1):                     #..........................(3)
        bte = bytearray()
        for ch in str1:
            bte.append(ord(ch))                 #..........................(4)
        self.srl.write(bte)
Lcd = SrlLCD(9600)                              #..........................(5)
str1 = '$CLEAR\n'                               #..........................(6)
Lcd.SendCmd(str1)
str1 = '$GO 1 1\n'                              #..........................(7)
Lcd.SendCmd(str1)
str1 = '$PRINT This is Test Str\n'              #..........................(8)
Lcd.SendCmd(str1)
str1 = '$GO 2 1\n'
Lcd.SendCmd(str1)
str1 = '$PRINT No : \n'
Lcd.SendCmd(str1)
str1 = '$GO 2 6\n'
Lcd.SendCmd(str1)
str1 = '$PRINT 123456\n'
Lcd.SendCmd(str1)
str1 = '$PRINT 7890\n'                         #..........................(9)
Lcd.SendCmd(str1)
str1 = '$Home\n'                              #..........................(10)
Lcd.SendCmd(str1)
str1 = '$CURSOR 1 1\n'                        #..........................(11)
Lcd.SendCmd(str1)
```

(1) SclLCD Class의 정의

(2) 초기화 함수, Serial을 초기화 하고 있다.

(3) Serial로 데이처를 전송하는 함수

(4) 문자의 Code 값을 추출한다.

(5) SclLCD의 인스턴스를 생성한다.

(6) CLEAR 명령

(7) GO 명령 (1,1)

(8) PRINT 명령

(9) Print명령 뒤에 연속으로 Print 명령을 사용하면 앞에서 기록한 값 뒤에 추가된다.
(10) HOME 명령
(11) CURSOR 명령

다음은 Lcd에 표시하는 부분을 프로그램에서 재사용을 위하여 작성한 Lcd 클래스 파일의 내용이다.

Lcd.py

```
import serial
import time
class SrlLCD:                                          #.................(1)
    def __init__(self,Baud):                           #.................(2)
        self.srl = serial.Serial('/dev/ttyAMA0',baudrate=Baud)
    def Print(self, str1):                             #.................(3)
        self.SendCmd('$PRINT '+str1+'\n')
    def Clear(self):                                   #.................(4)
        self.SendCmd('$CLEAR\n')
    def Home(self):                                    #.................(5)
        self.Move(1,1)
    def Move(self,Row,Col):                            #.................(6)
        str1 = '$GO '+str(Row)+' '+str(Col)+'\n'
        self.SendCmd(str1)
    def Cursor(self,View,Blink):                         #...............(7)
        str1 = '$CURSOR '+str(View)+' '+str(Blink)+'\n'
        self.SendCmd(str1)
    def SendCmd(self,str1):                              #...............(8)
        bte = bytearray()
        for ch in str1:
            bte.append(ord(ch))
        self.srl.write(bte)
        time.sleep(0.05)
```

(1) SrlLCD class를 정의함
(2) Serial Port를 설정한다.
(3) Lcd에 String을 Print하는 함수
(4) Lcd화면을 Clear하는 함수
(5) Cursor를 Lcd 첫줄 첫 번째 위치로 하는 함수
(6) Cursor의 위치를 지정하는 함수

(7) Cursor의 모양을 지정하는 함수

(8) Lcd로 String을 전송하는 함수

Lcd 클래스를 사용하여 프로그램을 작성해 보자.

LcdView.py

```
import Lcd                                   #.......................(1)
Lcd = Lcd.SrlLCD(9600)                       #.......................(2)
Lcd.Clear()                                  #.......................(3)
Lcd.Move(1,1)                                #.......................(4)
Lcd.Print('This is Test Str')                #.......................(5)
Lcd.Move(2,1)
Lcd.Print('No : ')
Lcd.Move(2,6)
Lcd.Print('123456')
Lcd.Print('7890')
Lcd.Home()                                   #.......................(6)
Lcd.Cursor(1,1)                              #.......................(7)
```

(1) Lcd 클래스를 사용한다. Lcd.py 파일은 프로그램과 동일한 디렉토리에 있어야 한다.

(2) SrlLCD의 인스턴스를 생성한다.

(3) Lcd를 Clear한다.

(4) Cursor의 위치를 첫 번째줄 첫 번째 위치로 이동한다.

(5) Lcd에 String 'This is Test Str'를 Display 한다.

(6) Cursor의 위치를 첫 번째 줄 첫 번째 위치로 이동한다.

(7) Cursor를 Blink 상태로 Display 한다.

2-2) 날짜 시계의 제작

연, 월, 일시를 모두 표시하는 시계를 만들어 보자.

조건은 GPIO 22 Key를 누르면 Cursor가 5 Sec 동안 Blink하고, Cursor가 Blink하는 동안 GPIO 27 Key를 누르면 Cursor위치의 숫자가 바뀌는 시계를 만들기로 한다.

날짜와 시간의 변경하려면 날짜와 시간을 표시할 수 있는 Time String을 만들어야 하고, 시간의 변경은 관리자 권한이 필요하기 때문에 다음과 같은 형식의 명령이 처리되어야 한다.

```
sudo date -s "Thu May 12 18:14:11 2016"
```

프로그램 진행 중에 위의 명령을 처리하려면 os.system 함수를 사용하여야 한다. 이 명령을 실행할 때 필요한 Time String은 "time.struct_time()" 함수를 이용하여 struct_time tuple을 생성하고, 생성된 tuple을 "time.asctime()" 함수에 적용하여 만들었다.

프로그램의 구성은 State Diagram을 사용하여 정리하였다.

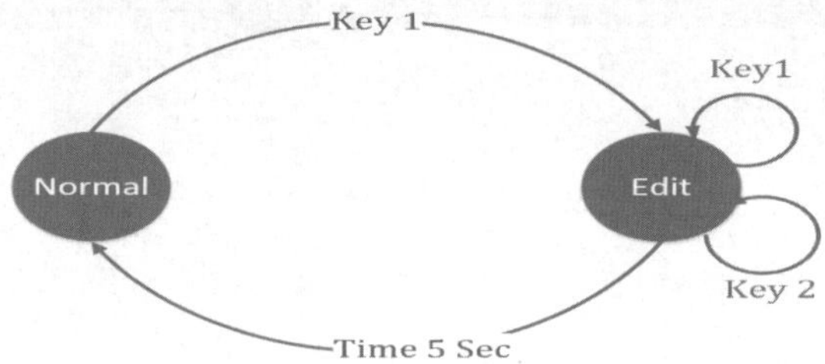

|그림 2-3| 프로그램 State Flow

프로그램은 **그림 2-3**과 같이 2가지 상태로 구분한다.

Normal State : LCD화면에 시간을 Update 한다.
Key1이 입력되면 Edit State로 이동한다.
Cursor를 Hide 상태로 한다.

Edit State : Cursor가 Edit 할 숫자의 위치를 표시한다.
Key1을 입력하면 Edit 할 숫자의 위치 변경
Key2를 입력하면 숫자 변경(증가함)

작성한 프로그램은 다음과 같다.

DateTime.py

```
import os
import RPi.GPIO as IoPort
import time
import Lcd                                  #......................(1)

def KeyInput(key):                          #......................(2)
  if IoPort.input(key)==True:
    return False
  time.sleep(0.1)
  while True:
    if IoPort.input(key)==True:
      break
  time.sleep(0.1)
```

```
  return True
def mkstr2(val):                              #.......................(3)
    str1 = str(val)
    if len(str1)==1 :
        return '0'+str1
    return str1
def mkstr4(val):                              #.......................(4)
    str1 = str(val)
    while len(str1)<4 :
        str1 ='0'+str1
    return str1
def ShowTime():                               #.......................(5)
    Lcd.Move(1,2)
    Lcd.Print(mkstr4(Year)+'-')
    Lcd.Print(mkstr2(Mon)+'-')
    Lcd.Print(mkstr2(Day)+'('+GetWeek(WDay)+')')
    Lcd.Move(2,4)
    Lcd.Print(mkstr2(Hour)+':')
    Lcd.Print(mkstr2(Min)+':')
    Lcd.Print(mkstr2(Sec))
def GetTimePos(dpos):                         #.......................(6)
    global pos
    if dpos == 0:
      return 1,5
    if dpos == 1:
      return 1,8
    if dpos == 2:
      return 1,11
    if dpos == 3:
      return 1,13
    if dpos == 4:
      return 2,5
    if dpos == 5:
      return 2,8
    if dpos == 6:
      return 2,11
    else:
      pos = 0
      return 1,5
def ChangeTime(dpos):                            #....................(7)
  global Year,Mon,Day,Hour,Min,Sec,WDay
```

```
  if dpos == 0:
    Year = Year + 1
    if Year > 2039:
      Year = 1970
  if dpos == 1:
    Mon = Mon + 1
    if Mon > 12:
      Mon = 1
  if dpos == 2:
    Day = Day + 1
  if Mon == 2:
      if Day > 29 :
        Day = 1
  if Mon == 4 or Mon == 6 or Mon == 9 or Mon == 11:
      if Day > 30 :
        Day = 1
  else:
      if Day > 31 :
        Day = 1
  if dpos == 3:
    WDay = WDay + 1
    if WDay > 6:
      WDay = 0
  if dpos == 4:
    Hour = Hour + 1
    if Hour > 23:
      Hour = 0
  if dpos == 5:
    Min = Min + 1
    if Min > 59:
      Min = 0
  if dpos == 6:
    Sec = Sec + 1
    if Sec > 59:
      Sec = 0
def GetWeek(wday):                                      #.....................(8)
  if wday==0:
    return 'Mon'
  if wday==1:
    return 'Tue'
  if wday==2:
```

```
    return 'Wed'
  if wday==3:
    return 'Thu'
  if wday==4:
    return 'Fri'
  if wday==5:
    return 'Sat'
  else:
    return 'Sun'
def RepairDateTime():                          #......................(9)
  try:
    str1 = time.struct_time([ Year,Mon,Day,Hour,Min,Sec,WDay,0,0] )
    str2 = time.asctime(str1)
    str1 = "sudo date -s '"+str2+"'"
    os.system(str1)
  except:
    return
Key1 = 22
Key2 = 27
IoPort.setmode(IoPort.BCM)
IoPort.setup(Key1, IoPort.IN)
IoPort.setup(Key2, IoPort.IN)
Lcd = Lcd.SrlLCD(9600)                         #......................(10)
Lcd.Clear()
pre = 0
Flag = 0
while True:                                    #......................(11)
    Lcd.Cursor(0,0)
    if KeyInput(Key1)==False:
      dte = time.localtime()
      Year = dte.tm_year
      Mon  = dte.tm_mon
      Day  = dte.tm_mday
      WDay = dte.tm_wday
      Hour = dte.tm_hour
      Min  = dte.tm_min
      Sec  = dte.tm_sec
      SecVal = dte.tm_sec
      if pre == dte.tm_sec:
          continue
      pre = dte.tm_sec
```

```
    ShowTime()
  else:
    pos = 0
    lpos = GetTimePos(pos)
    Lcd.Move(lpos[0],lpos[1])
    Lcd.Cursor(1,1)
    Count = 0
    while True:                               #.....................(12)
      dte = time.localtime()
      if dte.tm_sec != SecVal :
        SecVal = dte.tm_sec
        Count = Count + 1;
        if Count > 5 :
          break
      if KeyInput(Key1)==True:                #.....................(13)
        pos = pos + 1
        if pos > 6 :
          pos = 0
        lpos = GetTimePos(pos)
        Lcd.Move(lpos[0],lpos[1])
        SecVal = dte.tm_sec
        Count = 0
      if KeyInput(Key2)==True:                #.....................(14)
        ChangeTime(pos)
        ShowTime()
        Lcd.Move(lpos[0],lpos[1])
        Flag = 1
        SecVal = dte.tm_sec
        Count = 0
    if Flag == 1:                             #.....................(15)
      Flag = 0
      RepairDateTime()
```

(1) Lcd 클래스를 사용한다. Lcd.py 파일은 프로그램과 동일한 디렉토리에 있어야 한다.

(2) Key를 polling 방식으로 Check 한다. (Chattering 방지 기능 있음)

(3) 숫자를 2문자로 string으로 변경한다.

(4) 숫자를 4문자로 string으로 변경한다.

(5) 시간을 LCD에 Display하는 함수이다.

(6) pos 값에 따른 LCD 상의 실질적 위치

(7) pos 값에 따라 변경해야 할 값을 선택하여 수정한다.
(8) 요일의 이름이다.
(9) 관리자 권한으로 시간을 변경하기 위하여 os.system() 함수를 이용하여 날짜 시간 변경 명령을 만들어서 출력한다.
(10) Lcd 인스턴스를 생성한다.
(11) normal state이다.
(12) edit state이다.
(13) key1가 Hit되면 pos값이 커지면 서 수정할 숫자가 변경된다.
(14) key1가 Hit되면 pos가 지정하고 있는 숫치가 변경된다.
(15) 날짜 혹은 시간이 변경되었으면, 라즈베리파이의 시계를 변경한다.

3 RTC(DS1302)

RTC(Real Time Clock)은 현재 시간을 정확하게 유지하는 장치이다.

컴퓨터나 자동화 장비 등에서는 정확한 현재 시간이 필요하다. 하지만 컴퓨터 등이 24시간 가동되는 것이 아니고, 전원이 꺼져 있는 시간이 있기 때문에 자체적으로 현재 시간을 계속 유지하기는 어렵다. 그래서 전원에 관계없이 정확한 시간을 계속 유지할 수 있는 방법이 필요하다. 이 때 필요한 것이 RTC이고, RTC는 Main System의 전원에 관계없이 -시간을 계속 유지하기 위하여- 자체 전원을 가지고 있다.

7	6	5	4	3	2	1	0
1	Ram/CK	A4	A3	A2	A1	A0	Rd/W

Rd/W : 1이면 Read, 0이면 Write
Ram/CK : 1이면 내부 Ram, 0이면 Clock

|그림 3-1| DS1302의 통신 명령어 구조

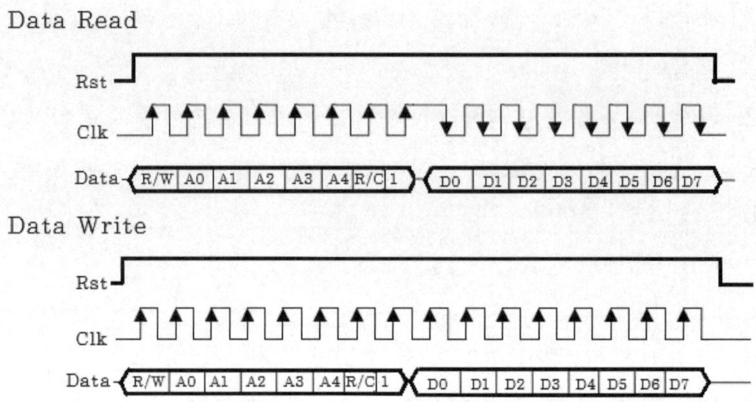

|그림 3-2| DS1302의 Time Chart

DS1302를 사용해 보자. DS1302는 2100년까지 시간을 표시할 수 있도록 설계되었으며, 31 Byte의 내부 Ram을 가지고 있다.

DS1302의 통신 명령어 구조와 통신 신호의 구조는 **그림 3-1**, **그림 3-2**와 같다. 그림 3-2)를 보면 SPI 혹은 I2C를 이용하여 통신할 수 있는 신호가 아니다. DS1302와의 통신 수단으로 라즈베리파이의 Bit I/O를 이용 하자. **그림 3-3**은 DS1302를 사용한 회로도이고 **그림 3-4**는 결선도인데 결선도와 회로도가 다른 것은, RTC 자체 전원과 DS1302를 가지고 있는 모듈을 사용하였기 때문이다.

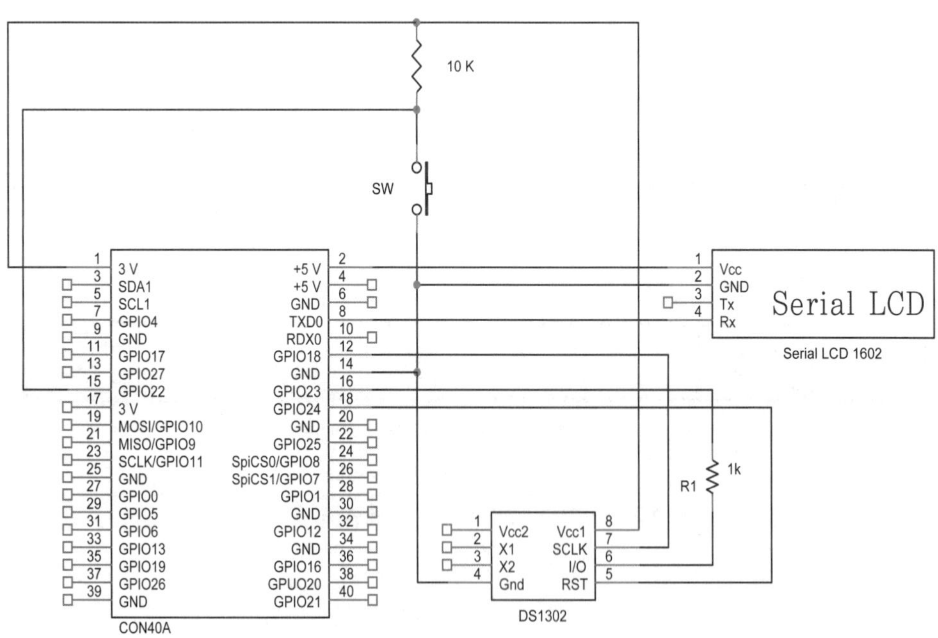

|그림 3-3| DS1302 회로도

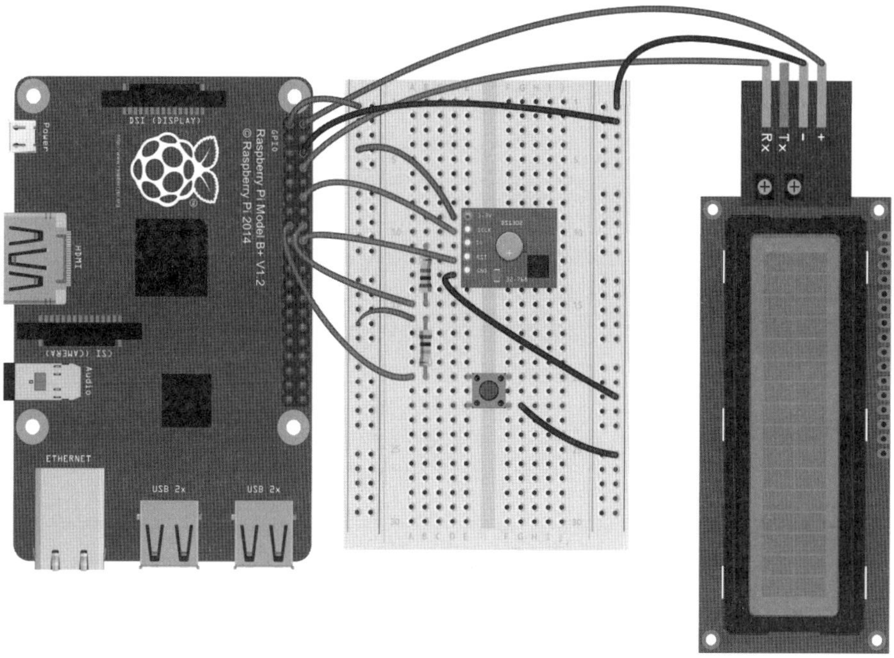

|그림 3-4| DS1302 결선도

회로도에서 R1(1 Kohm)저항은 Bit 충돌을 막기 위한 저항이고, LCD는 날짜와 시간을 표시하기 위하여 사용하며, GPIO 22 Key는 시간을 변경할 때 사용하자.

표 3-1은 DS1302의 레지스터의 Address와 데이터의 구조이다.

|표 3-1| DS1302의 레지스터의 Address와 데이터의 구조

Address	레지스터내용	데이터 구조
100000	sec	Bit 7 : 이 값이 1이면 시간을 멈춘다. Bit 6~4 : Sec의 10자리수 (0~5) Bit 3~0 : Sec의 1자리 수 (0~9)
100001	Min	Bit 7 : 0 고정 Bit 6~4 : Minute의 10 자리수 (0~5) Bit 3~0 : Min의 1자리 수 (0~9)
100010	Hour	Bit 7 : 1 ; 01~12, 0 : 0~23 Bit 6 : 0 고정 Bit 5 : 0~23일 때는 10자리수 1~12일 때는 1 : 오전, 0 : 오후 Bit 4 : 10 자리수 Bit 3~0 : 1자리수
100011	Date	Bit 7~6 : 00 고정 Bit 5~4 : 10 자리수 Bit 3~0 : 1 자리수
100100	Month	Bit 7~5 : 000 고정 Bit 4~0 : 달의 값(1~12)
100101	Day	Bit 7~3 : 00000 고정 Bit 2~0 : 1~7
100110	Year	Bit 7~4 : 년의 10 자리수(0~9) Bit 3~0 : 년의 1자리수 (0~9)
1000111	Control	Bit 7 : 1 쓰기 금지, Write 전에 0으로 바꾸어야 한다. Bit 6~0 : 0 고정

표 3-1을 만족하는 DS1302 클래스를 만들어서, DS1302 Class를 쉽게 사용할 수 있도록 하자. 다음은 DS1302 Class의 내용이다.

Rtc.py

```
import RPi.GPIO as IoPort
import time
class DS1302():                                   #.........................(1)
    def __init__(self):                           #.........................(2)
        self.Clk = 18
        self.Dta = 23
        self.Rst = 24
        IoPort.setmode(IoPort.BCM)
        IoPort.setup(self.Clk, IoPort.OUT)
        IoPort.setup(self.Dta, IoPort.OUT)
```

```
        IoPort.setup(self.Rst, IoPort.OUT)
        IoPort.output(self.Clk,False)
        IoPort.output(self.Dta,False)
        IoPort.output(self.Rst,False)
    def Read(self,str1):                       #......................(3)
        IoPort.setup(self.Dta, IoPort.OUT)
        IoPort.output(self.Rst,True)
        time.sleep(0.001)
        for i in range(0,8):
            if str1[ 7-i] == '1':
                IoPort.output(self.Dta,True)
            else:
                IoPort.output(self.Dta,False)
            time.sleep(0.0001)
            IoPort.output(self.Clk,True)
            time.sleep(0.0001)
            IoPort.output(self.Clk,False)
            time.sleep(0.0001)
        time.sleep(0.01)
        IoPort.output(self.Dta,True)
        IoPort.setup(self.Dta, IoPort.IN)
        rbt = IoPort.input(self.Dta)
        str2 = str(rbt)
        for i in range(0,7):
            IoPort.output(self.Clk,True)
            time.sleep(0.0001)
            IoPort.output(self.Clk,False)
            rbt = IoPort.input(self.Dta)
            str2 = str2 + str(rbt)
            time.sleep(0.0001)
        self.MkVal(str2)
        IoPort.output(self.Clk,False)
        IoPort.output(self.Rst,False)
        return str2
    def Write(self,str1,str2):                 #......................(4)
        IoPort.setup(self.Dta, IoPort.OUT)
        IoPort.output(self.Rst,True)
        time.sleep(0.001)
        for i in range(0,8):
            if str1[ 7-i] == '1':
                IoPort.output(self.Dta,True)
```

```
            else:
                IoPort.output(self.Dta,False)
            time.sleep(0.0001)
            IoPort.output(self.Clk,True)
            time.sleep(0.0001)
            IoPort.output(self.Clk,False)
            time.sleep(0.0001)
        for i in range(0,8):
            if str2[ 7-i] == '1':
                IoPort.output(self.Dta,True)
            else:
                IoPort.output(self.Dta,False)
            time.sleep(0.0001)
            IoPort.output(self.Clk,True)
            time.sleep(0.0001)
            IoPort.output(self.Clk,False)
            time.sleep(0.0001)
        IoPort.output(self.Clk,True)
        time.sleep(0.001)
        IoPort.output(self.Clk,False)
        time.sleep(0.001)
        IoPort.output(self.Rst,False)
    def ReadSec(self):                              #......................(5)
        str1 = self.Read('10000001')
        return self.Mkstr2(str1)
    def ReadMin(self):                              #......................(6)
        str1 = self.Read('10000011')
        return self.Mkstr2(str1)
    def ReadHour(self):                             #......................(7)
        str1 = self.Read('10000101')
        return self.Mkstr2(str1)
    def ReadDate(self):                             #......................(8)
        str1 = self.Read('10000111')
        return self.Mkstr2(str1)
    def ReadMon(self):                              #......................(9)
        str1 = self.Read('10001001')
        return self.Mkstr2(str1)
    def ReadDay(self):                              #.....................(10)
        str1 = self.Read('10001011')
        vl = self.MkVal(str1)
        return self.Week(vl)
```

```
def ReadYear(self):                          #....................(11)
    str1 = self.Read('10001101')
    Yr = self.MkVal(str1)
    Yr = Yr + 2000
    return str(Yr)
def WriteEnable(self):                       #....................(12)
    self.Write('10001110','00000000')
def WriteYear(self,yr):                      #....................(13)
    dgt = int(yr/10)*16 + yr%10
    str1 = self.mkbit8(dgt)
    self.Write('10001100',str1)
def WriteDay(self,Dta):                      #....................(14)
    dgt = Dta%8
    str1 = self.mkbit8(dgt)
    self.Write('10001010',str1)
def WriteMon(self,Dta):                      #....................(15)
    dgt = int(Dta/10)*16 + Dta%10
    str1 = self.mkbit8(dgt)
    self.Write('10001000',str1)
def WriteDate(self,Dta):                     #....................(16)
    dgt = int(Dta/10)*16 + Dta%10
    str1 = self.mkbit8(dgt)
    self.Write('10000110',str1)
def WriteHour(self,Dta):                     #....................(17)
    dgt = int(Dta/10)*16 + Dta%10
    str1 = self.mkbit8(dgt)
    self.Write('10000100',str1)
def WriteMin(self,Dta):                      #....................(18)
    dgt = int(Dta/10)*16 + Dta%10
    str1 = self.mkbit8(dgt)
    self.Write('10000010',str1)
def WriteSec(self,Dta):                      #....................(19)
    dgt = int(Dta/10)*16 + Dta%10
    str1 = self.mkbit8(dgt)
    self.Write('10000000',str1)
def WriteTicle(self,Dta):                    #....................(20)
    dgt = int(Dta/10)*16 + Dta%10
    str1 = self.mkbit8(dgt)
    self.Write('10010000',str1)
def MkVal(self,str1):                        #....................(21)
    Digit = 0
```

```
        Wgt = 1
        for i in range(0,4):
            Digit = Digit + int(str1[ i] ) * Wgt
            Wgt = Wgt * 2
        Dig10 = 0
        Wgt = 1
        for i in range(4,7):
            Dig10 = Dig10 + int(str1[ i] ) * Wgt
            Wgt = Wgt * 2
        Digit = Digit + Dig10 * 10
        return Digit
    def Mkstr2(self,str1):                      #....................(22)
        vl = self.MkVal(str1)
        str1 = str(vl)
        if len(str1)<2 :
            str1 = '0'+str1
        return str1
    def mkbit8(self,dta):                       #....................(23)
        str1 = bin(dta)
        str2 = ''
        for i in range(0,len(str1)-2):
            str2 += str1[ i+2]
        while len(str2) < 8:
            str2 = '0'+str2
        return str2
    def Week(self,wday):                        #....................(24)
        if wday==1:
            return 'Sun'
        if wday==2:
            return 'Mon'
        if wday==3:
            return 'Tue'
        if wday==4:
            return 'Wed'
        if wday==5:
            return 'Thu'
        if wday==6:
            return 'Fri'
        if wday==7:
            return 'Sat'
```

(1) DS1302() Class의 선언문이다.

(2) 초기화 함수 통신에 사용할 Port를 정의하고 있다.

(3) 그림 3-2)에 있는 Read의 Time Chart를 구현하고 있다.

(4) 그림 3-2)에 있는 Write의 Time Chart를 구현하고 있다.

(5)~(11) Year,Month 등의 값을 읽는 함수이다.
함수의 형태가 거의 동일하기 때문에 1개의 함수로 통합하여 만드는 것도 생각해 볼 수 있지만, 저자는 이러한 형태가, 프로그램을 쉽게 읽을 수 있는 방법이라 생각하고 있다. 저자의 스타일이라 생각하자.

(12)~(20) Year, Month 등을 Write하는 함수이다. 숫자를 BCD로 변환한 후 Write한다.
* BCD : 10진수 23을 16진수로 표현하면 0x17이 되지만 BCD 표현법은 0x23이 된다. 다른 예는 17=〉$0x11_{Hexa}$=〉$0x17_{BCD}$

(21) 8-Bit의 BCD를 숫자로 변환하는 함수

(22) 8-Bit의 BCD를 숫자로 변환하고 결과를 String으로 변환하는 함수

(23) 데이터전송을 위하여 숫자를 8_bit String Data로 변환하는 함수

(24) 요일의 String을 반환하는 함수

DS1302 Class를 이용하여 날짜와 시간을 표시하는 프로그램을 작성하자.

GPIO22 Key를 조금 길게 누르면 시간 데이터를 변경할 수 있도록 하자.

입력의 Format은 "Year,Mon,Day,요일(1~7),시간,분,초"의 형식으로 입력하도록 작성하였다. 대단히 불편한 프로그램이다. 하지만 입력을 세분화하면 프로그램이 너무 길고 복잡해진다. 우선은 이정도로 만족하자.

참고로 좀 더 세분화된 프로그램을 작성 하려면 Key도 2개 이상 사용하여야 한다. 일반적인 방법은 변경할 숫자의 위치를 찾는 Key와 숫자를 변경하는 Key, 2개를 많이 사용하고 있다.(2-2절을 참고하기 바란다)

이 프로그램이 복잡하고 길어질 수밖에 없는 이유는 숫자의 변화가 위치마다 0~9, 0~5, 0~1, 0~3 등 다양한 제한이 필요하기 때문이다.

RtcWork.py

```
import RPi.GPIO as IoPort
import time
import Lcd                                  #.........................(1)
import Rtc                                  #.........................(2)

def KeyInput(key):                          #.........................(3)
```

```
  if IoPort.input(key)==True:
    return False
  time.sleep(0.1)
  while True:
    if IoPort.input(key)==True:
      break
  time.sleep(0.1)
  return True
def SetDate(stval):                        #.........................(4)
  rc = rcv.split(',')
  if len(rc)<7:
    return False
  try:
    Yr = int(rc[0])
    Year = Yr%100
    Mon = int(rc[1])
    Day = int(rc[2])
    wday = int(rc[3])
    Hour = int(rc[4])
    Min = int(rc[5])
    Sec = int(rc[6])
    Rtc.WriteYear(Year)
    Rtc.WriteMon(Mon)
    Rtc.WriteDate(Day)
    Rtc.WriteDay(wday)
    Rtc.WriteHour(Hour)
    Rtc.WriteMin(Min)
    Rtc.WriteSec(Sec)
    return True
  except:
    return False

Rtc = Rtc.DS1302()                         #.........................(5)
Lcd = Lcd.SrlLCD(9600)                     #.........................(6)
Lcd.Clear()
Key = 22
IoPort.setmode(IoPort.BCM)
IoPort.setup(Key, IoPort.IN)
Rtc.WriteEnable()                          #.........................(7)
while True:
    if KeyInput(Key)==True:                #.........................(8)
```

```
    while True:
      rcv = input('Input (y,m,d,week,H,m,s) : ')
      if SetDate(rcv)==True:
        break
      else:
        print(rcv,' --- Input Error !!! Try again')
        continue
  Sec = Rtc.ReadSec()                        #.........................(9)
  Min = Rtc.ReadMin()
  Hour = Rtc.ReadHour()
  Month = Rtc.ReadMon()
  Day = Rtc.ReadDay()
  Date = Rtc.ReadDate()
  Year = Rtc.ReadYear()
  time.sleep(0.1)
  Lcd.Home()
  str1 = Year+':'+Month+':'+Date
  Lcd.Print(str1)                            #........................(10)
  Lcd.Move(2,5)
  str1 = Hour+':'+Min+':'+Sec
  Lcd.Print(str1)
```

(1) Lcd.py를 사용한다는 것을 선언한다.(Lcd.py File이 동일한 디렉토리에 있어야 한다.)

(2) Rtc.py를 사용한다는 것을 선언한다.(Rtc.py File이 동일한 디렉토리에 있어야 한다.)

(3) Key 입력을 감시하는 함수

(4) 입력된 시간 변경 데이터를 분석하고 그 값을 Ds1302에 기록하는 함수

(5) DS1302 Class의 인스턴스를 생성한다.

(6) SrlLCD Class의 인스턴스를 생성한다.

(7) WriteEnable()를 호출하여야 Ds1302의 내용을 변경할 수 있다.

(8) Key 입력이 되면 시간을 변경한다.

(9) Ds1302로부터 시간을 읽는다.

(10) Lcd에 시간을 기록하는 함수

4 A/D Converter(전압 측정기)

하드웨어를 제어할 때 Ananlog 입력 값을 알 수 있는 방법이 필요하다. A/D Convert IC를 사용해 보자. 저자는 A/D를 구현하기 위하여

MCP3008을 A/D Converter로 사용하였다. MCP3008은 8채널의 아날로그 입력 혹은 4채널의 아날로그 차동 입력을 가지고 있는 10-bit A/D Converter IC이다.

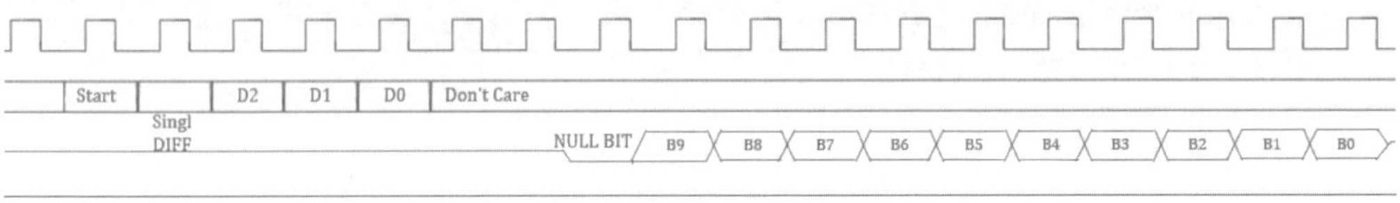

|그림 4-1| MCP3008의 입출력 파형

MCP3008은 외부와 SPI 통신을 하며, 통신 데이터의 명령어의 입출력 파형은 **그림 4-1**과 같다.

입출력 파형을 시간 순서대로 정리하면 다음과 같다.

① Start : Out : 1-Bit : 1

② Sigle/Diff : Out : 1-Bit : 1이면 single 모드이고,
0이면 Differential 모드이다.

③ D2~D0 : Out : 3-Bit :

Single 모드 : Channel 번호

Differential 모드 : 0 : CH0 In+, CH1 In-
1 : CH0 In-, CH1 In+
2 : CH2 In+, CH3 In-
3 : CH2 In-, CH3 In+
4 : CH4 In+, CH5 In-
5 : CH4 In-, CH5 In+
6 : CH6 In+, CH7 In-
7 : CH6 In-, CH7 In+

예) D2=1, D1=0, D0=0 이면 바이너리로 100이며 이 값은 4 이므로 CH4 In+, CH5 In-의 Port를 나타내고 있다.

④ Dummy : in : 1-Bit

⑤ A/D Out Start bit : in : 1-Bit : 0

⑥ A/D Data : in : 10-bit : A/D 값

모두 17-Bit이므로 8-Bit 단위로 처리하려면 7-Bit의 dummy 데이터를 추가하면 24-Bit로 만들어야 한다.

따라서 MCP3008 IC로 출력하여야 할 데이터의 구조는 **그림 4-2**와 같다.

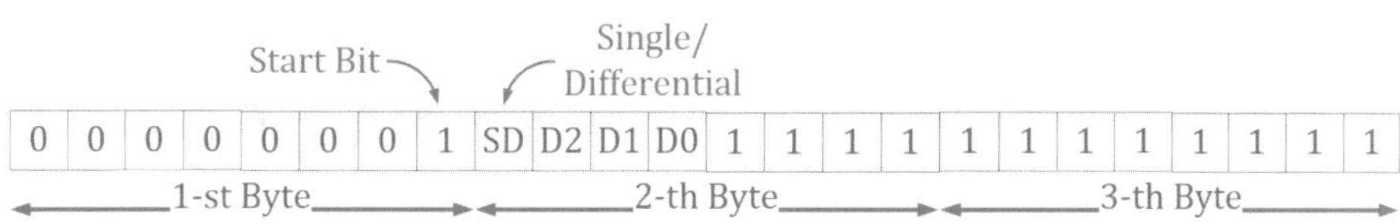

|그림 4-2| MCP3008을 제어하기 위한 데이터 구조

4-1) Single-Ended A/D Read(MCP3008)

그림 4-3은 MCP3008의 IC Pin 배열과 프로그램에 사용한 회로도이다.

회로는 Channel 1에 가변저항을 붙여서 Channel1의 전압을 변경할 수 있도록 설계되었다.

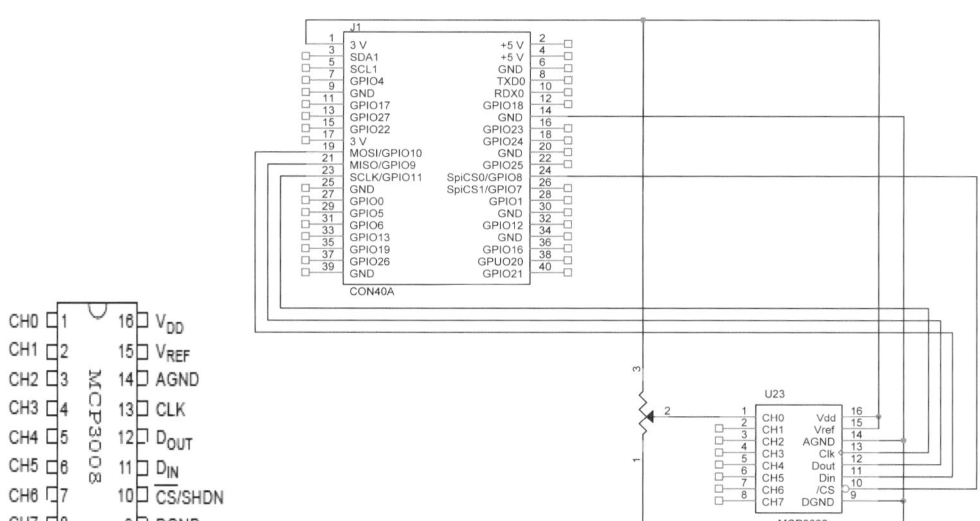

(a) MCP3008 (b) 실험회로

|그림 4-3| Mcp3008과 회로도

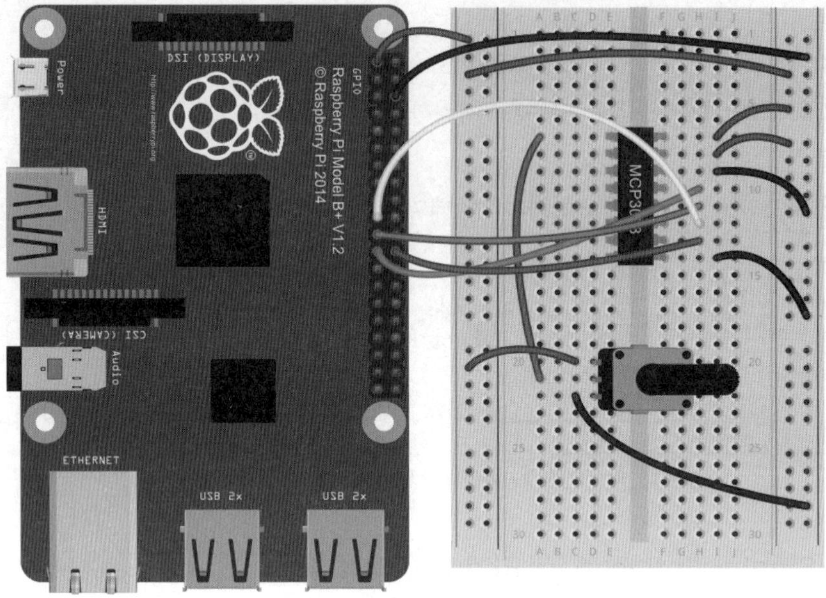

|그림 4-4| Mcp3008의 결선도

먼저 Mcp3008을 관리하는 Class를 File로 만들고, 제작된 Mcp3008클래스를 이용하여 입력 전압을 측정하는 프로그램을 작성하자.

다음은 Mcp3008 Class File이다.

Mcp3008.py

```
import spidev
class MCP3008():                              #....................(1)
    def __init__(self):                       #....................(2)
        self.spi = spidev.SpiDev()
        self.spi.mode = 0x0
        self.spi.open(0,0)
        print('')
        self.spi.cshigh = False
    def Read(self,Port,Tpe):                  #....................(3)
        dta = Port%8
        if Tpe == True:
            spsend = [ 0x01,0x0f+dta*16,0xff]
        else:
            spsend = [ 0x01,0x8f+dta*16,0xff]
        sprcv = self.spi.xfer2(spsend)
        ret = (sprcv[ 1] %0x04)*256+sprcv[ 2]
        return ret
```

(1) MCP3008 Class의 선언

(2) 초기화 함수 Spi의 인스턴스를 생성한다.

(3) AD를 읽는 함수 : Tpe : True면 Difference모드로 읽는다.

: False로 읽으면 단일모드로 읽는다.

다음은 Mcp3008 Class를 이용하여 AD 값을 읽는 프로그램이다.

AdRead.py

```
import Mcp3008                              #......................(1)
AD = Mcp3008.MCP3008()                      #......................(2)
for i in range(0,8):
    sprcv=AD.Read(i,False)                  #......................(3)
    print(sprcv)
```

(1) Mcp3008 클래스를 사용한다. Mcp3008.py가 동일한 디렉토리에 있어야 한다.

(2) MCP3008의 인스턴스를 생성한다.

(3) A/D을 읽어 들인다.(단일 모드로 읽는다.)

4-2) Differential A/D Read(MCP3008)

차동의 의미를 생각해 보기로 하자.

먼저 **그림 4-5**의 회로를 생각해 보자.

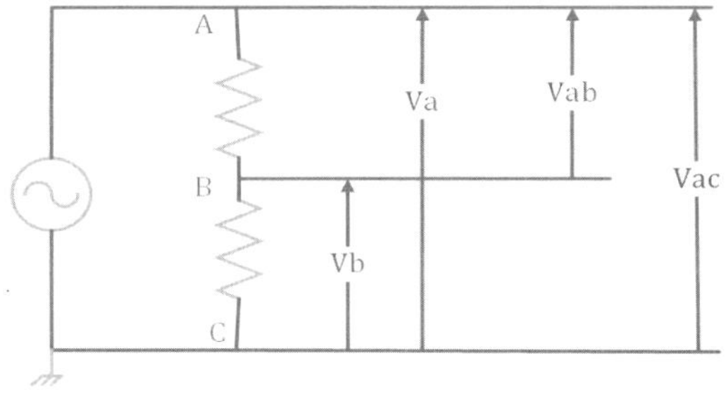

|그림 4-5| 회로

그림 4-5에서 C점의 전압은 당연히 0 V이고, V_a는 A 점의 전압이고 V_b는 B점의 전압이고, V_{ab}는 A,B 사이의 전압이고, V_{ac}는 A,C 사이의 전압이므로 $V_{ab} = V_a - V_b$, $V_{ac} = V_1 - V_c = V_1 - 0 = V_1$이다.

여기서 V_a, V_b를 Single-Ended 전압이라 하고, V_{ab}, V_{ac}를 차동(Diference) 전압이라 한다. 이 상태로 놓고 보면 Single-Ended 전압과 차동 전압이 별다른 것이 없는 것처럼 보인다. 그렇지만 Noise가 발생하였다고 생각해보자. 어떤 이유로 인하여 C점의 전압이 0.1

V만큼 커졌다고 생각해보자(하드웨어의 접지는 교류전원 밑에 있다). A,B점의 전압은 C점과 직렬로 연결되어 있는 상태이기 때문에 C점의 전압이 0.1 V만큼 증가하면 A,B점의 전압도 같이 0.1V씩 증가하게 된다. 따라서 A점의 전압은 $V_a+0.1$, B점의 전압은 $V_b+0.1$가 된다. 이러한 이유로 C점으로 침투한 Noise로 인하여 A,B점의 전압도 각기 0.1V씩 오차가 발생된다.

하지만 $V_{ab}=(V_a+0.1)-(V_b-0.1)=V_a-V_b$, $V_{ac}=(V_a+0.1)-(0.1)=V_a$ 가 되므로 V_{ab}, V_{ac}의 값은 Noise가 발생하여도 값이 변경되지 않는다.

이러한 특성이 차동 입력을 선호하도록 만드는 이유이다.

차동이란 개념은 Noise가 항상 발생하는 것이 아니기 때문에 평소 그 차이를 느끼기 어렵다. 하지만 현장에 오래 놓아두고 보면 그 차이를 피부로 느끼게 된다.

MCP3008을 차동입력으로 전압을 측정할 수 있는 전압계를 만들어 보자.

그림 4-6 회로는 우측에 가변 저항을 사용하여, 입력 전압을 가변 할 수 있도록 만든 회로이다. 전압측정은 (CH0,CH1) 입력은 가변저항의 2번과 3번 사이의 전압을 측정하도록 하였고, (CH2,CH3) 입력은 2번과 1번 사이의 전압을 측정하도록 하고 결과를 LCD로 확인할 수 있도록 하였다.

이정도 회로에서 차이를 느낄 수는 없지만 이론적으로는 CH0, CH1, CH2 CH3 연결선은 선 사이의 거리가 최대한 가깝게 결선되어 있어야 한다.

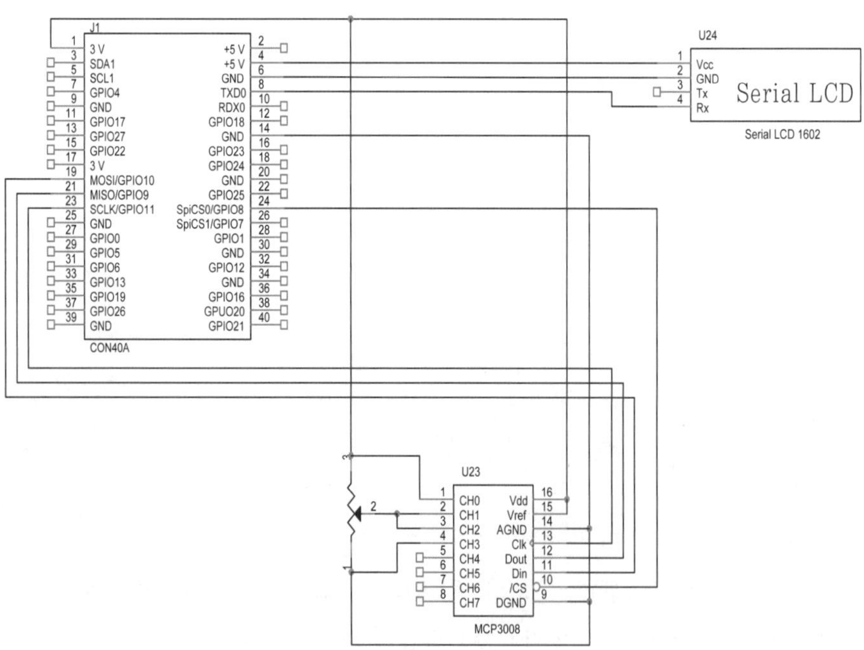

|그림 4-6| 차동 입력 회로도

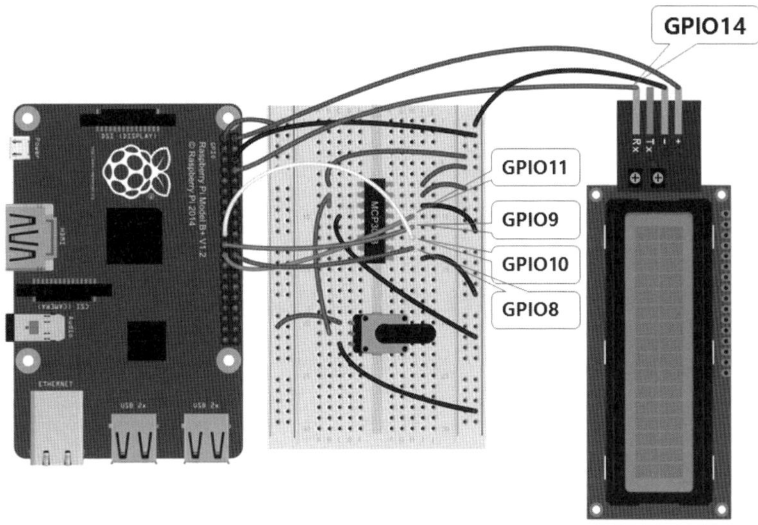

|그림 4-7| 차동 입력 결선도

회로에서 MCP3008의 Vref Pin에 3V 전압이 인가되었고 10 Bit A/D 이므로 A/D Value의 최댓값은 1023이다. 따라서 A/D로 읽어들인 값을 전압으로 환산하려면 $V = AD\ Value \times \frac{3.0}{1023}$ 으로 계산하여야 한다.

다음은 1 Sec마다 한번씩 (CH0, CH1), (CH2, CH3)로 측정한 전압 값을 LCD로 Display하는 프로그램이다.

AdReadDiff.py

```
import Mcp3008
import Lcd                                        #......................(1)
import time
Lcd = Lcd.SrlLCD(9600)                            #......................(2)
Lcd.Clear()
AD = Mcp3008.MCP3008()                            #......................(3)
while True:
    sprcv1=AD.Read(0,True)* 3/1023                #......................(4)
    sprcv2=AD.Read(2,True)*3/1023
    Str1 = 'Channel 1 : '+str(sprcv1)
    Lcd.Move(1,1)
    Lcd.Print(Str1)
    Str1 = 'Channel 2 : '+str(sprcv2)
    Lcd.Move(2,1)
    Lcd.Print(Str1)
    time.sleep(1)
```

(1) Lcd.py File을 사용한다.

앞에서 만든 Lcd.py File이 같은 Directory에 있어야 한다.

(2) Lcd의 인스턴스를 생성하였다.

(3) MCP3008의 인스턴스를 생성한다.

(4) Difference 모드로 읽어 들인 값을 전압으로 환산하였다.

4-3) 안드로이드 폰으로 전압 변화 감시하기

JK_Phone 앱은 수신한 데이터를 그래프로 표시하는 기능을 가지고 있다.
JK_Phone의 그래프 기능을 이용하여 AD로 측정한 전압의 변화를 그래프로 표시해 보자.

|그림 4-8| 안드로이드 폰의 화면

그림 4-8은 안드로이드 폰의 화면이다.

"S-3" 버튼의 외쪽 EditText Box의 값이 3이고, "S-4" 버튼의 좌측 EditText Box의 값은 400이다. 따라서 입력으로 수신할 데이터의 최댓값은 3이고 수신할 데이터의 수는 400임을 지정하였다. 이 값들은 사용자의 용도에 따라 수정하도록 되어 있다.

그림 4-6의 회로에서 가변 저항을 돌리면 Ad Channel 1의 전압이 변한다. 이 변화를 그래프로 볼 수 있는 프로그램을 작성하자.

다음은 차동 모드로 읽은 Ad Channel 1의 값을 안드로이드 폰으로 감시할 수 있도록 작성한 프로그램이다. 0.1 Sec마다 1번씩 AD 값을 읽으므로 400개의 데이터를 읽으려면 40 Sec가 필요하다.

AdDiffShow.py

```
import Mcp3008                              #.................(1)
import Lcd                                  #.................(2)
import TcpWork                              #.................(3)
import time
Lcd = Lcd.SrlLCD(9600)                      #.................(4)
Lcd.Clear()
AD = Mcp3008.MCP3008()                      #.................(5)
Tcp = TcpWork.TcpWork()                     #.................(6)
Tcp.Accept('192.168.1.107',20000)           #.................(7)
while True:
    sprcv1=AD.Read(0,True)* 3/1023          #.................(8)
    Str1 = str(sprcv1) + '\r\n'
    Tcp.SendStr(Str1)                       #.................(9)
    Lcd.Move(1,1)                           #................(10)
    Lcd.Print('Channel 1 : '+Str1)
    time.sleep(0.1)
```

(1)(2)(3) Mcp3008, Lcd, TcpWork Class를 사용할 수 있도록 선언함

(4)(5)(6) Mcp3008, Lcd, TcpWork Class의 인스턴스를 생성함

(7) 서버모드로 동작함

(8) Ad 값을 읽음

(9) wifi로 전송함

(10) Lcd에 Display함

5 직류 전압 출력하기

하드웨어를 사용할 때 가변 할 수 있는 직류전원이 필요할 때가 있다.
PWM으로 가변할 수 있는 직류전원을 만들어 보자. 다음은 PWM 신호이다.

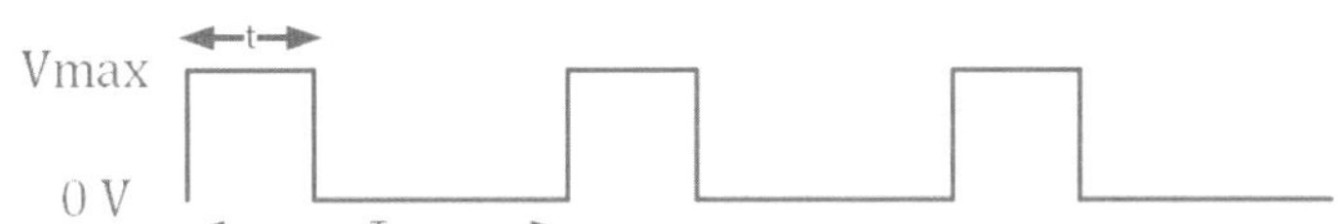

PWM Pulse의 전압이 $V_{\max}$와 0V라면, PWM으로 만들 수 있는 직류성분의 크기는 이론적인 값은 $V_{DC} = \frac{t}{T} \times V_{\max}$으로 계산된다. 따라서 V_{DC} 값은 PWM의 duty 비에 비례함을 알 수 있다.

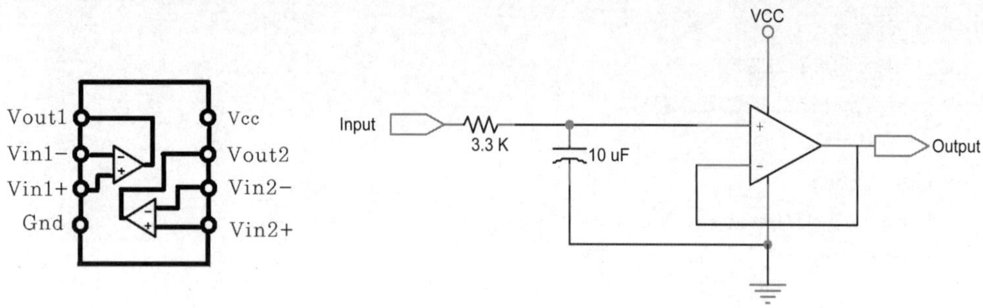

(a) LM358　　(b) Low Pass회로

|그림 5-1| LM 358과 Low Pass회로

PWM을 DC 값으로 변환하려면 Low Pass Filter가 필요하다.

LM358 IC가 단 전원으로 구동할 수 있는 OpAmp IC이므로, 별도의 전원 없이 LM358을 사용하여 Low Pass Filter를 만들 수 있다. LM358을 이용하여 만든 Low Pass Filter 회로는 **그림 5-1**과 같다.

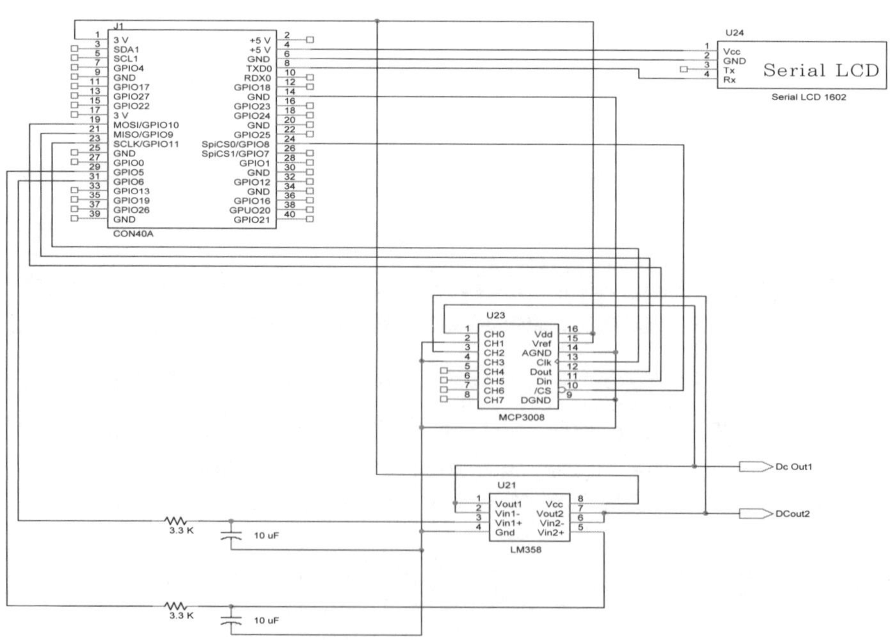

|그림 5-2| 직류 전원 회로도

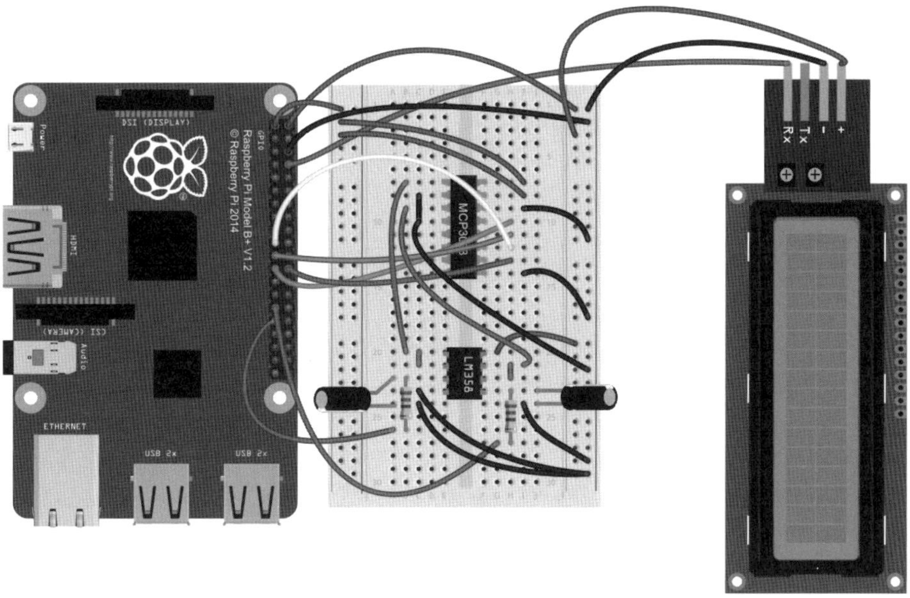

|그림 5-3| 직류 전원 결선도

그림 5-1의 Low-Pass Filter의 차단 주파수는 $f = \dfrac{1}{2\pi \times 3300 \times 10^{-5}} \simeq 4.8\ Hz$ 이므로는, PWM의 주파수가 10 Hz 이상이면 문제가 없지만, 이런 경우는 PWM의 주파수가 높을수록 유리하다.

그림 5-2는 PWM을 이용한 직류 전원회로이다.

DC 전압의 크기는 사용자가 지정할 수 있도록 하고, 출력되는 직류전압의 값을 확인하기 위하여, MCP3008을 이용한 A/D로 DC 출력을 읽어서 DC로 출력된 값을 LCD로 확인할 수 있는 회로를 추가하였다.

프로그램은 사용자가 입력한 DC 전압 값을 출력하도록 하였으며, 사용자가 지정한 출력 값을 확인하기 위하여 A/D로 읽은 출력 값을 LCD로 Display하여 확인할 수 있도록 하였고, 프로그램의 작성은 앞에서 만든 LCD Class와 AD Class를 이용하였다.

DCVoltageOut.py

```
import RPi.GPIO as IoPort
import time
import Lcd                                 #.......................(1)
import Mcp3008                             #.......................(2)

Out1 = 6
```

```
Out2 = 5
IoPort.setmode(IoPort.BCM)
IoPort.setup(Out1, IoPort.OUT)
IoPort.setup(Out2, IoPort.OUT)
p1 = IoPort.PWM(Out1,1000)                    #......................(3)
p2 = IoPort.PWM(Out2,1000)                    #......................(4)
p1.start(0)                                   #......................(5)
p2.start(0)                                   #......................(6)
Lcd = Lcd.SrlLCD(9600)                        #......................(7)
Lcd.Clear()
AD = Mcp3008.MCP3008()                        #......................(8)
try:
  while True:
    rcv = input('Input 2 Out Voltage 0~3 V (Ch1, Ch2),  : ')
    rc = rcv.split(',')
    try:
      val1 = float(rc[0])
      val2 = float(rc[1])
    except:
      print('Input Error : ',rcv, ' Try again!!!')
      continue
    if val1 > 3 or val1<0:
      print(val1,' is not allowed value. Try again!!!')
      continue
    if val2 > 3 or val2<0:
      print(val2,' is not allowed value. Try again!!!')
      continue
    dval1 = int(val1* 100/3)                  #.....................(9)
    dval2 = int(val2* 100/3)
    p1.ChangeDutyCycle(dval1)                 #....................(10)
    p2.ChangeDutyCycle(dval2)
    time.sleep(1)                             #....................(11)
    sprcv1=AD.Read(0,True)*3/1023             #....................(12)
    sprcv2=AD.Read(2,True)*3/1023
    Str1 = 'Channel 1 : '+str(sprcv1)         #....................(13)
    Lcd.Move(1,1)
    Lcd.Print(Str1)
    Str1 = 'Channel 2 : '+str(sprcv2)
    Lcd.Move(2,1)
    Lcd.Print(Str1)
except:
  p1.stop()                                   #....................(14)
  p2.stop()
```

(1) Lcd.py File을 사용한다.
앞에서 만든 Lcd.py File이 같은 Directory에 있어야 한다.
(2) Mcp3008.py File을 사용한다.
앞에서 만든 Mcp3008.py File이 같은 Directory에 있어야 한다.
(3)(4) 1 KHz의 PWM Port로 지정한다.
(5)(6) PWM 출력을 시작한다.
(7) SrlLCD 인스턴스를 생성한다.
(8) MCP3008() 인스턴스를 생성한다.
(9) 입력 값으로 PWM의 Duty를 계산한다.
(10) PWM의 출력 Duty를 변경한다.
(11) DC 전압이 안정될 때까지 기다린다.
(12) Mcp3008의 (CH0,CH1)의 입력 값을 전압으로 환산한다.
(13) LCD에 결과를 출력한다.
(14) CTRL-C에 의해 종료될 때, PWM 출력을 정지한다.

6 초음파 거리 측정(후방 감지기)

초음파를 이용하여 거리를 측정하는 방법은 방출한 초음파가 반사되어 돌아오는 시간으로 계산된다.

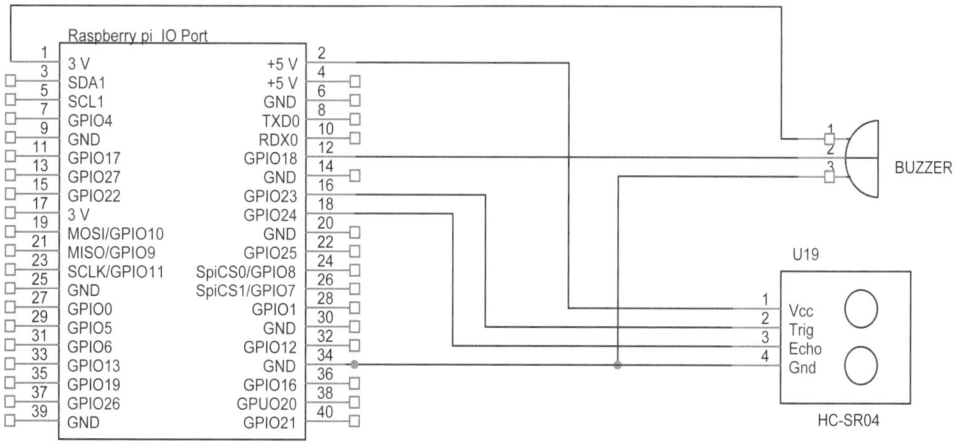

|그림 6-1| 초음파 측정 회로도

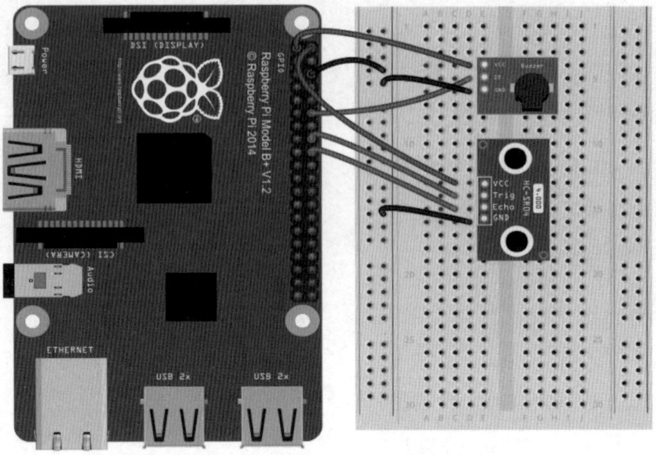

|그림 6-2| 초음파 측정 결선도

거리 측정의 경우 40 KHz의 주파수를 많이 사용하고 있으며 거리 측정 방법은 '거리 = 음속 × 반사 시간 '으로 계산되는데 '음속 = 331.5 + 0.6 × 온도'로 계산되므로, 온도에 따라 거리 계산식이 조금씩 달라짐을 알 수 있다.

그림 6-1은 거리를 측정하기 위하여 사용한 초음파 측정기 HC-SR04를 사용한 거리 측정 회로도이다.

회로에 사용하는 Buzzer는 3.3V에서 동작이 가능한 Buzzer Module이다.

HC-SR04를 사용하면 0~4 M 사이의 거리를 측정할 수 있다.

그림 6-3은 HC-SR04로 거리를 측정할 때 발생하는 신호이다.

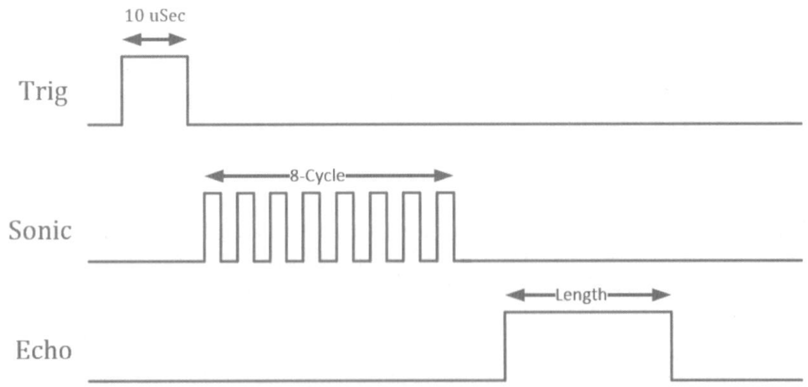

|그림 6-3| 초음파 측정 파형

신호를 분석하면 다음과 같다.

① Trig 입력으로 10 uSec의 Pulse가 입력되면

② 40 kHz의 초음파 8-Cycle을 방출한다.

③ return되는 초음파 신호를 이용하여 물체와의 거리를 측정한다.

④ 측정된 거리의 값에 비례하는 Pulse를 Echo단자로 출력한다.

따라서 Trig 단자로 10 uSEc의 Pulse를 인가한 다음 Echo로 출력되는 Pulse의 길이를 측정하면 거리를 알 수 있다.

pulse 폭에서 거리를 환산하는 수식은

$$\text{거리} = \frac{Pulse\text{의 폭}(uSec\text{단위})}{58} = Pulse\,\text{값} \times \frac{1000000}{58} = Pulse\,\text{값} \times 17241\ (\text{Cm})$$

으로 계산된다. 단위는 센치미터(centimeter)이다.

6-1) 거리측정

다음은 HC-SR04를 사용하여 거리를 측정하는 프로그램이다.

UltraSensor.py

```
import RPi.GPIO as gpio
import time
trig = 23
echo = 24
print("start")
gpio.setmode(gpio.BCM)
gpio.setup(trig, gpio.OUT)
gpio.setup(echo, gpio.IN)
try :
  while True :
    gpio.output(trig, False)                      #...................(1)
    time.sleep(0.5)
    gpio.output(trig, True)                       #...................(2)
    time.sleep(0.00001)
    gpio.output(trig, False)
    while gpio.input(echo) == 0 :                 #...................(3)
      pulse_start = time.clock()
    while gpio.input(echo) == 1 :                 #...................(4)
      pulse_end = time.clock()
    pulse_duration = pulse_end - pulse_start              #..........(5)
    distance = pulse_duration * 17241             #...................(6)
    distance = round(distance, 2)                 #...................(7)
    print( "Distance : ", distance, "cm")
except :
    gpio.cleanup()
```

(1) 거리 측정전에 trig에 Low를 출력한 상태로 잠시 여유를 가진다.
(2) 10 uSec의 Pulse를 방출한다.
(3) Echo 입력이 High가 될 때까지 대기한다.
(4) Echo 입력이 다시 Low가 될 때까지 대기한다.
(5) Echo 입력으로 들어온 Pulse의 폭을 계산한다.
(6) Pulse의 폭을 거리로 환산한다.
(7) Print하기 위하여 distance의 값을 소숫점 2째 자리의 숫자로 표현한다.

6-2) 후방 감지기

자동차 등에서 많이 사용하고 있는 후방감지기를 만들어 보자.

3 m부터 Buzzer로 경고음을 방출하기 시작하고, 가까워질수록 위급한 경고음을 방출하기 위하여, Buzzer의 신호는 PWM을 이용하여 생성하였다. 작성한 프로그램은 다음과 같다.

DistSensor.py

```
import RPi.GPIO as IoPort
import time

Bz  = 18
trig = 23
echo = 24
IoPort.setmode(IoPort.BCM)
IoPort.setup(trig, IoPort.OUT)
IoPort.setup(echo, IoPort.IN)
IoPort.setup(Bz, IoPort.OUT)
p= IoPort.PWM(Bz,0.5)                            #....................(1)
p.start(0)
dist = [(10,10),(30,9),(60,8),(100,7),(140,6),(180,5),(230,4),
        (250,3),(270,1),(300,0.5)]               #....................(2)
try :
  while True :
    IoPort.output(trig, False)
    time.sleep(0.5)
    IoPort.output(trig, True)                    #....................(3)
    time.sleep(0.00001)
    IoPort.output(trig, False)
    while IoPort.input(echo) == 0 :              #....................(4)
      pulse_start = time.clock()
    while IoPort.input(echo) == 1 :
```

```
      pulse_end = time.clock()
    pulse_duration = pulse_end - pulse_start          #...........(5)
    distance = pulse_duration * 17241
    distance = round(distance, 2)
    p.ChangeDutyCycle(50)
    if distance > 300 :                               #.....................(6)
      p.ChangeDutyCycle(0)
      continue
    else:
      p.ChangeDutyCycle(50)
      for dst in dist:                                #.....................(7)
        if distance > dst[ 0] :
          continue
        p.ChangeFrequency(dst[ 1] )
        break
except:
   p.stop()
   IoPort.cleanup()
```

(1) Buzzer Port (Bz)를 PWM Port로 설정한다.

(2) Buzzer로 방출되는 PWM 출력주파수를 거리에 따라 다르게 지정한다.

(3) 거리측정을 위하여 10 uSec의 출력을 방출한다.

(4) Echo로부터 입력되는 Pulse 신호를 검출한다.

(5) Pulse의 길이로부터 거리를 환산한다.

(6) 300 Cm이상이면 Buzzer 신호를 방출하지 않는다.

(7) 거리에 따라 Buzzer 주파수를 다르게 설정한다.

7 조도 센서

빛의 밝기를 측정하는 소자는 포토 다이오드, 포토 트랜지스터, 포토 IC, 복합 광센서 등이 있다. 여기서는 간단한 회로로 측정이 가능한 복합 광센서 중 하나인 CDS를 사용하기로 하자.

CDS 조도 센서는 빛의 밝기에 따라 저항 값이 변하는 특성을 가지고 있는 소자이다. CDS

는 광전효과를 이용하는 센서이기 때문에, CDS 센서의 저항은 어두워질수록 저항 값이 커지고 밝을수록 저항 값이 작아지는 성질을 가지고 있는데, 빛의 밝기와 저항 값의 관계는 거의 log 함수에 가깝게 변화하기 때문에 밝기를 측정하려는 목적보다, 어둡고 밝음을 판단하는 수단으로 많이 사용되고 있다.

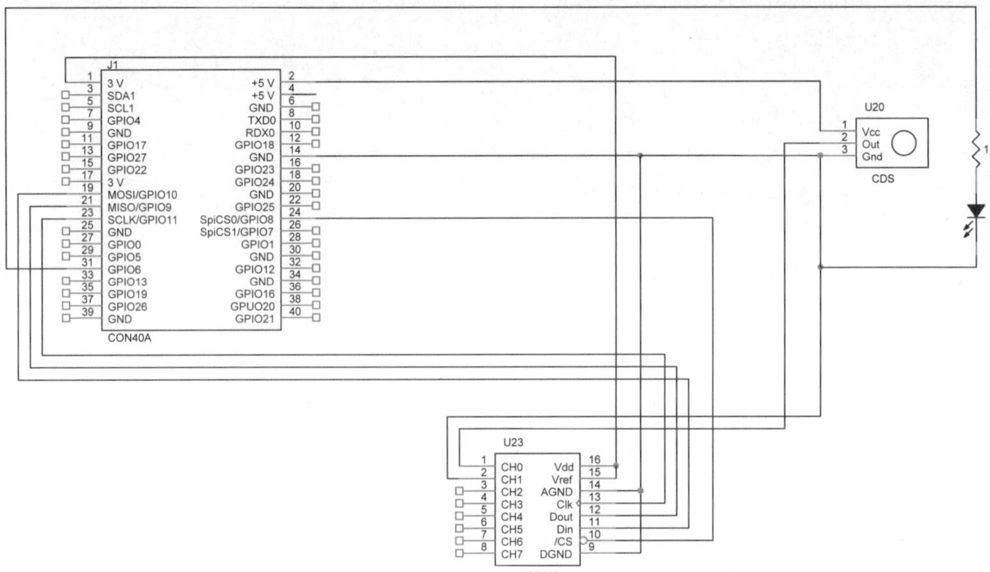

|그림 7-1| 조도 측정 회로도

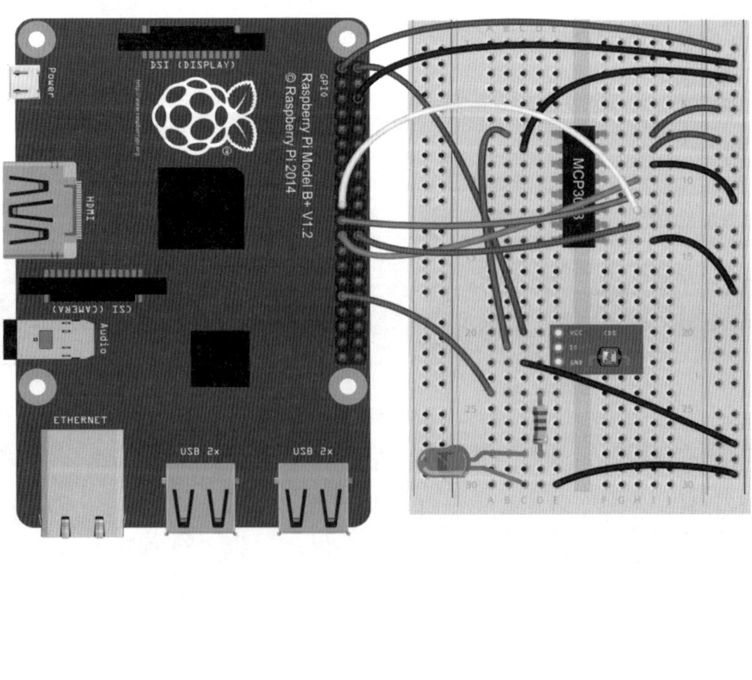

CDS를 이용하여 조도를 검출하고, **그림 7-1** 회로를 사용하여 어두우면 Led의 조도를 높이고, 밝으면 Led의 조도를 낮추는 프로그램을 작성해 보자. 조도의 측정은 AD를 이용하기 때문에 앞에서 작성한 Mcp3008 클래스를 사용 하였다.

CdsLed.py

```
import RPi.GPIO as IoPort
import time
import Mcp3008                                      #..................(1)

Led = 6
IoPort.setmode(IoPort.BCM)
IoPort.setup(Led, IoPort.OUT)
p = IoPort.PWM(Led,1000)                            #..................(2)
p.start(50)
AD = Mcp3008.MCP3008()
LedBr = [ (30,0),(40,30),(50,50),(60,60),(70,70),(80,85),(90,100),
          (100,100)]                                #..................(3)
try:
  while True:
    sprcv1=AD.Read(0,True)*100/1023                 #..................(4)
    vled = int(sprcv1)                              #..................(5)
    for br in LedBr:
      if vled < br[ 0]  :
        continue
      p.ChangeDutyCycle(br[ 1] )                    #..................(6)
except:
  p.stop()
```

(1) Mcp3008.py를 사용한다. Main 프로그램과 동일한 Directory에 있어야 한다.
(2) Led Port의 PWM 주파수를 1 KHz으로 설정하였다.
(3) 조도에 따라 PWM의 Duty 비를 다르게 설정하였다.
(4) 조도를 측정한다. 조도의 최댓값을 100으로 설정한다.
(5) 조도값을 정수로 바꾼다.
(6) 조도에 따라 Duty비를 변경한다.

8 진동 센서

소음과 진동은 비파괴 검사뿐 아니라 구조체의 이상 여부를 검사하는 방법 등으로 자주 사용되고 있는 방법이다. 구조물 혹은 시스템은 시간이 흘러도 시스템 특성이 불변 하다고 가정할 수 있기 때문에 시스템의 동적 특성을 알면, 진동의 상태를 측정함으로서 시스템의 동적인 특성 변화나 외력의 존재 유무를 파악할 수 있다.

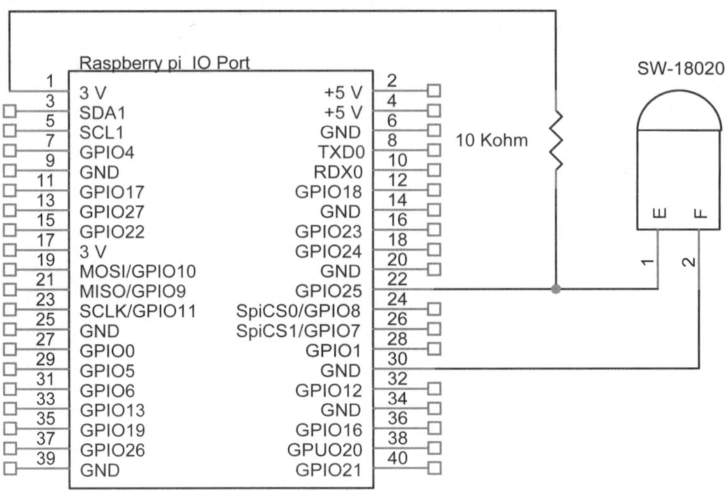

|그림 8-1| 진동 측정 회로도

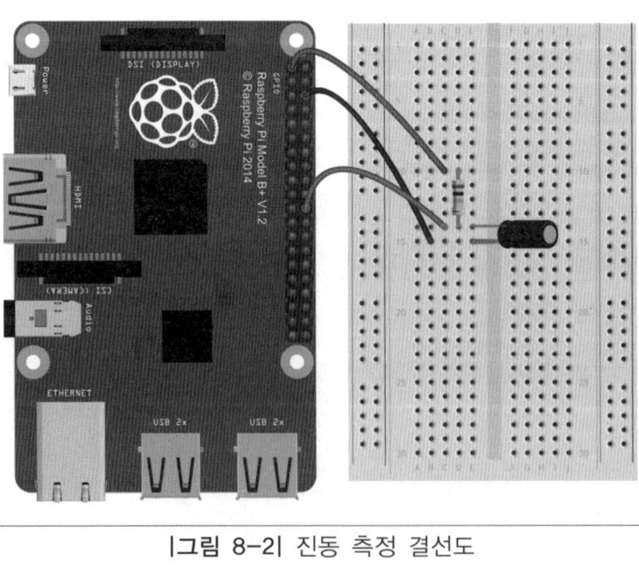

|그림 8-2| 진동 측정 결선도

쉽게 이야기 하면 A점에 충격이 왔을 때의 진동과 B점의 충격이 왔을 때의 진동이 다르다면, 진동의 상태를 파악하여, A,B 중 어느 곳에서 발생한 충격인지를 알 수 있다는 뜻이다.

저자는 진동의 모드 해석을 할 수 있는 능력이 없어도, 진동에 대한 경험치를 가지고 있다면, 발생한 진동으로부터 유용한 정보를 추출할 수 있는 방법은 있으리라 생각한다.

그림 8-1은 진동센서 SW-18020을 사용한 회로이다.

진동이 발생하였을 때 진동자체를 검출하는 것은 너무 단순하다.

진동의 지속시간과 진동에 의해 발생한 Pulse의 수를 검출해보자.

SW18020.py

```
import RPi.GPIO as IoPort
import time
def SWHit(Ch):                                  #......................(1)
  global Count
  Count = Count+1
SW = 25
IoPort.setmode(IoPort.BCM)
IoPort.setup(SW, IoPort.IN)
IoPort.add_event_detect(SW,IoPort.FALLING,callback=SWHit)
                                               #......................(2)
while True:
  while IoPort.input(SW)==True:                #......................(3)
    Count = 0
    Stime = time.clock()
  twait = time.clock()
  while True:                                  #......................(4)
    if IoPort.input(SW)==False:
        twait = time.clock()
        continue
    ref = time.clock()                          #......................(5)
    if ref > twait+0.1:                         #......................(6)
      break
  DifTime=ref-Stime-0.1                         #......................(7)
  print('Vibration Count : ',Count)
  print('Time ; ',DifTime)
```

(1) SW(GPIO25 Pin)가 High에서 Low로 이전할 때 마다 호출되기 때문에 Pulse의 수를 Count할 수 있다.

(2) SW(GPIO25 Pin)가 High에서 Low로 변화할 때마다 Event를 발생하도록 설정하였다.

(3) 진동의 시작을 기다린다. 진동의 시작 시간은 STime에 기록된다.

(4) 진동의 종료를 기다린다. 0.1 Sec 동안 진동이 없으면 While Loop를 벗어난다.

(5) 시간을 측정한다. twait에 진동이 발생한 최종시간이 기록되어 있다.

(6) 진동 발생한 최종시간이후 0.1 Sec가 지났는지를 확인한다.

(7) 진동 멈춘 시간 0.1 Sec가 포함되어 있으므로 0.1 Sec를 빼야 한다.

- 저자가 이 프로그램으로 실험한 결과는 그다지 좋지 않다.
- 저자가 실험한 기구적인 문제가 크리라 생각되지만 진동이 발생했다는 것 이외의 정보를 유출하지는 못했고, 다만 가능성이 있다고 우기고 싶을 정도의 차이는 보였지만, 사용할 수 있는 정보란 생각은 들지는 않았다. 참고로 저자는 기구를 제대로 설치한 상태에서 야구 게임 장치에서 천으로 만든 2개의 넓은 막을 겹쳐 놓은 곳에 2개의 진동센서를 설치하고 진동의 전파 속도를 비교하여 충격 지점을 성공적으로 추출해 본 경험이 있다.
- 다만 입력되는 Pulse에 대하여 Event와 Polling 방식을 동시에 구사할 수 있음을 알게 된 것을 실험의 결과에서 얻은 경험이라 생각하자.

9 동작 감지 센서

NaPiOn pyroelectric Sensor는 움직임을 감지하는 센서이다.

NaPiOn는 대략 ±50도의 범위 내에 체온을 가진 물체의 움직임을 감지하는 센서이기 때문에 문앞에 있는 현관등이나 화장실, 지하철의 출입구 등에서 사람의 존재 여부를 감시하는 용도로 사용되는 센서이다.

센서의 동작은 간단하다. 사람이 없거나 정지된 상태일 때는 0V를 출력하지만 사람의 움직임이 감지되면 5V를 출력하도록 되어 있기 때문에 출입구 등에서 사람의 입 출입을 감시하는 용도로 사용할 수 있다.

일반적으로 사람이 출현하면 조도를 밝게하는 용도로 많이 사용되지만 여기서는 사람의 출현을 Wifi를 사용하여 컴퓨터에게 알리는 프로그램을 작성해 보자. 그림 9-1)은 프로그램에서 사용하는 회로도이다.

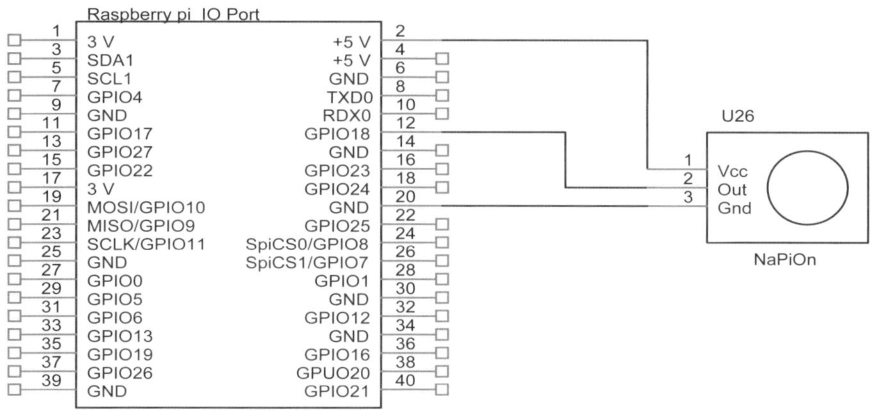

|그림 9-1| 동작 감지 센서 회로도

|그림 9-2| 동작 감지 센서 결선도

9-1) 침입자 감시

동작 감지 센서는 사람의 움직임을 감지하는 센서이므로, 센서에 사람이 감지되면 카메라로 촬영하여 PC로 전송하는 프로그램을 작성해보자.

JK_Comm.exe는 파일의 이름이 'jpg'이면 화면에 출력하므로 file의 Extention을 'jpg'로 하고 파일의 이름은 'C날짜_시간_분_초.jpg'로 만들어서 PC로 전송하는 프로그램을 작성하자.

PC 프로그램은 JK_Comm.exe를 사용하였다.

```
                              Detect.py
import io
import RPi.GPIO as IoPort
import time
import TcpWork
import SndProt
import picamera

NaPiOn=18
IoPort.setmode(IoPort.BCM)
IoPort.setup(NaPiOn, IoPort.IN)          #........................(1)
camera = picamera.PiCamera()
Tcp = TcpWork.TcpWork()                  #........................(2)
Tcp.Connect('192.168.1.53',20001)        #........................(3)
Prot = SndProt.SndProt()                 #........................(4)
while True:
  if IoPort.input(NaPiOn)==True:         #........................(5)
    mystream = io.BytesIO()              #........................(6)
    camera.capture(mystream,'jpeg')      #........................(7)
    buf = mystream.getbuffer()           #........................(8)
    tme = time.localtime()               #........................(9)
    fname = 'C'+str(tme.tm_mday)+'_'+str(tme.tm_hour)
    fname= fname+'_'+str(tme.tm_min)+'_'+str(tme.tm_sec)+'.jpg'
                                         #.......................(10)
    bDta = Prot.pFileSend(fname,buf)     #.......................(11)
    Tcp.Send(bDta)                       #.......................(12)
    print(fname)
    time.sleep(5)
```

(1) 동작 감지 센서의 입력 Port를 설정한다.

(2) TcpWork의 인스턴스를 생성한다.

(3) PC에 Client로 접속한다.

(4) 데이터 전송 프로토콜을 제작하는 함수의 인스턴스를 생성한다.

(5) 센서가 동작 감지를 하였는지 판단한다.

(6) 카메라 데이터를 수신하는 Stream을 만든다.

(7) 카메라로 촬영을 한다.

(8) 스트림에서 카메라 데이터를 추출한다.

(9) 현제 시간을 알아낸다.

(10) 파일 이름을 만든다.

(11) 카메라 데이터에 통신 프로토콜을 추가한다.

(12) 데이터를 PC로 전송한다.

10 근접 센서

SN04-N은 금속과의 거리가 5mm 이내이면 반응을 하는 센서이다.

금속과의 거리에만 반응하기 때문에 금속 물질의 존재 여부를 비접촉 상태에서 판단할 수 있으므로 자동화 시스템의 테스트 벤치 등에서 많이 사용 되고 있다. 이 센서를 이용하면 건물에 있는 문의 여닫음도 감시 할 수 있다. 사용방법은 간단하다. 센서에 전원만 인가하면 되기 때문이다.

그림 10-1은 SN04-N을 사용한 회로도이다.

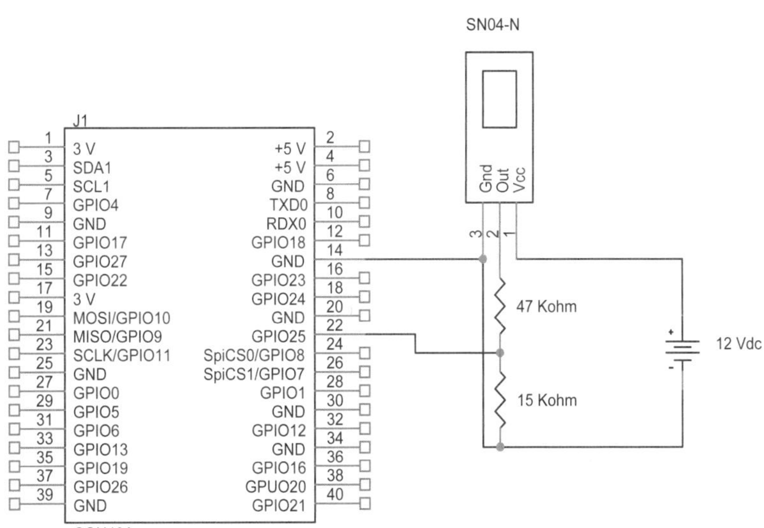

|그림 10-1| SN-4-N 회로도

그림 10-1 회로는 12 V의 외부 전원을 사용하였지만, **그림 10-2**의 결선도는 12V 전원 대신 LM2587(DC-to-DC Converter) 12V 승압 모듈을 사용하였다. 12V 외부 전원을 갖고 있지 않은 독자들을 위해서이다. 12V 전원을 가지고 있는 독자들은 그림 10-1)과 같이 만드

는 것이 안정성이 좀 더 높을 것으로 보인다.

SN04-N은 공급 전원이 6V~36V까지 허용하므로 외부 전원을 사용하여야 한다. **그림 8-1**에서는 12V를 사용하였다. 외부전원이 12V이고, GPIO25입력은 3V를 기준으로 만들어져 있기 때문에, 전압 분배를 위하여 47 Kohm과 15 Kohm을 사용하였다.

|그림 10-2| SN-4-N 결선도

10-1) 근접 센서 사용

프로그램은 간단하다. SN04-N을 금속물질 가까이 가져가면 Low, 멀어지면 High를 출력하므로, GPIO25가 High인지 Low인지만 판단하면 된다.

```
Sn04.py
import RPi.GPIO as IoPort
import time

Door = 25
IoPort.setmode(IoPort.BCM)
IoPort.setup(Door, IoPort.IN)

while True:
  print('Door Closed')
  while True:                         #...........................(1)
```

```
    if IoPort.input(Door)==True:
      break
  print('Door Opened')
  while True:                              #..........................(2)
    if IoPort.input(Door)==False:
      break
```

(1) 근접 센서의 출력이 Low(Door open)가 될 때까지 기다린다.

(2) 근접 센서의 출력이 High(Door Close)가 될 때까지 기다린다.

10-2) 감시 카메라

라즈베리파이의 카메라를 사용하여 감시 카메라를 만들자.

근접 센서를 문에 설치하고 문이 열리거나 닫힐 때 카메라로 10 Sec동안 비디오를 촬영하고 문이 닫힐 때 다시 10 Sec 동안 비디오를 촬영하는 프로그램을 작성하자. 파일의 이름은 날짜와 시간으로 한다.

문이 흔들리는 경우도 있기 때문에 문의 열고 닫음은 항상 1 Sec동안 유지되는 지를 확인하고 촬영을 시작한다.

Monitor.py

```
import RPi.GPIO as IoPort
import time
import picamera

def StartVideo():                            #........................(1)
    dte = time.localtime()                   #........................(2)
    Year = dte.tm_year
    Mon  = dte.tm_mon
    Day  = dte.tm_mday
    WDay = dte.tm_wday
    Hour = dte.tm_hour
    Min  = dte.tm_min
    Sec  = dte.tm_sec
    str1 = str(Year) +':'+str(Mon)+':' +str(Day)+'_'+str(Hour)
                              +':'+str(Min)+':'+str(Sec)+'.h264'
    TakeVideo(str1)
def TakeVideo(nme):                          #........................(3)
  camera.start_preview()
  camera.preview.fullscreen = False
```

```
  camera.preview.window = (0, 0, 640, 480)
  camera.start_recording(nme)
  time.sleep(10)
  camera.stop_recording()
  camera.stop_preview()

Door = 25
IoPort.setmode(IoPort.BCM)
IoPort.setup(Door, IoPort.IN)
camera = picamera.PiCamera()                #......................(4)
try:
  while True:
    pre = time.clock()
    while True:                             #......................(5)
      if IoPort.input(Door)==True:
        ref = time.clock()
        if ref >= pre + 1:
          break
      else:
        pre=time.clock()
    StartVideo()                            #......................(6)
    pre = time.clock()
    while True:                             #......................(7)
      if IoPort.input(Door)==False:
        ref = time.clock()
        if ref >= pre + 1:
          break
      else:
        pre=time.clock()
    StartVideo()                            #......................(8)
except:
  camera.close()
```

(1) 비디오를 촬영하기 전에 촬영 시작 시간을 추출하여 비디오 파일 이름을 만들고 촬영을 위하여 TakeVideo(nme) 함수를 호출한다.

(2) 현재시간을 알아낸다.

(3) 640×480 크기의 화면으로 10 Sec 동안 Video를 촬영한다.

(4) PiCamera의 인스턴스를 생성한다.

(5) 문이 열릴 때까지 기다린다.

(6) Video 촬영을 한다.
(7) 문이 닫힐 때까지 기다린다.
(8) 비디오를 촬영한다.

11 Level Transmitters

라즈베리파이로 Hardware를 제어할 때 가장 문제가 되는 것은 출력할 수 있는 전압과 전류의 한계이다. 간단한 예를 든다면 시중에서 쉽게 구할 수 있는 5V용 일반 Buzzer에 라즈베리파이의 Port로 On-Off 신호를 출력해 보면 쉽게 알 수 있다.

확인하기 위하여 5 V용 Buzzer를 직접 실험해 보라고 말하고 싶지만 독자들은 하지 않는 게 좋을 것 같다. Buzzer의 종류에 따라서는 라즈베리파이의 포트 자체를 망가트릴 수도 있기 때문이다.

라즈베리파이를 이용하여 다른 Hardware를 제어할 때, 이러한 문제점을 극복하지 못한다면, 라즈베리파이는 장난감의 범위를 벗어나지 못하고 만다. 이장에서는 그러한 문제를 해결하기 위한 방법을 생각해 보자.

11-1) Driver IC

독자들에게 먼저 추천하고 싶은 것은 Driver IC이다.

Driver IC는 종류도 많고 다양한 용도로 사용되고 있기 때문에 필요에 따라 적절히 선택할 필요가 있다. Driver IC L293B를 사용해 보자.

L293B는 전류를 1A까지 흘릴 수 있는 4-채널의 드라이버 IC이다.

그림 11-1은 L293B의 내부 구조이다. 그림을 보면 Enable Port와 Input Port, Output Port로 구성되어 있다.

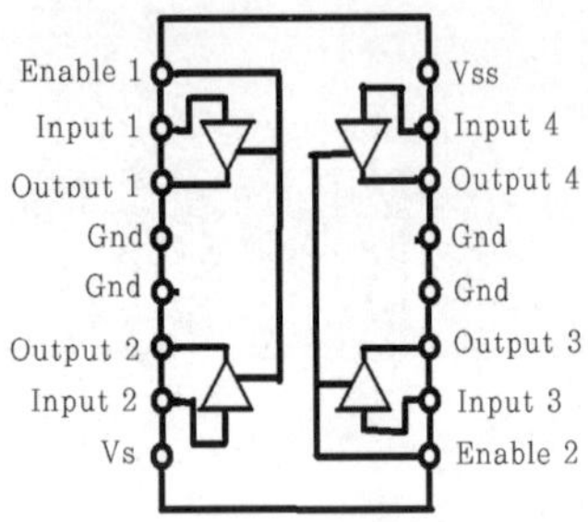

|그림 11-1| L293B

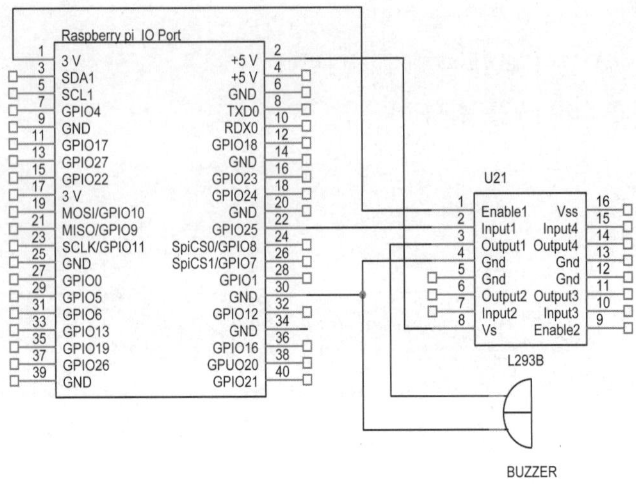

|그림 11-2| Buzzer 회로도

|그림 11-3| Buzzer 결선도

Enable 1에 2.3V 이상의 High 전압이 가해지면 Input1, Output1과 Input2, Output2가 동작 상태가 된다.

이 상태에서 Input1에 High 전압이 가해지면 Output1에 Vs로 인가된 전압이 출력된다. Input1에 2.3V 보다 낮은 전압이 가해지면 Output1의 출력은 0V가 된다. Input2와 Output2의 같은 방법으로 동작한다.

Enable2는 Input3,4와 Output3,4를 제어한다는 점과 출력전압이 Vss라는 점만 다르다.

따라서 라즈베리파이가 Enable과 Input를 제어하면 Output로 Vs 혹은 Vss를 출력할 수 있으므로, Vs와 Vss에 충분한 전력을 가지고 있는 외부전원을 연결하면 외부 전원을 출력 전원으로 사용할 수 있기 때문에 다른 하드웨어에 충분한 전압과 전류를 공급할 수 있게 된다.

참고로 L293B의 Vs, Vss단자는 36V의 전압까지 인가할 수 있다.

그림 11-2는 L293B를 실험하기 위한 회로이다. 회로에서 Vs에 라즈베리파이의 내부 5V 전원을 사용하였는데, 하드웨어를 갖추지 못한 독자를 배려해서이다. 외부 전원을 가지고 있다면 Vs에 외부 전원을 연결하는 것이 좀 더 안정된 방법이다. 다음 프로그램을 실행하면 Buzzer가 1 Sec동안 동작한다.

Buzzer.py

```
import RPi.GPIO as IoPort
import time
Buz = 25
IoPort.setmode(IoPort.BCM)
IoPort.setup(Buz, IoPort.OUT)
IoPort.output(Buz,True)                  #....................(1)
time.sleep(1)
IoPort.output(Buz,False)                 #....................(2)
```

(1) Buzzer On

(2) Buzzer Off

11-2) 트랜지스터 사용

트랜지스터의 사용은 전기에 대한 지식을 가지고 있으면서도, 트랜지스터를 제대로 사용하지 못하는 사람들이 있는 것 같아서 마련하였다.

여기서 필요한 지식은 옴의 법칙 정도이다 하지만 전기에 대한 지식이 없는 독자들에게는 어려운 내용일 수 있다. 드라이버 IC를 트랜지스터로 대치하는 방법이니까, 드라이버 IC를 사용하기로 하고, 이 절을 Skip하여도 문제가 되지는 않는다.

트랜지스터를 사용하여 전압 혹은 전류를 Drive하는 것이 Driver IC를 사용하는 것보다 단가도 적게 들고 융통성도 높다.

트랜지스터를 증폭용으로 사용하려면 좀 더 많은 것을 알아야 하지만 트랜지스터를 이용하여 단순하게 전류 혹은 전압을 Drive하려 한다면 간단한 방법만 배우면 사용할 수 있다. 트랜지스터 사용법을 간단히 설명하기로 하자.

트랜지스터는 PNP 타입과 NPN 타입 2가지 종류가 있다. PNP와 NPN 타입은 극성만 다를 뿐 사용법은 동일한데, 저자의 경험으로는 강한 전류가 필요할 때는 PNP를 많이 사용하지만, NPN이 고장률이 낮은 편이기 때문에–저자의 사견이다– NPN이 좀 더 많이 사용되고 있으므로, NPN을 사용하기로 하고–PNP는 극성만 다르다– 이론적 설명은 배제하고 실질적으로 사용하는 방법을 설명하기로 하자.

트랜지스터는 에미터, 베이스, 콜렉터 3개의 단자를 가지고 있다. 조금은 어려운 이야기지만 정전류가 필요하면 콜렉터로 출력하고 정전압이 필요하면 에미터로 출력하는 것이 좋다. 아이러니한 이야기지만 강한 전류가 필요하면 정전압이 필요하고 강한 전압이 필요하면 정전류가 필요하다.

전자에 대한 지식이 있는 독자들은 Ohm의 법칙을 염두에 두고 잘 생각해 보면 그 이유를 이해할 수 있을 것 같다. 참고로 아날로그 스피커를 에미터 단자로 제어하는 이유도 이와 무관하지 않다.

여기서는 콜렉터로 출력을 제어하는 방법을 소개하기로 하자.

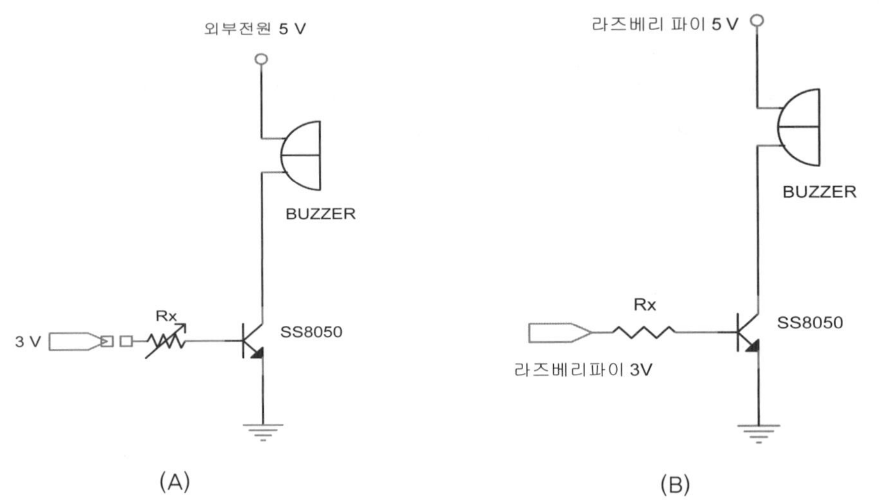

|그림 11-3| 부저회로

그림 11-3은 부저를 동작시키기 위한 트랜지스터 회로도이다.

실험에 사용한 Buzzer는 소리가 나려면 10mA의 전류가 필요한 부저이다. 라즈베리파이의 포트에서 10mA의 전류를 흘리는 것은 파손의 위험이 있기 때문에 **그림 11-3**과 같은 회로가 필요한 것이다.

트랜지스터를 사용하려면 사용하려는 트랜지스터의 매뉴얼을 참고하여야 한다. 여기서 사용하는 트랜지스터는 SS8050이다. 트랜지스터 매뉴얼을 찾아보면 h_{FE} 혹은 β라 정의된 값이 증폭도이고 V_{BE} 값이 트랜지스터가 동작할 때 베이스와 에미터 사이에 걸리는 전압이다.

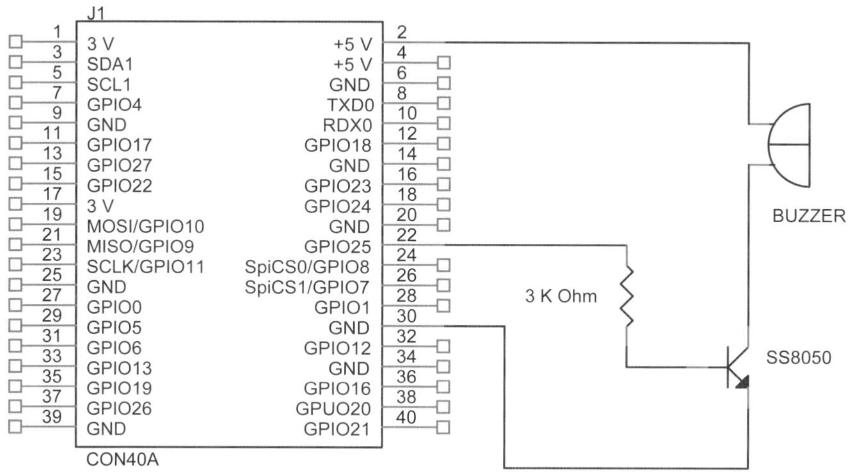

|그림 11-4| 트랜지스터 실험 회로도

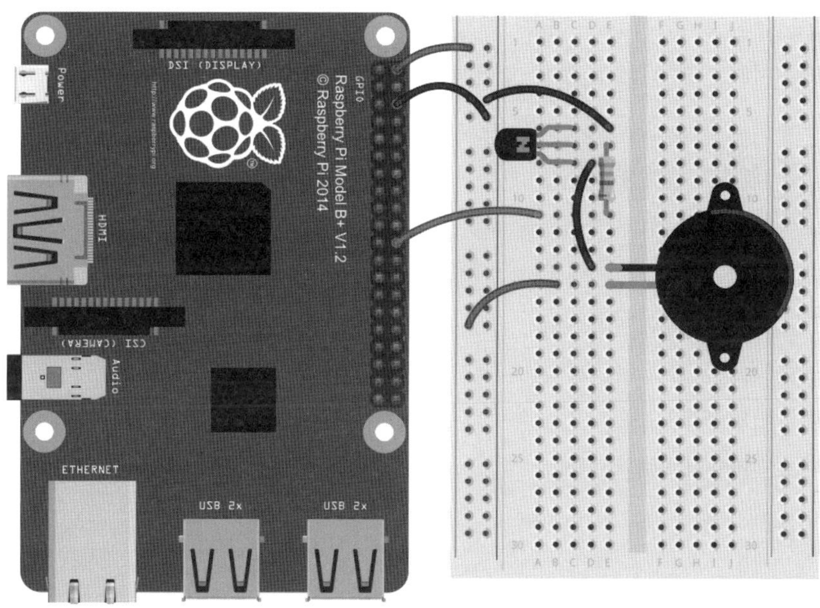

|그림 11-5| 트랜지스터 실험 결선도

트랜지스터의 콜렉터로 흐르는 전류와 베이스로 흐르는 전류의 관계식은 $I_C = \beta I_B$로 계산된다. SS8050 매뉴얼을 보면 h_{FE}값이 대략 110~160 정도이고, V_{BE}값이 1 V라 명시되어 있다. 편의상 h_{FE} 값이 100 정도라 하자.

Buzzer에 필요한 전류가 10 mA 이므로 $10\,mA = 100 \times I_B$ 으로 계산하면 $I_B = 0.1\,mA$가 필요하다. 라즈베리파이의 IO Port의 출력전압이 3 V이며 $V_{BE} = 1\,V$라 하였으므로

$3-1=2V$ 따라서 Rx에 걸리는 전압은 2 V이며 0.1 mA의 전류가 흘러야 하니까 $0.1mA \times Rx = 2$를 만족해야 하므로 $Rx = \frac{2}{0.1mA} = 20\,Kohm$이 된다. 따라서 $Rx = 20\ Kohm$으로 하고 **그림 11-3(A)**과 같은 회로를 만들면 부저소리가 난다. 여기 까지가 학교에서 배운 내용이다. 그런데 외부 전원(저자의 경우는 5V 3A 이다)을 사용하면 부저소리가 나는데 라즈베리파이의 5V 전원을 연결하면 소리가 잘 나지 않는다. 대부분의 경우 여기서 좌절하는 것을 많이 보았다.

USB 포트는 원칙적으로 5V 500 mA이다. 외부 전원을 사용할 때와 비교하면 라즈베리파이의 5V 출력 포트의 전압 값이 5V보다 낮고 부하선의 기울기와 전류가 달라질 수밖에 없다. 여기서 이론을 논하지는 말자. 방법을 생각하자. **그림 11-3(B)**와 같이 Rx를 가변저항으로 대치하고 라즈베리파이의 3V와 5V전원을 연결한 다음 Rx를 서서히 가변해 보면 어느 시점에 부저가 울리기 시작한다. 그 때의 Rx의 값을 선택하면 된다. 여기서 주의 할 점은 되도록 Rx의 값이 큰 값이 되도록 선택하는 것이 파손의 위험이 적다. 이야기를 하고보니 콜럼버스의 달걀 같은 이야기 이다.

하지만 실질적으로 이런 요령을 모르는 사람들이 너무 많은 것 같다.

저자가 자주 느끼는 것은 트랜지스터를 마치 무슨 마술 상자쯤으로 생각하고 두려워하는 사람들이 뜻밖으로 많아서 이다.

그림 11-4회로를 만들어서 앞 절에서 만든 "Buzzer.py"를 수행해 보라.

SS8050 매뉴얼에 h_{FE} 최저값이 45이므로 5 Kohm 정도에서도 소리가 나지만 분명히 하기 위하여 3 KOhm을 선택하였다.

참고로 뒤에 설명할 모터회로는 전자를 잘 모르는 독자들을 위하여 L293B를 사용하겠지만 트랜지스터 SS8050으로 대치할 수 있다는 점은 지적해 두고 싶다. 가능하면 실지로 해보기 바란다.(마찬가지 방법이다.)

12 DC 모터

라즈베리파이로 DC 모터를 제어할 때 가장 큰 문제는 DC 모터를 구동하려면 높은 전류가 필요하다는 점이다. 모터의 종류에 따라서는 라즈베리파이의 출력 포트만으로도 제어가 가능한 것도 있지만, 모터를 실질적으로 사용하려면 전류가 어느 정도 이상이 되어야 한다,

하지만 조건을 만족하려면 라즈베리파이의 출력 포트에 대단히 큰 무리가 주어지기 때문에 포트가 파손될 수도 있다.

그렇기 때문에 모터의 제어와 관련된 하드웨어를 제작할 때는 Buffer IC를 반드시 사용하는 것이 좋다.

DC 모터를 사용하기 전에 DC 모터의 중요한 특징을 정리해 보면 다음과 같다.

① 전류의 방향에 의해 회전 방향이 결정되며
② 인가되는 전압과 회전력이 비례하고
③ 인가되는 전류와 토크(torque)도 비례하며
④ 토크와 회전수는 반비례한다.

DC 모터의 속도를 제어하는 방법은
① DC 모터에 인가되는 전압을 바꾸어 주는 방법
② PWM의 duty비를 바꾸어 주는 방법
이 많이 사용되고 있다.

12-1) DC 모터의 구동

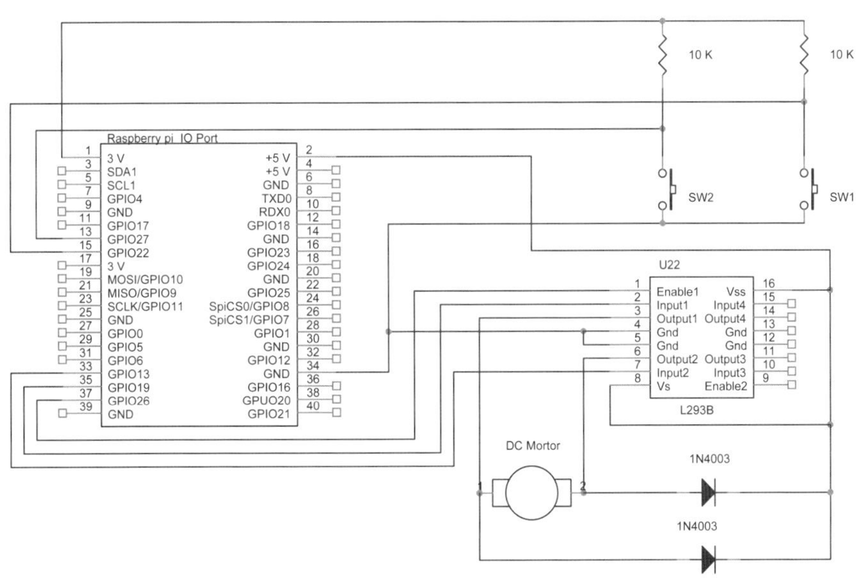

|그림 12-1| DC 모터 회로도

그림 12-1은 DC 모터 실험을 위한 회로이다.

회로에서 라즈베리파이의 5V 전원을 이용하여 L293B IC에 5V 전압을 인가하고 있는데, 별도의 전원 장치를 가지고 있는 독자들은 외부전원으로 L293B IC에 전원을 공급하는 것이 좋을 것 같다.

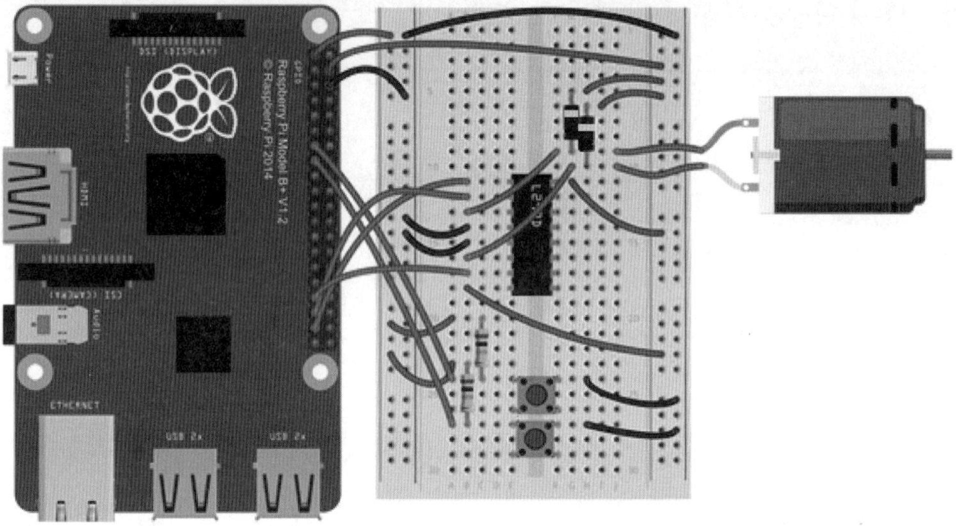

|그림 12-2| DC 모터 결선도

이 책에서는 모터를 단순하게 실험하는 정도에 불과 하기 때문에 허용 범위에 있다고 생각하고 있지만, 안정한 상태라 말할 수는 없기 때문이다.

DC 모터는 전류의 방향에 의해 회전 방향이 결정된다. 따라서 전류의 방향을 바꾸면 회전 방향도 바꿀 수 있다. 그림 12-1)의 회로를 보면 DC모터가 L293B의 3, 6번 핀에 연결되어 있다. 따라서 3번의 전압이 Vs이고 6번의 전압이 0V이면 정 방향으로 회전 하지만 반대로 3번이 0V이고 6번이 Vs 전압이면 역방향으로 회전하게 된다.

DC 모터의 내부는 코일과 자석으로 구성되어 있기 때문에 플레밍의 왼손 법칙도 적용되지만 오른손 법칙도 같이 적용된다.

쉽게 이야기하면 전기에 의해 회전도 하지만, 역으로 회전에 의해 전압도 발생한다. 이를 역기전력이라 하는데 모터가 회전하다가 정지하면 이 때 발생하는 역기전력에 의해 모터를 제어하는 I/O 포트가 파손이 되기도 한다. 이러한 현상을 방지하기 위하여 모터 회로에서 다이오드를 사용하는데 이러한 다이오드를 FR 다이오드(Fast Recovery Diode)라 한다. FR 다이오드는 Trr이 높은 다이오드(순방향과 역방향의 전환이 빠른 다이오드)를 사용하여야 한다.

그림 12-1의 회로를 다시 보면 L293B의 Input-1에 GPIO19가 연결되어 있고, Input-2에 GPIO13이 연결되어 있기 때문에 GPIO19가 High이고 GPIO13이 Low이면 정 방향으로 회전하고, GPIO19가 Low이고 GPIO13이 High이면 역방향으로 회전함을 알 수 있다.

GPIO22 Key를 누르면 순방향으로 회전하고 GPIO27 Key를 누르면 역방향으로 회전하는 프로그램을 작성해 보자.

DcMortor.py

```
import RPi.GPIO as IoPort

Key1 = 22
Key2 = 27
Enable = 26
Rght = 19
Lft  = 13
IoPort.setmode(IoPort.BCM)
IoPort.setup(Key1, IoPort.IN)
IoPort.setup(Key2, IoPort.IN)
IoPort.setup(Enable, IoPort.OUT)
IoPort.setup(Rght, IoPort.OUT)
IoPort.setup(Lft, IoPort.OUT)
try:
  while True:
    while IoPort.input(Key1)==False:                    #.................(1)
      IoPort.output(Lft,False)
      IoPort.output(Rght,True)
      IoPort.output(Enable,True)
    while IoPort.input(Key2)==False:                    #.................(2)
      IoPort.output(Lft,True)
      IoPort.output(Rght,False)
      IoPort.output(Enable,True)
    IoPort.output(Enable,False)
except:
  IoPort.output(Enable,False)
```

(1) Key1이 누르면 순방향으로 모터를 구동한다.

(2) Key2가 누르면 역방향으로 모터를 구동한다.

모터구동 방향은 가해지는 전압의 극성에 방향이 결정된다.

Enable이 High라야 전원이 공급된다.

12-2) DC 모터의 시동과 종료

DC모터는 정지 상태에서 처음 전압을 인가하면 -회전에 의한 역기전력이 없기 때문에- 내부저항이 거의 0에 가까운 상태이므로 초기 기동전류가 대단히 높다. 이로 인하여 모터에 전기적, 물리적 충격이 가해지고 모터의 수명에도 영향을 미치게 된다.

이러한 문제를 해결하기 위하여 Slow-Start 혹은 Soft-Start 등의 방법들을 사용하는데, 모터 전류의 급격한 변화를 억제함으로서 모터에 가해지는 전기적, 물리적 충격을 최소화 하는 것이 목표이다.

DC 모터는 Start 할 때도 문제가 있지만, 운행 중인 DC 모터를 정지시키거나 속도를 변경할 때도 모터에 가해지는 물리적, 전기적 충격이 크지 않도록 운행되어야 하기 때문에 Slow-Start 혹은 Slow-Stop 등의 방법이 필요하다. Slow-Start, Slow-Stop 등의 개념을 하드웨어적인 도움 없이 구현하는 것은 어렵다. 하지만 모터의 속도를 0에서 시작하여 점진적으로 속도를 높이 거나 속도를 줄여나가는 방법을 사용한다면 최소한 물리적인 진동은 억제할 수 있을 거란 생각이 든다.

모터의 속도는 PWM을 이용하여 조절할 수 있으므로, PWM을 이용하여 속도를 서서히 증가시키고 최고 속도에 도착하여 안정된 다음 다시 속도를 서서히 낮추는 프로그램을 작성하자. 속도는 1 Sec 단위로 변경한다.

MortorRun.py

```
import RPi.GPIO as IoPort
import time

Enable = 26
Rght = 19
Lft  = 13
IoPort.setmode(IoPort.BCM)
IoPort.setup(Enable, IoPort.OUT)
IoPort.setup(Rght, IoPort.OUT)
IoPort.setup(Lft, IoPort.OUT)
IoPort.output(Enable,True)
IoPort.output(Lft,False)
p= IoPort.PWM(Rght,1000)                    #........................(1)
p.start(0)
time.sleep(1)
ulist=[ 13,25,35,44,51,58,63,68,72,76,79,
       82,84,86,88,90,91,92,93,94,95,96,
       96,97,97,98,98,98,98,99,99,99,100]
dlist=[ 100,87,75,65,56,49,42,37,32,28,24,21,18]
```

```
for sp in ulist:                          #......................(2)
  p.ChangeDutyCycle(sp)
  time.sleep(1)
time.sleep(10)
for sp in dlist:                          #......................(3)
  p.ChangeDutyCycle(sp)
  time.sleep(1)
IoPort.output(Enable,False)
```

(1) 출력 포트를 PWM 포트로 설정하였다.

(2) Slow-Start로 모터를 구동한다.

(3) Slow-Stop으로 모터를 정지한다.

- Slow-Start 관련 자료를 보면 Slew-rate를 기준으로 속력을 늘이거나 줄이는 방법이 효율적이란 말이 있다.

  Slew-rate는 대상물이 그 시점에서 상승할 수 있는 최대의 속도를 말한다. 예를 들어 설명하자. 어떤 물체에 100 정도의 힘을 가했다면 물체의 속도가 증가하는데 힘이 가해진 순간부터 100의 속도가 나오는 것이 아니고 물체 자체가 낼수 있는 최대의 속도로 움직이기 때문에 50, 80, 90, 95, 98,...100와 같이 시간에 따라 속도가 점진적으로 증가하여 100의 속도에 도달한다. 여기서 50, 80,...은 그 시점에서 물체가 낼 수 있는 최대 속도이며 이를 Slew rate라 한다.
- 일반적으로 Slew-rate는 지수함수나 근(root)의 함수형태로 계산되는 것이 보통이다. 저자는 모터의 slew-rate를 측정하지 못하였고, 전자회로에서 R-C에 의한 slew-rate 함수가 $I = I_0\left(1-e^{-\frac{t}{RC}}\right)$ 혹은 $e^{-\frac{t}{RC}}$의 형태로 나타나기 때문에, 7 Sec가 되었을 때 63% 변화하도록 하여 $Duty = 100\left(1-e^{-\frac{t}{7}}\right)$, $Duty = 100\,e^{-\frac{t}{7}}$로 계산한 값을 상승 혹은 하강에 사용하였다.
- 외부전원을 사용하고 부하가 있는 모터라면 모르겠지만, 라즈베리파이의 5V 전원으로 구동할 수 있는 정도의 모터에서 이러한 방법이 어느 정도로 효과가 있을지는 -저자로서는-알 수가 없다. 다만 시작과 끝에서 흔들림이 적고 부드러운 움직이란 느낌은 받았지만, 느낌에 불과하다. 독자들에게 PWM으로 속도를 제어할 수 있음을 보여 주었다는 것으로 만족하자.

12-3) 안드로이드 폰으로 DC 모터 제어하기

Raspi_Client.apk을 사용하면 안드로이드 폰에서 DC 모터를 제어할 수 있다. Raspi_

Client.apk는 데이터 통신을 위하여 4개의 EditText 위젯을 가지고 있으며 EditText의 내용은 언제든지 변경할 수 있다.

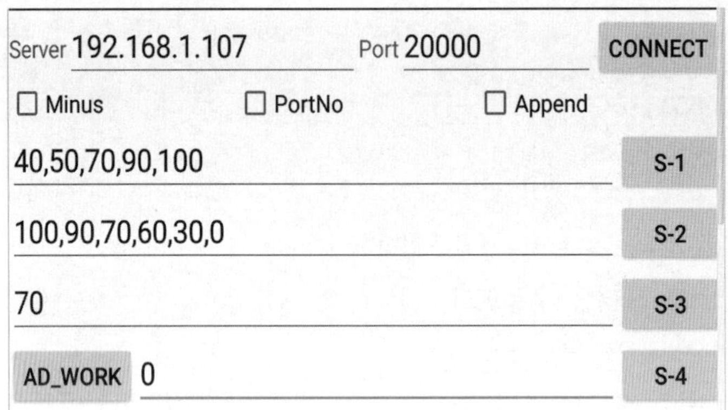

|그림 12-3| 안드로이드 화면

그림 12-3은 안드로이드 화면의 예이다.

S-1은 속도를 서서히 증가하도록 숫자를 설정하였다.

S-2는 속도를 서서히 감소하다가 최종적으로 멈추는 값을 설정하였다.

S-3는 70의 속도로 회전하도록 숫자를 정하였다.

S-4는 정지하도록 설정하였다.

프로그램은 안드로이드 폰으로부터 수신한 값으로 DC Motor의 속도를 변경하도록 작성하였다. 복수개의 데이터가 입력되면 데이터의 순서에 따라 1 Sec 마다 속도를 변경하도록 설정하였다.

JK_Phone 앱은 상단에 있는 "PortNo" Check Box가 선택되어 있으면, 출력 데이터의 앞에 "Port_1," "Port_2," "Port_3," "Port_4,"를 헤더로 붙여서 송신하도록 되어 있다. 여기서는 이 기능을 마이너스 값을 표현하는 수단으로 이용하자. 'Port_x,'를 헤더로 전송되어온 값(안드로이드 폰의 CheckBox가 Click되어 있는 경우)은 - 값(역회전)을 전송한 것으로 해석하기로 하자. 사실은 "Minus" Check Box를 사용하는 것이 좀 더 타당성이 있다. "Minus" Check Box는 "-,"를 헤더로 사용하기 때문이다. 하지만 그게 무슨 상관인가 그런 형태의 고정 관념에 매여 있지 말자.

"Minus" Check Box를 사용하여 - 값을 해석하는 프로그램으로 수정해 보는 것도 나쁘지 않다. 예제라 생각하고 수정해 보기 바란다. 참고로 Step 모터 제어에서는 "Minus" Check Box를 사용하였다.

안드로이드 폰으로 제어할 수 있는 DC 모터 프로그램은 다음과 같다.

AndroidDC.py

```
import RPi.GPIO as IoPort
import time
import TcpWork
class DCMotor:                                        #..................(1)
    def __init__(self):                               #..................(2)
      self.Enable = 26
      self.Rght = 19
      self.Lft  = 13
      IoPort.setmode(IoPort.BCM)
      IoPort.setup(self.Enable, IoPort.OUT)
      IoPort.setup(self.Rght, IoPort.OUT)
      IoPort.setup(self.Lft, IoPort.OUT)
      IoPort.output(self.Rght,True)
      IoPort.output(self.Lft,True)
      self.pR= IoPort.PWM(self.Rght,1000)            #..................(3)
      self.pL= IoPort.PWM(self.Lft,1000)             #..................(4)
      self.pR.start(0)
      self.pL.start(0)
    def Rotate(self,rot):                             #..................(5)
      if rot>0:
        self.RotR(rot)
      elif rot==0:
        IoPort.output(self.Enable,False)
        self.pL.ChangeDutyCycle(0)
        self.pR.ChangeDutyCycle(0)
      else:
        self.RotL(-rot)
    def RotR(self,rot):                               #..................(6)
      IoPort.output(self.Enable,True)
      self.pL.ChangeDutyCycle(0)
      self.pR.ChangeDutyCycle(rot)
    def RotL(self,rot):                               #..................(7)
      IoPort.output(self.Enable,True)
      self.pL.ChangeDutyCycle(rot)
      self.pR.ChangeDutyCycle(0)
def ParseStr(Dta):                                    #..................(8)
  dtas=Dta.split(',')
  index=0
  ref = 1
  if dtas[ 0][ :4] =='Port':
```

```
    index=1
    ref = -1
  for i in range(index,len(dtas)):
    try:
      Lst.append(int(dtas[i])*ref)
    except:
      Lst.append(0)
Tcp = TcpWork.TcpWork()                          #..................(9)
Motor = DCMotor()                                #.................(10)
Tcp.Accept('192.168.1.107',20000)                #.................(11)
Tcp.Blocking(0)                                  #.................(12)
Lst=[]
while True:
  Rcv=Tcp.ReceiveStr()                           #.................(13)
  if Rcv != None:
    ParseStr(Rcv)
  if len(Lst)>0:                                 #.................(14)
    vl = Lst[0]
    Tcp.SendStr('Rotate '+str(vl)+'\r\n')
    Motor.Rotate(vl)
    Lst.remove(vl)
    time.sleep(1)
```

(1) DC Motor Class를 선언한다.

(2) 초기화 함수 제어 포트를 결정한다.

(3)(4) Lft,Rght를 모두 PWM으로 설정하였다.
Lft가 0일 때 Rght가 PWM을 출력하면 정회전하고
Rght가 0일 때 Lft가 PWM을 출력하면 역회전을 한다.

(5) Rot의 부호에 따라 회전방향이 결정되고 크기에 따라 속도가 변경하도록 만든 함수이다.

(6) 정회전 하는 함수이다.

(7) 역회전 하는 함수이다.

(8) 안드로이드 폰으로부터 수신한 값을 분석하는 함수이다.
'Port_x,'가 헤더이면 - 값으로 설정하도록 하였다.

(9) TcpWork의 인스턴스를 생성한다.

(10) DC Motor Class의 인스턴스를 생성한다.

(11) 서버모드로 동작한다.

(12) Client와 연결되었으므로 Non Blocking 모드로 동작한다.
(13) 안드로이드 폰을 수신하였는지를 검사한다.
(14) List에 수신된 값이 있으면 모터의 속도를 수정한다.

12-4) DC 모터의 제어

제어에서 어떤 목표에 도달하기 위한 방법으로 자주 사용되는 방법 중 하나가 PID 제어이다. PID 제어는

① P : Proportinal : 비례 제어
② I : Integral : 적분 제어
③ D : Differential : 미분 제어

PID는 앞 글자를 모아서 만든 이름이고 서로 다른 접근방법을 동시에 같이 사용한다는 것에 불과하다.

쉽게 생각하자. 비례제어 방법으로 목표지점으로 가고 있다면, 거리가 멀수록 속도를 빠르게 하고, 가까워질수록 속도를 느리게 하는 방법이다.

상식선으로 보아 당연한 방법이다.

미분 제어 방법은 목표지점과 거리의 변화율에 따라 속도를 변경하는 방법이다. 외란 등에 의해 급격한 변화가 생기면 그 만큼 변화량이 많아지면서 미분 값이 커지므로 외란 등에 의한 효과를 신속하게 줄일 수 있다.

비례제어는 목표치에 가까워질수록 속도를 줄이는 방법인데, 문제는 목표치에 대단히 가까워지면 오차값이 너무 미세하기 때문에, 제어가 되지 못하므로, 최종적으로 목표점에 정확히 도달하지 못하고 약간의 오차가 발생하는 등의 단점이 있고, 미분제어는 급격한 값의 변화로 문제가 되는 경우가 있기 때문에, 비례제어와 미분제어의 단점을 적분제어를 이용하여 보완하는 방법이 많이 사용되고 있다. 간단히 생각하면 100Km의 속도로 달리다가 목표에 접근하는 것과 50 Km의 속도로 달리다가 목표에 접근하는 것이 같은 방법일 수는 없기 때문이다.

PID 제어는 최종적으로는 다음과 같이 계산한다.

$$PID\text{값} = K_P \times \text{오차비례값} + K_I \times \text{오차적분값} + K_D \times \text{오차미분값}$$

예를 들어 $K_p = 0.6$, $K_I = 0.1$, $K_D = 0.3$라 하면 거리비례로 환산된 값의 60%, 미분 연산 값의 30%, 적분 연산값의 10%를 합해서 최종 속도 등을 결정하는 방법이다. 결국은 K_P, K_I, K_D의 값을 어떻게 설정하는 것이 좋은가 인데, 아직은 경험치를 바탕으로 그 값들이 결정되고 있다고 보아야 한다. 저자가 PID 제어를 설명한 이유는 간단하다. 저자의 경험에

서는 접근제어는 결국은 경험치에 의존할 수밖에 없다. 하지만 아무런 기준 없이 경험치를 만들 수는 없다. 우리가 경험치를 만들 때 고려해야할 사항을 PID 이론 속에 있기 때문이다.

초음파센서를 이용하면 목표 지점과의 거리를 알 수 있으므로 PID 제어가 가능하다. 초음파센서를 사용하여 모터를 제어하는 프로그램을 작성하자.

우리가 작성할 프로그램은 초음파로 거리를 측정하고, 측정된 거리가 가까워질수록 속도를 줄여서 최종적으로는 목표점에 정확히 도달할 수 있는 프로그램을 작성해보자.

먼저 거리에 따라 속도를 결정하는 속도 Table을 사용하자. 거리에 비례하여 속도를 결정하니까 비례 제어라 볼 수 있다.

일정한 시간마다 거리를 측정해야 하니까 모터의 실질적인 속도를 알 수 있다. 속도 Table에 의해 모터의 속도를 바꾸고 있지만 모터의 실질적인 속도가 너무 급하게 변화하면 진동이 발생할 수 있다. 따라서 실질적인 속도의 변화가 너무 크면 보완할 필요가 있다. 그런 점을 보완하는 Table을 만들어 같이 사용한다면 미분제어가 되는 셈이다.

100의 속도에서 70으로 속도를 변경하는 것과 60의 속도에서 30으로 속도를 변경하는 것은 다르다. 속도의 변화량은 같지만 거리의 변화량은 분명히 다르다, 목표지점과의 위치도 같이 생각해야 한다. 적분제어로 보완할 필요가 있다. 이러한 과정은 모터의 구동력(인가전원), 모터의 부하와 연관하여 생각하여야 한다.

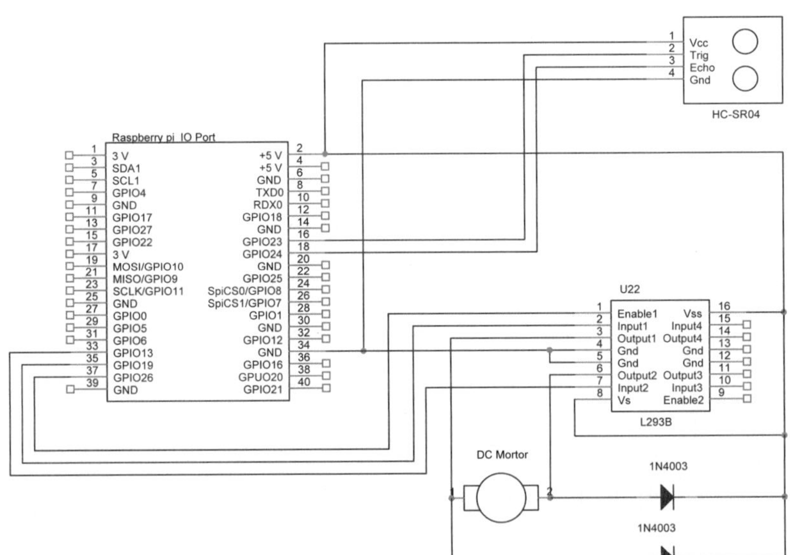

|그림 12-4| DC 모터 회로도

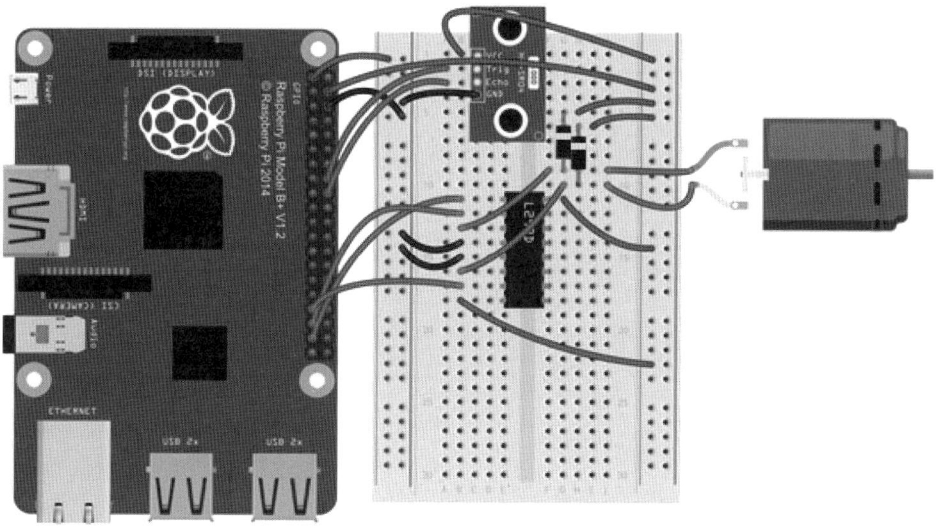

|그림 12-5| DC 모터 결선도

그림 12-4는 프로그램에서 사용하는 회로도이다.

회로도 상에는 라즈베리파이의 5V 전원을 사용하고 있는데, 초음파 센서와 모터 모두 전류소비가 많은 부품이기 때문에 회로가 동작은 하지만 매끄럽지는 못하다. 가능하면 외부 5V 전원을 사용하는 것이 바람직한 것 같다. 저자는 라즈베리파이의 5V 전원을 사용하고 있는 **그림 12-4** 회로를 그대로 사용하였다. 저 정도의 하드웨어에 무슨 보완이 필요하겠는가?

프로그램은 지수함수를 기준으로 만든 속도 Table 1개만 사용하였고 0.5 Sec마다 1회씩 속도를 조절하도록 작성하였다.

작성된 프로그램은 다음과 같다.

MortorWork.py

```
import RPi.GPIO as IoPort
import time

trig = 23echo = 24
Enable = 26
Rght = 19
Lft  = 13
dlist=[[200,99],[150,87],[80,75],[70,65],[60,56],[50,49],[40,42],
      [30,37],[20,32],[10,28],[5,24],[0,0]]     #................(1)
IoPort.setmode(IoPort.BCM)
IoPort.setup(trig, IoPort.OUT)
```

```
IoPort.setup(echo, IoPort.IN)
IoPort.setup(Enable, IoPort.OUT)
IoPort.setup(Rght, IoPort.OUT)
IoPort.setup(Lft, IoPort.OUT)
IoPort.output(Enable,True)
IoPort.output(Lft,False)
p= IoPort.PWM(Rght,1000)
p.start(99)
time.sleep(1)
try :
  while True :
    IoPort.output(trig, False)
    time.sleep(0.5)                                    #................(2)
    IoPort.output(trig, True)                          #................(3)
    time.sleep(0.00001)
    IoPort.output(trig, False)
    while IoPort.input(echo) == 0 :
      pulse_start = time.clock()
    while IoPort.input(echo) == 1 :
      pulse_end = time.clock()
    pulse_duration = pulse_end - pulse_start
    distance = pulse_duration * 17241                  #................(4)
    for sp in dlist:                                   #................(5)
      if distance >= sp[ 0] :
        p.ChangeDutyCycle(sp[ 1] )
        break
except :
    IoPort.output(Enable,False)
    IoPort.cleanup()
```

(1) 속도 Table이다.

(2) 0.5 Sec마다 거리를 측정한다.

(3) 초음파 센서에 10 uSec의 trig 신호를 보낸다.

(4) 거리를 측정한다.

(5) 모터의 속도를 거리에 해당하는 속도로 변경한다.

- 거리 대비 속도값은 Slow-Stop의 값을 그대로 사용하였다.
- 측정된 거리에 따라 속도를 변경하는 프로그램 정도로 생각하자.
- 전원이 공급할 수 있는 전류가 작은 경우 낮은 속도에서는 모터가 회전을 하지 못한다.

13 서보(Servo) 모터

서보 모터는 모터 동작에 대한 명령체계를 갖추고 있으며, 명령을 처리한다음 결과를 확인하는 기능까지 가지고 있는 모터를 말한다.

SG90 서보모터는 **그림 13-1**과 같이 명령을 Pulse의 폭으로 나타낸다.

① Pulse의 폭이 0.7~1 mSec이면 시계 방향으로 회전

② Pulse의 폭이 1.5 mSec이면 Center로 향한다.

③ Pulse의 폭이 1.7~2.0 mSec이면 반시계방향으로 회전한다.

④ 주기 20 mSec는 최소값이다.

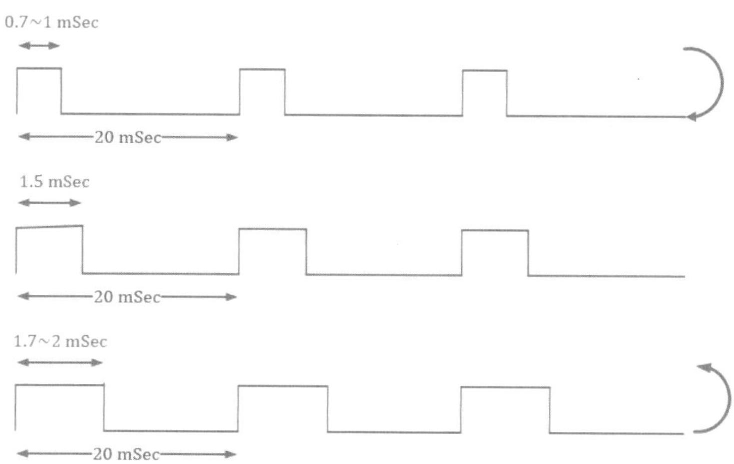

|그림 13-1| SG90의 입력 펄스폭과 회전 방향

13-1) 리모컨 제어

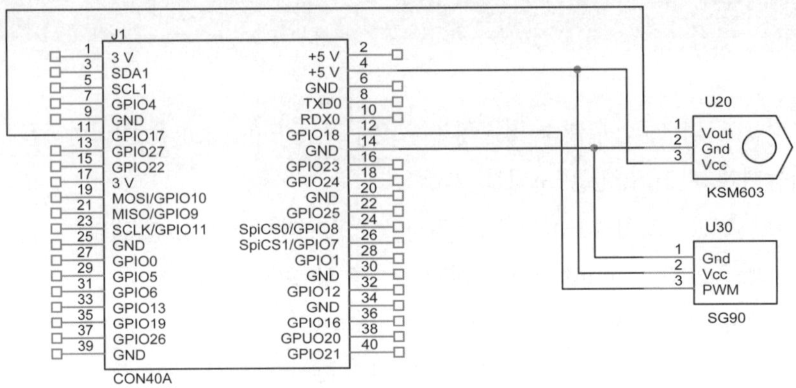

|그림 13-2| 서보 회로도

그림 13-2는 프로그램에서 사용하는 회로도이다. 서보모터를 리모컨으로 제어할 수 있도록 설계하였다. 회로도에 5V전원을 라즈베리파이의 전원을 사용하였기 때문에 회전력이 약하고 리모컨 수신 상태도 좋지 않다. 가능하면 외부 전원을 사용하는 것이 좋다.

프로그램을 실행하기 위하여 리모컨을 특별히 만들 필요는 없다. 손 가까이에 있는 리모컨을 이용하기로 하자. 필자 주변에 LG 리모컨이 있다. LG 리모컨의 Code는 다음과 같다.

숫자 0 : 0x04, 0xfb, 0x10, 0xef

숫자 1 : 0x04, 0xfb, 0x11, 0xee

숫자 2 : 0x04, 0xfb, 0x12, 0xed

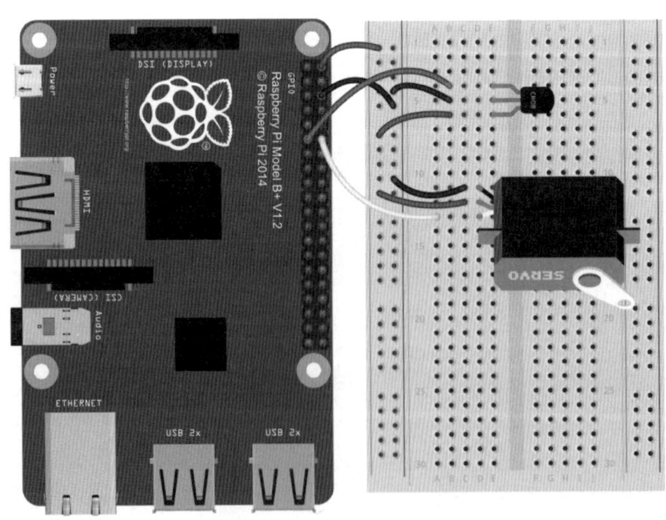

|그림 13-2| 서보 결선도

LG 리모컨이 없는 독자는 3편 “통신 및 IO Interface”에서 리모컨 데이터를 수신하여 리모컨의 내용을 LCD로 Display하는 프로그램을 작성한 적이 있다. 그 프로그램을 사용하면 독자들이 가지고 있는 리모컨의 Code를 알 수 있다. 프로그램에서 리모컨 Key 3개를 사용하므로 3개의 리모컨 key의 코드 값만 알면 된다.

리모컨 간섭이 우려되는 독자는 3편을 참조하면 송수신 방법이 모두 있다. 나름대로의 명령어를 만들어도 문제가 되지 않으리라 생각된다.

실질적으로 자체적인 Time과 명령을 만들어 사용하는 경우가 많다.

저자는 LG 리모컨 Key 값 중에서 숫자 ‘0’,‘1’,‘2’를 사용 하였다.

프로그램은 숫자 ‘0’ : 서보모터의 Center로 이동한다.

프로그램은 숫자 ‘1’ : 서보모터가 시계 방향으로 회전한다.

프로그램은 숫자 ‘2’ : 서보모터가 시계 반대방향으로 회전한다.

프로그램은 다음과 같다.

Servo.py

```
import RPi.GPIO as IoPort
import time

class Sg90():                                    #......................(1)
  def __init__(self):                            #......................(2)
    self.Sg90 = 18
    IoPort.setmode(IoPort.BCM)
    IoPort.setup(self.Sg90, IoPort.OUT)
    IoPort.output(self.Sg90, False)
  def Left(self):                                #......................(3)
    IoPort.output(self.Sg90, True)
    time.sleep(0.002)
    IoPort.output(self.Sg90,False)
    time.sleep(0.02)
  def Right(self):                               #......................(4)
    IoPort.output(self.Sg90, True)
    time.sleep(0.0008)
    IoPort.output(self.Sg90,False)
    time.sleep(0.02)
  def Center(self):                              #......................(5)
    for i in range(0,50):
      IoPort.output(self.Sg90, True)
      time.sleep(0.0015)
      IoPort.output(self.Sg90,False)
```

```
        time.sleep(0.02)
Servo = Sg90()                                    #......................(6)
Servo.Center()                                    #......................(7)
Irport = 17                                       #......................(8)
IoPort.setmode(IoPort.BCM)
IoPort.setup(Irport, IoPort.IN)
while True:
    while True:                                   #......................(9)
        if IoPort.input(Irport)==False:
            break
    rcv=[]
    for i in range(0,20000):                      #.....................(10)
        rcv.append(IoPort.input(Irport))
    Cnt=0
    Type=0
    Pls = 0
    drcv=[]
    Bcnt = 1
    ChkV = 200
    Bdta = 0
    for bt in rcv:                                #.....................(11)
        if Type == 0:
            if bt==0:
                Cnt = Cnt + 1
            else:
                Chkv = Cnt * 1.5
                Cnt = 1
                Type = 1
        else:
            if bt==1:
                Cnt = Cnt + 1
            else:
                if Pls == 0 :
                    Pls = 1
                    Cnt = 1
                    Type = 0
                    continue
                if Cnt>Chkv:
                    Bdta = Bdta+Bcnt
                Bcnt = Bcnt * 2
                if Bcnt == 256:
```

```
                drcv.append(Bdta)
                Bcnt = 1
                Bdta = 0
            Cnt = 1
            Type = 0
    if len(drcv)<4:                      #....................(12)
      continue
    if drcv[0] != 4:
      continue
    if drcv[1] != 251:
      continue
    if drcv[2]==16:                      #....................(13)
      if drcv[3] == 239:
        Servo.Center()
      continue
    if drcv[2]==17:                      #....................(14)
      if drcv[3] == 238:
        Servo.Right()
      continue
    if drcv[2]==18:                      #....................(15)
      if drcv[3] == 237:
        Servo.Left()
      continue
```

(1) 서보모터의 Class의 정의

(2) 초기화 함수

(3) 시계 반대 방향으로 1 Step 만큼 회전하는 함수
2 mSec의 Pulse를 출력한다.

(4) 시계 방향으로 1 Step 만큼 회전하는 함수
0.8 mSec의 Pulse를 출력한다.

(5) Center로 복귀하는 함수
1.5 mSec의 Pulse를 50회 출력한다.

(6) 서버모터의 인스턴스를 생성한다.

(7) 서버모터를 Center가 되도록 한다.

(8) 적외선 수신은 GPIO17로 한다.

(9) 적외선 신호를 기다린다.

(10) Bit단위로 적외선 신호를 읽는다.

(11) 수신한 적외선 bit 데이터로부터 명령어를 추출한다.
(12) 명령어의 크기는 4-Byte 이상이라야 한다.
(13) 적외선 명령이 (0x04, 0xfb, 0x10, 0xef)이면 리모컨의 숫자 '0' key이므로 서보모터를 Center로 한다.
(14) 적외선 명령이 (0x04, 0xfb, 0x11, 0xee)이면 리모컨의 숫자 '1' key이므로 서보모터를 시계 방향으로 1 Step 회전한다.
(15) 적외선 명령이 (0x04, 0xfb, 0x12, 0xed)이면 리모컨의 숫자 '2' key이므로 서보모터를 시계 반대 방향으로 1 Step 회전한다.

14 스텝 모터

스텝 모터는 연속적으로 회전을 하는 DC모터와 달리 스텝 단위로 회전하도록 만들어진 모터이다. **그림 13-1**은 1상 여자 방식의 스텝 모터가 구동하는 모양을 그린 것이다.

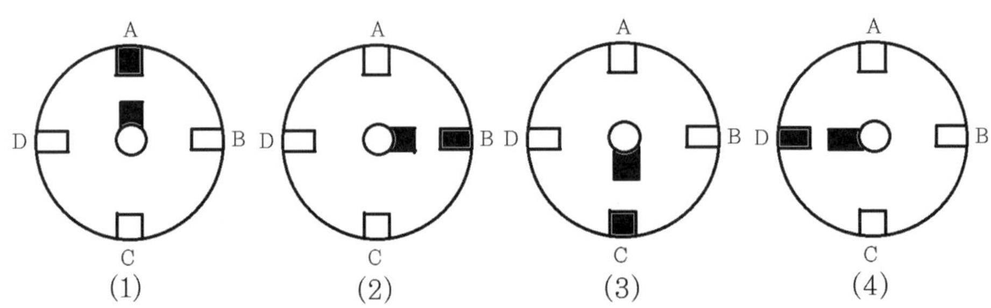

|그림 14-1| 1상 여자방식의 구동

스텝 모터는 **그림 14-1(1)**과 같이 A가 자화되면 중심에 있는 자석이 A로 향하게 되고 **(2)**와 같이 B 자화가 되면 자석이 B를 향하게 된다.

이런 식으로 **(3)**,**(4)**를 거쳐서 다시 **(1)**번으로 되돌아오면 1회전이 이루어진다. (1)→(2)→(3)→(4)로 변환하는 과정을 우리는 1-Step이라 부르고 **그림 14-1**은 4-Step마다 1회전이 된다. 회전 방향을 반대로 하려면 스텝 모터의 구조를 보면 **(4)→(3)→(2)→(1)**로 하면 된다는 것을 쉽게 알 수 있다. 여기서 주의할 점은 모터 자체는 1회전을 하였지만, 외부적에는 모터축에 연결되어 있는 기어의 조작으로 인해 작은 각도의 회전으로 나타난다. 예를 들면 실험에 사용할 스텝 모터 KH42는 Step Angle이 1.8도이고 1회전을 하려면 4-Step이 필요하므로 외부적으로는 1회전마다 $1.8 \times 4 = 7.2$도 회전한다.

이런 방식으로 회전하기 때문에 스텝 모터는 Pulse에 의한 구동이 가능하고, 정해진 회전각을 가지고 회전하기 때문에 정확한 제어가 가능하다는 장점이 있지만 물리적인 반응 속도와 관성 및 전기적 특성 등의 영향으로 펄스의 주기가 높아지면 탈조 현상이 나타나기도 한다.

스텝 모터의 종류는 V.R형, P.M형, Hybrid형으로 구분되고 있으며 스텝 모터의 구동 방식도 Unipolar 방식과 Bipolar 방식으로 구분된다.

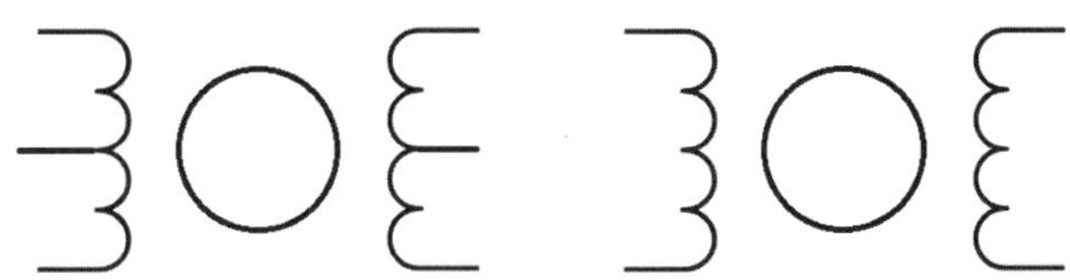

(A) Unipolar (B) Bipolar

|그림 14-2| Unipolar 방식과 Bipolar 방식

그림 14-2에서 보는 것처럼 유니폴러 방식은

① 센터에 Tab을 가지고 있기 때문에 전류가 단일 방향이므로

② 주변회로가 간단하고

③ 고속일 때 유리하지만

④ 바이폴러 방식에 비하여 토크도 약하고,

⑤ 효율성도 낮은 편이다.

이렇게 생각하면 바이폴러 방식이 더 좋을 것 같지만, 바이폴러 방식은 전류가 양 방향으로 흐르기 때문에, 전류가 클 때는 주변회로에 상당한 크게 부담을 주는 경우가 많다. 그리고 순간적으로 빠른 속도를 필요로 하는 마이크로 로봇 등에서는 유니폴러가 바이폴러보다 유리하다. 필요에 따라서는 유니폴러 제품인 경우도 유니폴러의 중간 Tab을 사용하지 않고 코일의 양단만을 사용하여 바이폴러도 구동시키기도 한다.

스텝 모터의 구동 방법은 다음의 3가지 방법이 가장 많이 사용된다.

(1) 1상 여자 방식

① 소비전력이 낮다.

② 정밀도가 높다.

③ 진동이 커서 탈조하기 쉽다.

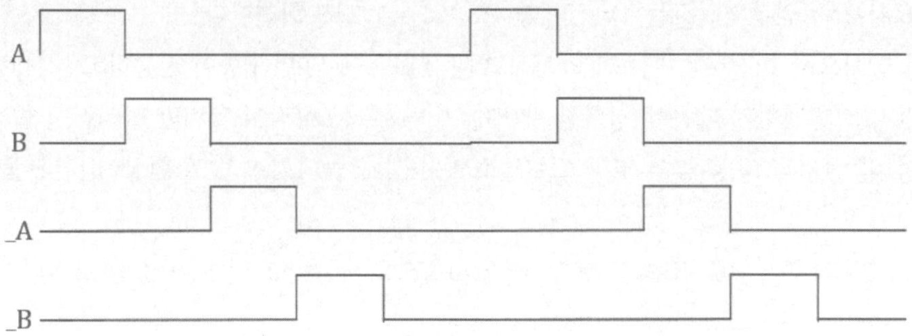

|그림 14-3| 1상 여자 방식의 타임 차트

(2) 2상 여자 방식

① 전류 소비가 크다. (1상 여자 방식의 2배)

② 토크가 크다. (1상 여자의 약 $\sqrt{2}$ 배 정도이다.)

③ 감쇄 진동이 낮다.

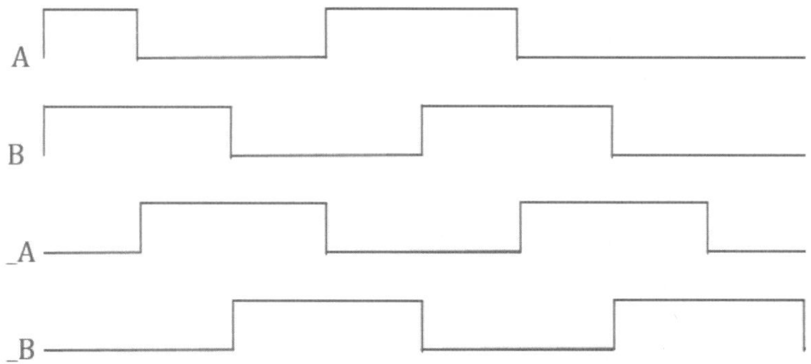

|그림 14-4| 2상 여자 방식의 타임 차트

(3) 1-2상 여자 방식

① 소비 전류가 중간이다.(1상 여자 방식의 1.5 배)

② Step의 각이 1상의 1/2정도로 정교하다.(정밀도는 낮다)

③ 정교한 조정이 필요할 때 사용된다.

④ 주파수 응답 범위가 넓다.(2배 정도)

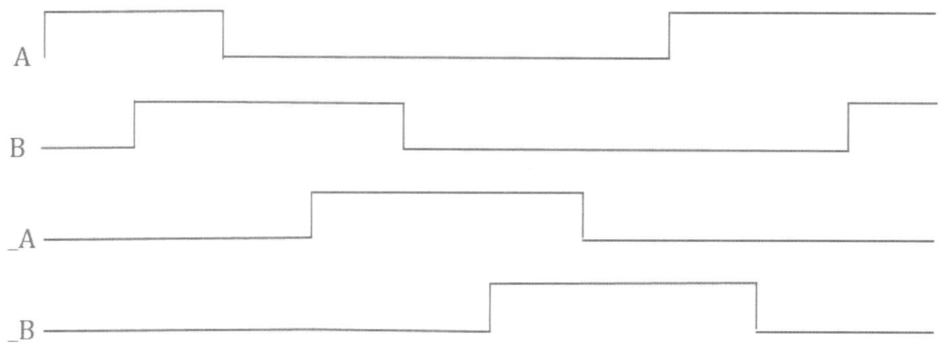

|그림 14-5| 1-2상 여자 방식의 타임 차트

프로그램에서 사용할 회로도는 **그림 14-6**과 같다.

회로도에서 SW3는 Unipolar 방식과 Bipolar 방식을 전환하기 위한 Switch이다. SW3의 2 단자를 모두 Off로 하면 Red와 Blue가 Open 상태가 되므로 Bipolar 방식으로 동작하고, SW3의 2단자를 모두 On으로 바꾸면 Blue와 Red에 5V가 인가되므로 Unipolar 방식으로 구동한다. SW3는 2단자가 동시에 Off 상태이거나 On 상태가 되도록 하여야 한다.

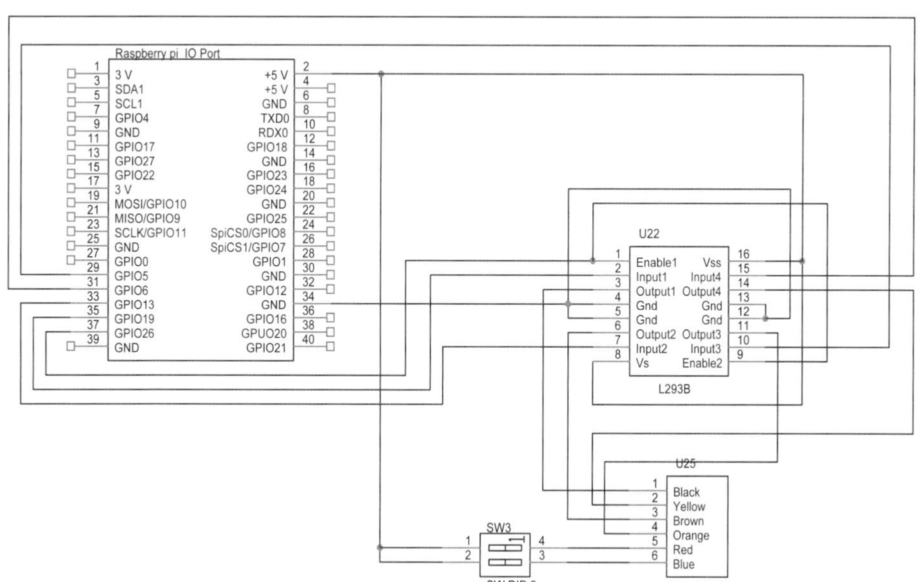

|그림 14-6| 스텝 모터 회로도

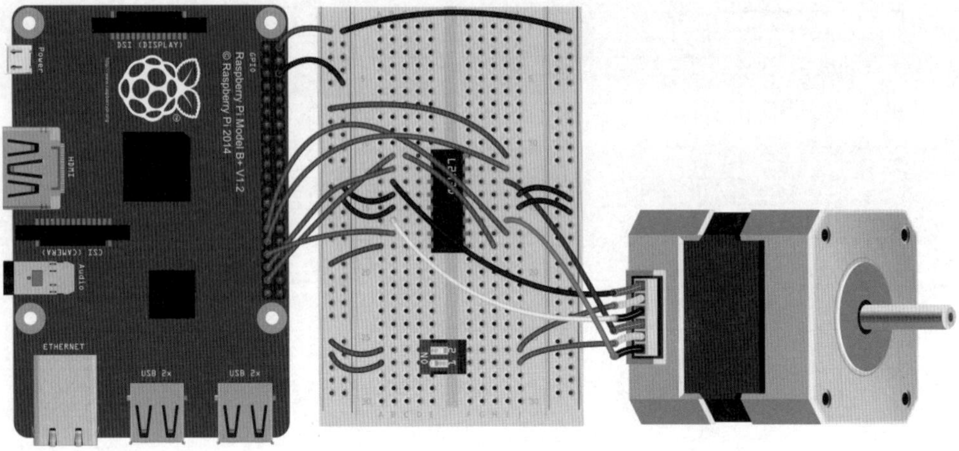

|그림 14-7| 스텝 모터 결선도

14-1) 1상 여자 방식

1상 여자방식을 Class로 만들면 다음과 같다.

StepPhase1.py

```
import RPi.GPIO as IoPort
import time

class KH42():                                    #....................(1)
  def __init__(self):                            #....................(2)
    self.Black  = 19
    self.Brown  = 13
    self.Yellow = 6
    self.Orange = 5
    self.Enable = 26
    IoPort.setmode(IoPort.BCM)
    IoPort.setup(self.Black, IoPort.OUT)
    IoPort.setup(self.Brown, IoPort.OUT)
    IoPort.setup(self.Yellow, IoPort.OUT)
    IoPort.setup(self.Orange, IoPort.OUT)
    IoPort.setup(self.Enable, IoPort.OUT)
    IoPort.output(self.Black, True)
    IoPort.output(self.Brown, True)
    IoPort.output(self.Yellow, True)
    IoPort.output(self.Orange, True)
    IoPort.output(self.Enable, True)
  def step1(self,tme):                           #....................(3)
```

```
    IoPort.output(self.Black, False)
    IoPort.output(self.Brown, True)
    IoPort.output(self.Yellow, True)
    IoPort.output(self.Orange, True)
    time.sleep(tme)
  def step2(self,tme):                              #....................(4)
    IoPort.output(self.Black, True)
    IoPort.output(self.Brown, True)
    IoPort.output(self.Yellow, False)
    IoPort.output(self.Orange, True)
    time.sleep(tme)
  def step3(self,tme):                              #....................(5)
    IoPort.output(self.Black, True)
    IoPort.output(self.Brown, False)
    IoPort.output(self.Yellow, True)
    IoPort.output(self.Orange, True)
    time.sleep(tme)
  def step4(self,tme):                              #....................(6)
    IoPort.output(self.Black, True)
    IoPort.output(self.Brown, True)
    IoPort.output(self.Yellow, True)
    IoPort.output(self.Orange, False)
    time.sleep(tme)
  def Disabled(self):                               #....................(7)
    IoPort.output(self.Enable, False)
  def Enabled(self):                                #....................(8)
    IoPort.output(self.Enable, True)
  def Release(self):                                #....................(9)
    IoPort.output(self.Black, True)
    IoPort.output(self.Brown, True)
    IoPort.output(self.Yellow, True)
    IoPort.output(self.Orange, True)
  def Rotate(self,tme):                             #..................(10)
    self.step1(tme)
    self.step2(tme)
    self.step3(tme)
    self.step4(tme)
  def BkRotate(self,tme):                           #..................(11)
    self.step4(tme)
    self.step3(tme)
    self.step2(tme)
    self.step1(tme)
```

(1) Class의 선언문이다

(2) 초기화 함수 출력 포트를 지정하고 있다.

(3)(4)(5)(6) 각 Step의 출력을 설정하고 있다. 전류의 방향을 기준으로 설정하였다.

(7) L293B의 출력을 정지한다.

(8) L293B의 출력을 허용한다.

(9) 모터의 모든 전류를 차단한다.

(10) 순방향으로 1회 회전한다.

(11) 역방향으로 1회 회전한다.

14-2) 2상 여자 방식

2상 여자방식을 Class로 만들면 다음과 같다.

프로그램 자체는 1상 여자 방식의 프로그램과 동일하다.

다만 펄스 제어 방식만 다를 뿐이다.

StepPhase2.py

```
import RPi.GPIO as IoPort
import time

class KH42():
  def __init__(self):
    self.Black  = 19
    self.Brown  = 13
    self.Yellow = 6
    self.Orange = 5
    self.Enable = 26
    IoPort.setmode(IoPort.BCM)
    IoPort.setup(self.Black, IoPort.OUT)
    IoPort.setup(self.Brown, IoPort.OUT)
    IoPort.setup(self.Yellow, IoPort.OUT)
    IoPort.setup(self.Orange, IoPort.OUT)
    IoPort.setup(self.Enable, IoPort.OUT)
    IoPort.output(self.Black, True)
    IoPort.output(self.Brown, True)
    IoPort.output(self.Yellow, True)
    IoPort.output(self.Orange, True)
    IoPort.output(self.Enable, True)
  def step1(self,tme):
    IoPort.output(self.Black, False)
```

```
    IoPort.output(self.Brown, True)
    IoPort.output(self.Yellow, False)
    IoPort.output(self.Orange, True)
    time.sleep(tme)
  def step2(self,tme):
    IoPort.output(self.Black, True)
    IoPort.output(self.Brown, False)
    IoPort.output(self.Yellow, False)
    IoPort.output(self.Orange, True)
    time.sleep(tme)
  def step3(self,tme):
    IoPort.output(self.Black, True)
    IoPort.output(self.Brown, False)
    IoPort.output(self.Yellow, True)
    IoPort.output(self.Orange, False)
    time.sleep(tme)
  def step4(self,tme):
    IoPort.output(self.Black, False)
    IoPort.output(self.Brown, True)
    IoPort.output(self.Yellow, True)
    IoPort.output(self.Orange, False)
    time.sleep(tme)
  def Disabled(self):
    IoPort.output(self.Enable, False)
  def Enabled(self):
    IoPort.output(self.Enable, True)
  def Release(self):
    IoPort.output(self.Black, True)
    IoPort.output(self.Brown, True)
    IoPort.output(self.Yellow, True)
    IoPort.output(self.Orange, True)
  def Rotate(self,tme):
    self.step1(tme)
    self.step2(tme)
    self.step3(tme)
    self.step4(tme)
  def BkRotate(self,tme):
    self.step4(tme)
    self.step3(tme)
    self.step2(tme)
    self.step1(tme)
```

14-3) 1-2상 여자 방식

1-2상 여자방식을 Class로 만들면 다음과 같다.

StepPhase1_2.py

```
import RPi.GPIO as IoPort
import time

class KH42():
  def __init__(self):
    self.Black  = 19
    self.Brown  = 13
    self.Yellow = 6
    self.Orange = 5
    self.Enable = 26
    IoPort.setmode(IoPort.BCM)
    IoPort.setup(self.Black, IoPort.OUT)
    IoPort.setup(self.Brown, IoPort.OUT)
    IoPort.setup(self.Yellow, IoPort.OUT)
    IoPort.setup(self.Orange, IoPort.OUT)
    IoPort.setup(self.Enable, IoPort.OUT)
    IoPort.output(self.Black, True)
    IoPort.output(self.Brown, True)
    IoPort.output(self.Yellow, True)
    IoPort.output(self.Orange, True)
    IoPort.output(self.Enable, True)
  def step1(self,tme):
    IoPort.output(self.Black, False)
    IoPort.output(self.Brown, True)
    IoPort.output(self.Yellow, True)
    IoPort.output(self.Orange, True)
    time.sleep(tme)
  def step2(self,tme):
    IoPort.output(self.Black, False)
    IoPort.output(self.Brown, True)
    IoPort.output(self.Yellow, False)
    IoPort.output(self.Orange, True)
    time.sleep(tme)
  def step3(self,tme):
    IoPort.output(self.Black, True)
    IoPort.output(self.Brown, True)
    IoPort.output(self.Yellow, False)
```

```
    IoPort.output(self.Orange, True)
    time.sleep(tme)
  def step4(self,tme):
    IoPort.output(self.Black, True)
    IoPort.output(self.Brown, False)
    IoPort.output(self.Yellow, False)
    IoPort.output(self.Orange,True)
    time.sleep(tme)
  def step5(self,tme):
    IoPort.output(self.Black, True)
    IoPort.output(self.Brown, False)
    IoPort.output(self.Yellow, True)
    IoPort.output(self.Orange,True)
    time.sleep(tme)
  def step6(self,tme):
    IoPort.output(self.Black, True)
    IoPort.output(self.Brown, False)
    IoPort.output(self.Yellow, True)
    IoPort.output(self.Orange,False)
    time.sleep(tme)
  def step7(self,tme):
    IoPort.output(self.Black, True)
    IoPort.output(self.Brown, True)
    IoPort.output(self.Yellow, True)
    IoPort.output(self.Orange,False)
    time.sleep(tme)
  def step8(self,tme):
    IoPort.output(self.Black, False)
    IoPort.output(self.Brown, True)
    IoPort.output(self.Yellow, True)
    IoPort.output(self.Orange,False)
    time.sleep(tme)
  def Disabled(self):
    IoPort.output(self.Enable, False)
  def Enabled(self):
    IoPort.output(self.Enable, True)
  def Release(self):
    IoPort.output(self.Black, True)
    IoPort.output(self.Brown, True)
    IoPort.output(self.Yellow, True)
    IoPort.output(self.Orange, True)
```

```
  def Rotate(self,tme):
    self.step1(tme)
    self.step2(tme)
    self.step3(tme)
    self.step4(tme)
    self.step5(tme)
    self.step6(tme)
    self.step7(tme)
    self.step8(tme)
  def BkRotate(self,tme):
    self.step8(tme)
    self.step7(tme)
    self.step6(tme)
    self.step5(tme)
    self.step4(tme)
    self.step3(tme)
    self.step2(tme)
    self.step1(tme)
```

14-4) 스텝 모터의 구동

스텝 모터 프로그램은 위의 3가지 여자 방법을 모두 실험할 수 있도록 하기 위하여 처음에 1상 여자 방식으로 정방향 10회 역방향 10회 회전하도록 하였으며 2번째로 2상 여자 방식으로 10회씩 회전하고 마지막으로 1_2상 여자 방식으로 10회 씩 정방향 역방향으로 회전하도록 작성 하였다.

StepMotor.py

```
import RPi.GPIO as IoPort
import time
import StepPhase1                          #......................(1)
import StepPhase2                          #......................(2)
import StepPhase1_2                        #......................(3)

Motor1 = StepPhase1.KH42()                 #......................(4)
Motor2 = StepPhase2.KH42()                 #......................(5)
Motor3 = StepPhase1_2.KH42()               #......................(6)
Motor1.Enabled()                           #......................(7)
for i in range(0,500):                     #......................(8)
 Motor1.BkRotate(0.002)
for i in range(0,500):                     #......................(9)
 Motor1.Rotate(0.002)
```

```
time.sleep(2)

for i in range(0,500):
  Motor2.BkRotate(0.002)
for i in range(0,500):
  Motor2.Rotate(0.002)
time.sleep(2)

for i in range(0,500):
  Motor3.BkRotate(0.001)
for i in range(0,500):
  Motor3.Rotate(0.001)
Motor1.Release()
Motor1.Disabled()
```

(1) 1상 여자방식 Class의 사용을 선언함
(2) 2상 여자방식 Class의 사용을 선언함
(3) 1-2상 여자방식 Class의 사용을 선언함
(4) 1상 여자방식 Class의 인스턴스를 생성함
(5) 2상 여자방식 Class의 인스턴스를 생성함
(6) 1-2상 여자방식 Class의 인스턴스를 생성함
(7) L293B를 동작 상태로 함
(8) 역방향 10회 회전
(9) 순방향 10회 회전

14-5) Slow-Start, Slow-Stop

스텝 모터를 구동할 때 무리하게 시동을 하거나 구동을 멈추면 탈조 등의 현상이 발생하기 쉬우므로 Slow-Start와 Slow-Stop이 필요하다.

스텝 모터를 구동할 때 필요한 토크와 속도가 얼마인가에 따라 달라지겠지만, 저자는 모든 변화는 Slew-rate의 제약을 받을 수밖에 없기 때문에, Slew-rate를 기준으로 생각하는 것이 좋을 것 같다고 막연하게 생각하는 편이다. 그래서 저자는 스텝 모터의 DC 모터에서와 같이 지수 함수적으로 상승하거나 하강하는 방법을 기준으로 하여 프로그램을 작성하였다.

하지만 DC 모터는 시간의 길이만 생각하면 되지만, 스텝 모터는 Pulse의 수와 관계가 있으므로 Pulse의 주파수가 달라져야 한다는 것을 염두에 두어야 한다. 저자가 실험하는 조건은 토크가 별로 크지 않기 때문에 별다른 문제가 없지만, 토크가 클 때는 모터가 기본적으로

인덕턴스 성분을 가지고 있으며, 인덕턴스는 주파수가 높을수록 저항이 커지므로 주파수가 높을 때는 모터에 공급되는 전력이 줄어든다는 사실을 감안하여야 한다.

프로그램은 Unipolar, 2상 여자 방식을 선택하였고, 속도의 변화는 일정거리를(동일한 펄스 수) 이동할 때마다 Pulse의 폭을 바꾸는 방법을 선택하였다.

StepRun.py

```
import StepPhase2                                          #...................(1)
Ulist=[100,71,59,49,40,33,26,21,16,12,8,5,2]               #...................(2)
dlist=[2,3,3,3,3,3,4,4,4,4,5,5,7,9,15,26,40,58,80,100]     #.......(3)
.Motor = StepPhase2.KH42()                                 #...................(4)
Motor.Enabled()                                            #...................(5)
for sp in Ulist:                                           #...................(6)
  for i in range(0,5):
     Motor.Rotate(sp/1000)
for i in range(0,2000):                                    #...................(7)
     Motor.Rotate(sp/1000)
for sp in dlist:                                           #...................(8)
  for i in range(0,5):
     Motor.Rotate(sp/1000)
Motor.Release()                                            #...................(9)
Motor.Disabled()
```

(1) 2상 여자 방식을 선택하였다.

(2) 속도 상승 Table

(3) 속도 하강 Table

(4) 모터의 인스턴스를 생성함.

(5) L293B를 동작 상태로 함

(6) 모터의 속도를 상승함.

(7) 최종속도로 모터를 운행함.

(8) 모터의 속도를 줄여나감.

(9) 모터 종료함.

14-6) 안드로이드 폰으로 제어

안드로이드 폰으로 Step Motor를 제어해 보자.
그림 14-8은 안드로이드 폰의 화면이다.

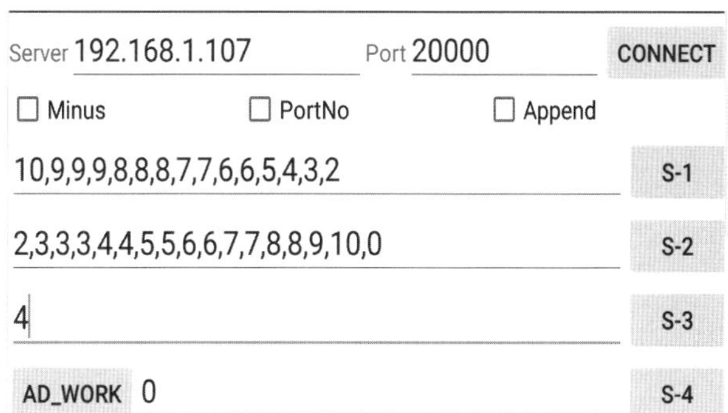

|그림 14-8| 안드로이드 화면

그림 14-8에서 S-1은 속도를 서서히 증가하도록 설정하였고
S-2는 속도를 서서히 감소하다가 0가되도록 하였으며,
S-3는 4의 속도로 운행하도록 설정하였고,
S-4는 회전을 중지 하도록 설정하였다.
스텝 모터는 회전각이 중요하므로 회전수를 기준으로 속도를 변경 하도록 프로그램을 작성 하였다.

프로그램은 안드로이드 폰으로부터 수신한 값으로 Step Motor의 속도를 변경하도록 작하였고, DC 모터 제어에서와 같이 복수개의 데이터가 입력되면 데이터의 순서에 따라 1 회전이 완료될 때마다 모터의 속도를 변경하도록 설정하였고, '-,'를 헤더로 수신한 값(안드로이드 폰의 Minus CheckBox가 Click되어 있는 경우)은 - 값(역회전)으로 설정하였다. 안드로이드 폰에서 제어할 수 있도록 작성한 프로그램은 다음과 같다.

AndroidStep.py

```
import RPi.GPIO as IoPort
import time
import TcpWork
import StepPhase2

def ParseStr(Dta):                         #..........................(1)
  dtas=Dta.split(',')
  index=0
```

```
    ref = 0.001
    if dtas[ 0][ 0] =='-':
      index=1
      ref = -0.001
    for i in range(index,len(dtas)):
      try:
        Lst.append(int(dtas[ i] )*ref)
      except:
        Lst.append(0)
Tcp = TcpWork.TcpWork()                   #........................(2)
Motor = StepPhase2.KH42()                 #........................(3)
Tcp.Accept('192.168.1.107',20000)         #........................(4)
Tcp.Blocking(0)                           #........................(5)
Lst=[ ]
Speed = 0
Rotate = 0
while True:
  for i in range(0,50):                   #........................(6)
    if Speed>0:
      Motor.Rotate(Speed)
      Rotate = Rotate + 1
    elif Speed<0:
      Motor.BkRotate(-Speed)
      Rotate = Rotate - 1
    Rcv=Tcp.ReceiveStr()                  #........................(7)
    if Rcv != None:
      ParseStr(Rcv)
  if Speed !=0:
    Tcp.SendStr('Rotate = '+str(Rotate/50.0)+'\r\n')    #........(8)
  if len(Lst)>0:
    vl = Lst[ 0]
    Speed= vl
    Lst.remove(vl)                        #........................(9)
```

(1) 안드로이드로부터 수신한 데이터를 분석하여 List에 기록하는 함수
"-,"가 Header(Check Box가 Click된 상태)이면 이후 수신한 값은
- 값을 나타내는 것으로 하였다.

(2) TcpWork의 인스턴스를 생성한다.

(3) 모터는 2상 여자 방식으로 회전하기로 한다.

(4) 서버 모드로 동작한다.

(5) Client와 연결되었으므로 Non Blocking 모드로 동작한다.

(6) Speed 값으로 1회전을 한다.

(7) 수신데이터가 있는지 검사한다.

(8) 회전중이면 모터의 회전수를 안드로이드에 전송한다.

(9) List에 수신한 값이 있으면 수신한 값으로 Speed를 변경한다.

Raspberry Pi 3

부록 1

여기서 설명하는 유틸리티는 모두 동일출판사 혹은 JK 전자 홈페이지(www.jkelec.co.kr)에서 Down 받을 수 있다.

동일 출판사에서 Down 받으려면 www.dongilbook.co.kr 으로 접속 후 동일출판사 홈페이지 상단메뉴 커뮤니티-자료모음에서 다운 받을 수 있다.

1 JK Comm.exe

JK_Comm.exe는 Wifi 혹은 이더넷 통신에서 사용하도록 작성하였는데,

① 라즈베리파이와 메시지를 교환하는 기능과

② 라즈베리파이에 파일을 전송하거나, 라즈베리파이에서 전송하는 파일을 수신하는 기능

③ 라즈베리파이에서 카메라로 촬영한 화면을 볼 수 있는 기능을 가지고 있다. 간단히 설명하면 이미지 파일을 전송할 때 Extension을 "jpg"로 하여 전송 하면 화면에 이미지를 그리도록 작성되어 있다.

다음은 JK_Comm.exe의 통신 화면이다.

- JK_Comm.exe는 default 화면은 클라이언트이다. "서버IP"와 "Port" 값을 서버의 IP와 Port값에 맞도록 설정하고 화면 우측에 "서버연결" 버튼을 클릭하면 서버와 연결된다.
- JK_Comm.exe의 다른 기능은 디폴트가 클라이언트 화면 상태지만, 다른 클라이언트가 접속해오면 서버로 동작하도록 작성되었기 때문에 화면을 서버 화면으로 변경하고 서버로 구동되도록 작성하였다.
- JK_Comm.exe는 서버로서 구동할 때라야만 File의 송수신이 가능하도록 작성되었다.
- 이 책에서는 안드로이드 폰을 클라이언트로 구동하기 때문에 컴퓨터 쪽은 서버로 구동하도록 설계 하였다.

2 JK_Srl.exe

JK_Srl.exe는 RS232 통신과 블루투스 통신에서 사용하도록 작성하였다.

블루투스 통신을 하려면 라즈베리파이의 블루투스의 디폴트가 Master로 설정되어 있기 때문에 컴퓨터 측에 HC-06 등과 같이 Slave로 구동되는 블루투스 모듈이 필요하다. 안드로이드 폰도 -주변장치가 Slave 모드인 경우가 대부분이기 때문에 주변 장치와의 접속을 고려하여- 제공되는 일반적인 블루투스 프로그램들도 대부분은 디폴트가 Master 모드 이므로 컴퓨터측은 Slave로 구동되어야 양쪽 모두 호환성을 가질 수 있다.

다음은 JK_Srl.exe.의 실행 화면이다.

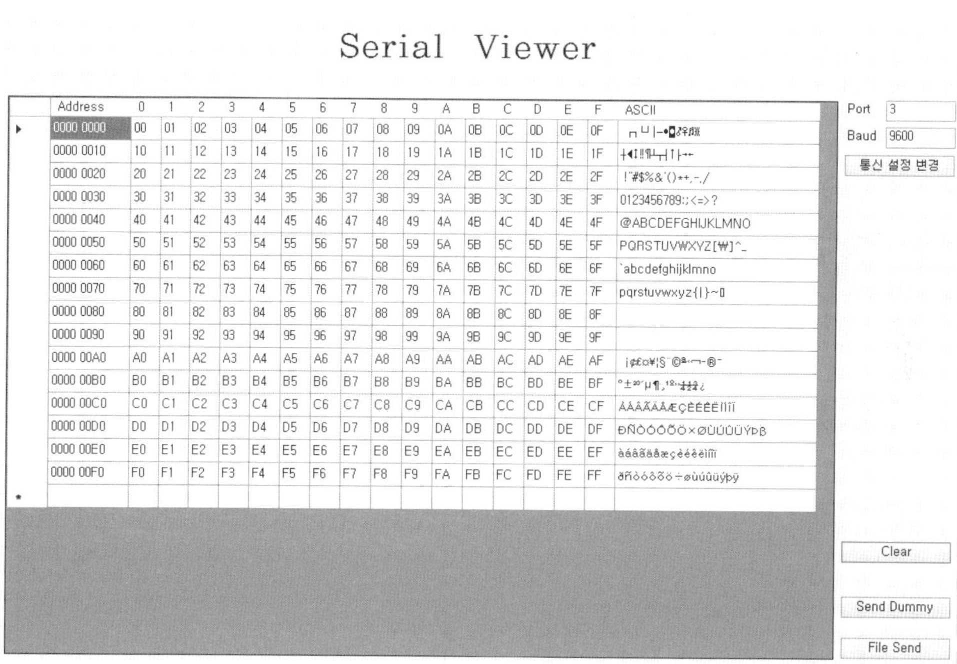

- 우측 상단의 "통신 설정 변경" Button은 Com 포트와 Baud rate를 변경할 때 사용한다. Port와 Baud rate는 상단의 EditText Box의 값을 변경하면 된다.
- 중앙화면은 수신 데이터를 모두 Hexa로 표현하고 있다.
- "Clear" Button은 수신 화면을 초기화 하는 목적으로 사용된다.
- "Send Dummy" Button은 0~255까지의 데이터를 전송하는 기능을 가지고 있으므로 통신 테스트에 유용하다

- "File Send" Button은 통신 프로토콜을 가지고 있는 RcvProt.py에 맞춘 프로토콜을 가지고 파일을 전송하는 기능을 가지고 있다.

3 JK_Phone.exe

JK_Phone 앱은 안드로이드 폰에서 실행되는 프로그램이며

① 라즈베리파이로 모터 등의 하드웨어를 제어할 때 원격으로 제어할 수 있는 방법을 제공하기 위한 수단으로 만들어졌다.

② 하드웨어를 재어할 때 하드웨어 제어 방법 등을 변경하기 위하여 제어 데이터를 수정하면 전원이 Off된 상태에서도 수정 값을 계속 유지하도록 작성하였기 때문에 다음에 하드웨어를 재 구동할 때 연속된 제어가 가능하도록 수정된 데이터를 보관하는 기능을 가지고 있으며

③ 라즈베라 파이에서 측정한 A/D 값 등을 그래프로 표현할 수 있는 기능을 가지고 있다. "AD_Work" 버튼을 클릭하면 그래픽 표현 모드로 바뀌도록 작성하였다.

다음은 안드로이드 폰의 화면이다.

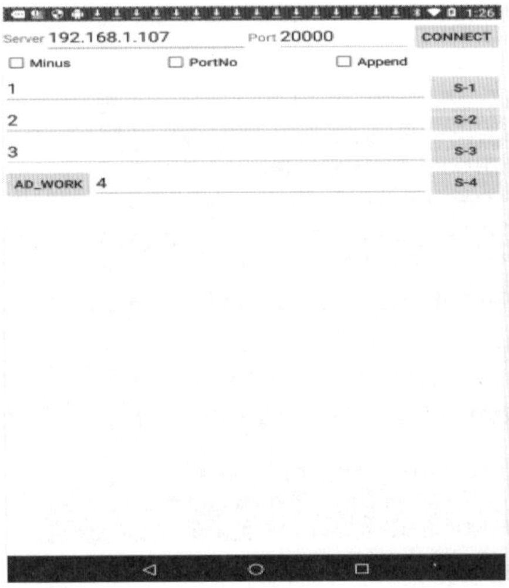

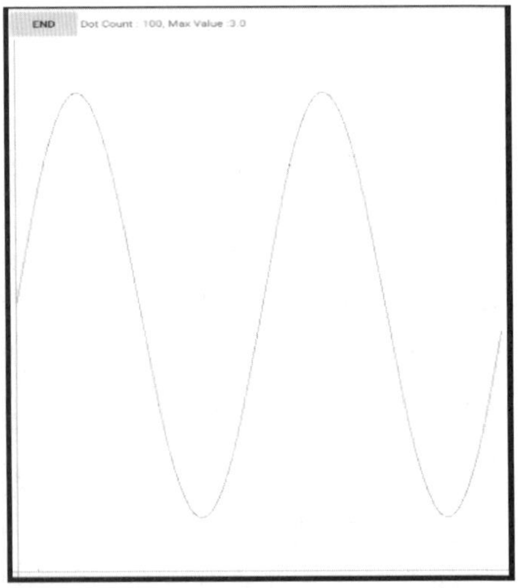

JK_Phone 앱은 다양한 데이터를 송수신 할 수 있도록 작성하였다.

우측그림은 라즈베리파이로부터 수신한 데이터를 그래프로 그린 화면이다.

"Connect" Button은 서버와 접속할 때 사용된다.

"S-1","S-2","S-3","S-4" Button은 그 왼쪽에 있는 EditText의 내용을 전송하는 기능을 가지고 있으므로 4가지의 서로 다른 데이터를 One-Touch로 전송할 수 있다.

"Ad_Work" Button은 그래픽 화면으로 변경하기 위한 버튼이다.

그래픽 화면에서는 수신 데이터가 정수 혹은 실수가 아니면 0을 수신한 것으로 처리한다.

우측 화면의 "End" 버튼은 그래픽 화면을 종료할 때 사용한다.

JK_Phone 앱에 설정되어 있는 Check Box의 기능은 다음과 같다.

① Minus Check Box : 전송하는 String 앞에 "-."를 붙여서 전송한다.
저자가 minus Check Box를 추가한 목적은 데이터의 성격이 달라졌음을 나타내기 위하여 추가하였다. 예를 들면 DC Motor를 순방향으로 회전하다가 역방향으로 회전 시키고 싶을 때라든지, 하드웨어 운행 중 데이터의 타입 또는 모드를 one-Touch로 변경하고 싶을 때 사용할 수 있으리라 생각하였다.

② PortNo Check Box : 전송하는 String 앞에 "Port_x,"를 붙여서 전송한다. x는 클릭한 Button을 구분하는 숫자를 나타내며 1,2,3,4이다. 저자가 PortNo Check Box를 추가한 목적은 전송된 데이터를 방출한 것이 S-1, S-2, S-3, S-4중 어느 것인가를 구분하기 위해서였다.

③ Append Check Box : 하단의 TextView에 수신 값을 Append 한다.
Unchecked이면 앞에 수신한 데이터 값은 지워진다.
수신한 데이터를 TextView에 표현하는 방법을 변경하기 위한 Check Box이다. Checked되어 있으면 앞에서 수신한 데이터 뒤에 새로 수신한 데이터를 추가하여 데이터의 변화를 볼 수 있도록 작성하였다.

- 저자가 Check Box의 성격을 제시하였지만 결과적으로는 Ont-touch로 헤더로 앞에 "-." 혹은 "Port_x,"를 붙여서 전송하는 것뿐이다. 이것을 어떤 목적으로 사용하는가 하는 문제는 독자의 몫이다.
- Append Check Box도 사용자가 편리한쪽을 선택하여 데이터를 보면 된다. 그 이상의 어떤 의미도 가지고 있지 않다.

Raspberry Pi 3

부록 2

1 고정 IP 설정 방법

라즈비안 old version(데비안 7)에서는 /etc/network/interfaces 파일을 수정하여 고정 IP를 설정하였지만, jessies(데비안 8) 이후부터는 /etc/dhcpcd.conf file을 수정하여야 한다.

라즈베리파이 3는 Ethernet(Lan)과 Wifi를 모두 지원하기 때문에 2개의 IP를 가질 수 있다.

다음은 Terminal화면에서 “ifconfig” 명령을 수행한 결과이다.

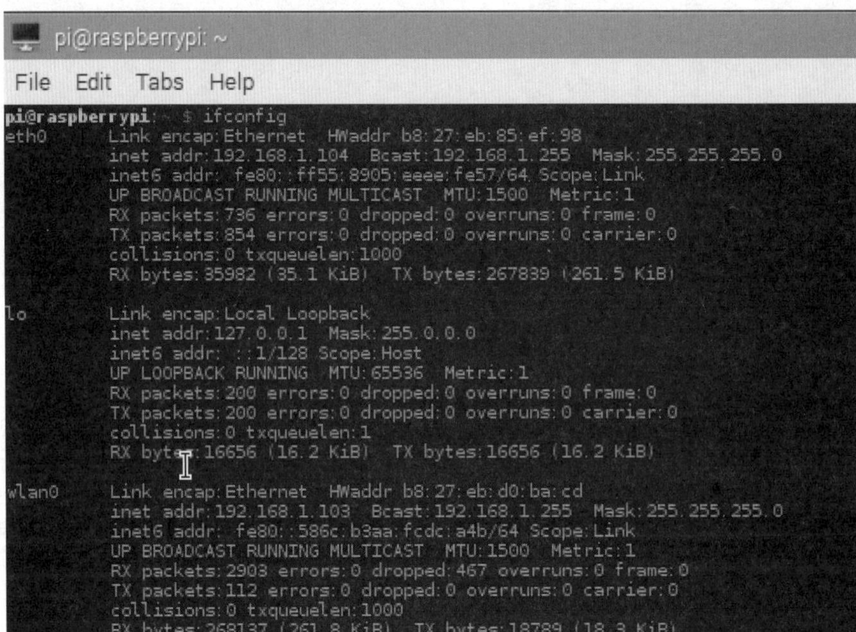

화면에서 eth0가 Ethernet을 나타내며, wlan0가 Wifi를 나타내고 있다.

따라서 Ethernet의 IP는 192.168.1.104이고, Wifi의 IP는 192.168.1.103 이다.

고정 IP를 사용하려면 TCPIP Network의 Gateway IP 값을 알아야 한다.

현재 저자가 사용하고 있는 TCPIP Network의 Gateway IP는 192.168.1.1로 설정되어 있다.

라즈베리파이의 Ethernet IP를 고정 IP 192.168.1.106으로 변경하고 Wifi IP를 고정 IP 192.168.1.105로 변경해보자.

여기서는 Ethernet(eth0)와 Wifi(wlan0)를 모두 바꾸지만, 독자들은 자신에게 필요한 것만 고정 IP로 설정하여도 문제가 되지 않는다.

1. Terminal 혹은 PUTTY화면에서 “sudo nano/etc/dhcpcd.conf” 명령을 실행하면 dhcpcd.conf file을 수정할 수 있다.

```
pi@raspberrypi:~ $ sudo nano /etc/dhcpcd.conf
```

```
  GNU nano 2.2.6             File: /etc/dhcpcd.conf

# A sample configuration for dhcpcd.
# See dhcpcd.conf(5) for details.

# Allow users of this group to interact with dhcpcd via the control socket.
#controlgroup wheel

# Inform the DHCP server of our hostname for DDNS
```

2. file의 맨위에 Ethernet과 Wifi의 고정 IP값을 다음과 같이 설정한다.

```
interface wlan0
static ip_address=192.168.1.105/24
static routers=192.168.1.1
interface eth0
static ip_address=192.168.1.106/24
static routers=192.168.1.1
```

```
  GNU nano 2.2.6             File: /etc/dhcpcd.conf                     Modified

interface wlan0
static ip_address=192.168.1.105/24
static routers=192.168.1.1
interface eth0
static ip_address=192.168.1.106/24
static routers=192.168.1.1

# A sample configuration for dhcpcd.
# See dhcpcd.conf(5) for details.

# Allow users of this group to interact with dhcpcd via the control socket.
#controlgroup wheel
```

- “/24”는 IP Mask의 bit 수를 나타낸다.(255.255.255.0)

3. CTRL-O를 입력하면 File이 저장된다.
4. CTRL-X로 editor를 종료한다.

5. "sudo reboot" 명령을 실행하여 reboot 하여야 한다.

```
pi@raspberrypi:~ $ sudo rebootsudo reboot
```

다음은 reboot한 이후 "ifconfig" 명령을 실행한 결과이다.

```
pi@raspberrypi:~ $ ifconfig
eth0      Link encap:Ethernet  HWaddr b8:27:eb:85:ef:98
          inet addr:192.168.1.106  Bcast:192.168.1.255  Mask:255.255.255.0
          inet6 addr: fe80::ff55:8905:eeee:fe57/64 Scope:Link
          UP BROADCAST RUNNING MULTICAST  MTU:1500  Metric:1
          RX packets:11 errors:0 dropped:0 overruns:0 frame:0
          TX packets:75 errors:0 dropped:0 overruns:0 carrier:0
          collisions:0 txqueuelen:1000
          RX bytes:784 (784.0 B)  TX bytes:15333 (14.9 KiB)

lo        Link encap:Local Loopback
          inet addr:127.0.0.1  Mask:255.0.0.0
          inet6 addr: ::1/128 Scope:Host
          UP LOOPBACK RUNNING  MTU:65536  Metric:1
          RX packets:332 errors:0 dropped:0 overruns:0 frame:0
          TX packets:332 errors:0 dropped:0 overruns:0 carrier:0
          collisions:0 txqueuelen:1
          RX bytes:27068 (26.4 KiB)  TX bytes:27068 (26.4 KiB)

wlan0     Link encap:Ethernet  HWaddr b8:27:eb:d0:ba:cd
          inet addr:192.168.1.105  Bcast:192.168.1.255  Mask:255.255.255.0
          inet6 addr: fe80::ba27:ebff:fed0:bacd/64 Scope:Link
          UP BROADCAST RUNNING MULTICAST  MTU:1500  Metric:1
          RX packets:152 errors:0 dropped:76 overruns:0 frame:0
          TX packets:30 errors:0 dropped:0 overruns:0 carrier:0
          collisions:0 txqueuelen:1000
          RX bytes:36881 (36.0 KiB)  TX bytes:6225 (6.0 KiB)
```

Wifi Address는 192.168.1.105, Ethernet Address는 192.168.1.106으로 변경되었음을 알 수 있다.

2 Key Board 설정 방법

라즈베리파이는 영국에서 개발된 제품이기 때문에 key-board 설정이 우리와 조금 다르다.

따라서 우리가 사용하고 있는 key-board를 사용하려면 key-board 설정을 우리에 맞게 변경하여야 한다.

1. Menu=〉Preference=〉Mouse and Keyboard Setting을 Click한다.

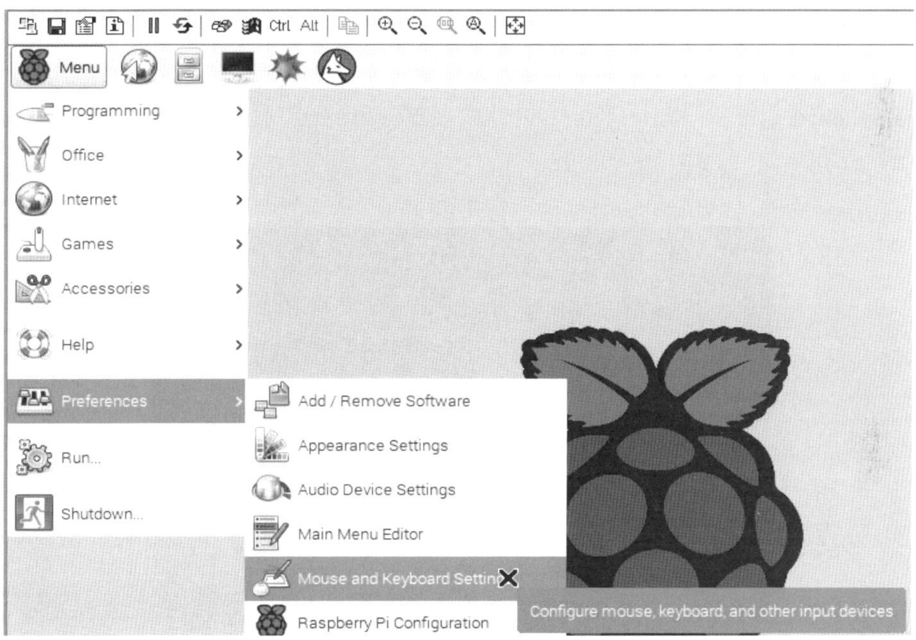

2. Keyboard Tap을 click한 다음 "Keyboard Layout"를 Click한다.

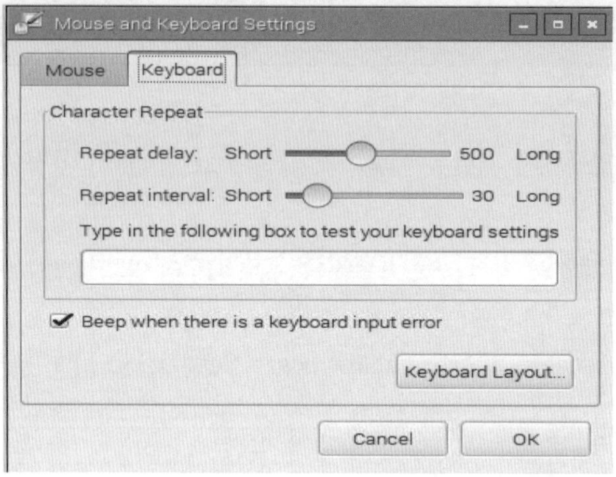

3. Keyboard 설정을 "Korea, Republic of" & Korean으로 설정한 다음 "OK"를 Click하면 Keyboard 설정을 할 수 있다.

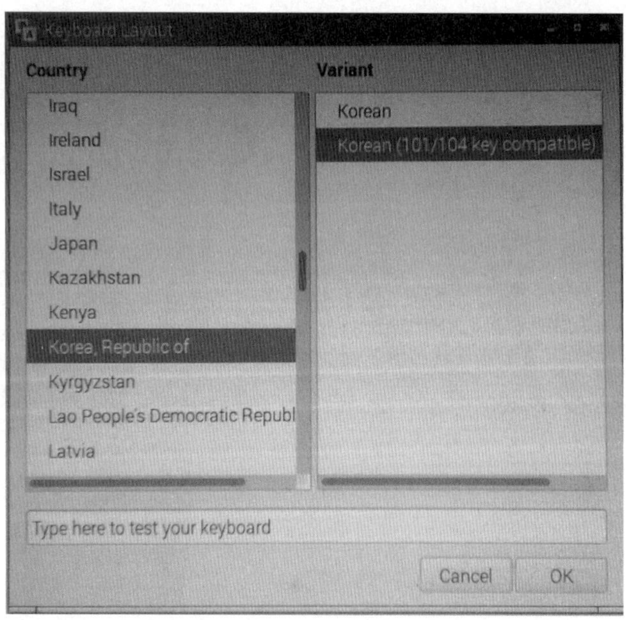

3 온라인 지원 및 제품 구매

※ 본 라즈베리파이 교재의 온라인 지원은
네이버카페 http://cafe.naver.com/avrstudio 를 통해서 지원합니다.

※ 교재에서 사용된 모든 부품과 키트는
JK EMC 온라인 쇼핑몰 http://www.deviceshop.net 에서 구매 가능합니다.

4 교재에서 사용된 제품 소개

■ 기본 실습 세트 (교재는 기본 포함입니다.)

라즈베리파이 교재

동일출판사

라즈베리파이3

교재 전체에서 사용

마이크로SD 32GB

라즈베리파이용 메모리

SD메모리 리더기

마이크로 SD 리더기

마이크로 USB케이블

전원공급 USB 케이블

USB충전 어댑터

전원공급 장치

HDMI 케이블

HDMI 모니터와 연결

RJ45 이더넷 케이블

PC or 인터넷 연결

브래드 보드, 케이블

부품들을 연결해서
실험 하는데 사용

5파이 LED 세트

Red, Yellow, Blue, White
각 4개씩

저항 세트

100, 410Ohm,
1K, 10K, 100K

6*6 푸시 버튼

Tact 스위치 4개

트랜지스터

PNP, NPN 각 2개

가변저항

10K 가변저항

점프 케이블

부품들을 연결해서
실험하는데 사용

온도감지 서미스터

7 Segment	5.0V 부저	CDS 조도센서	12*12 Tact 스위치
	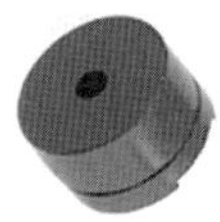		

적외선 수신 모듈	화염감지 센서	진동감지 센서	기울기 센서
	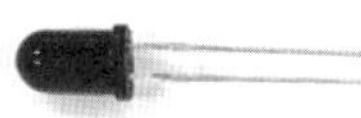		

■ 센서, ADC, 적외선, LCD, 카메라, 오디오, 모터 실습 세트

시리얼 LCD1602	DS1302 모듈	MCP3008 ADC	LM358
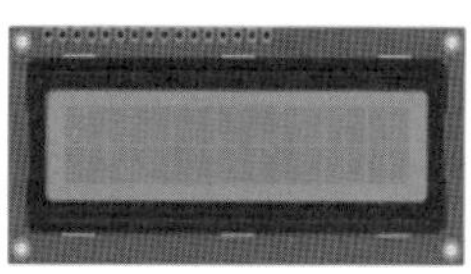	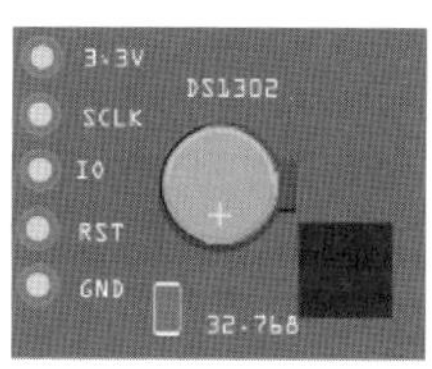	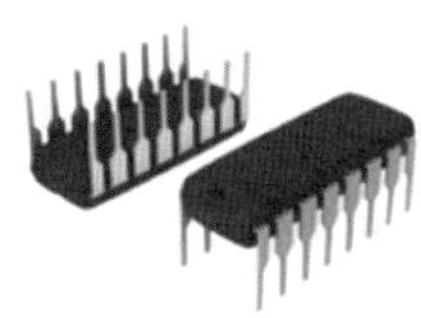	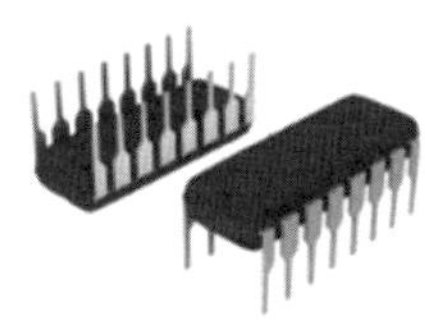
문자형 LCD 실습	RTC 실습	ADC 입력	Low Pass

HC-SR04	Buzzer 모듈	조도 센서 모듈	진동센서
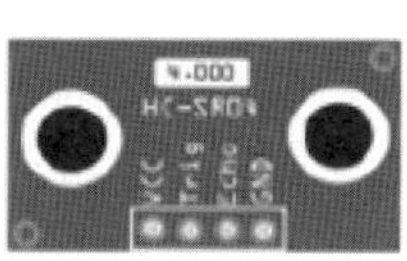	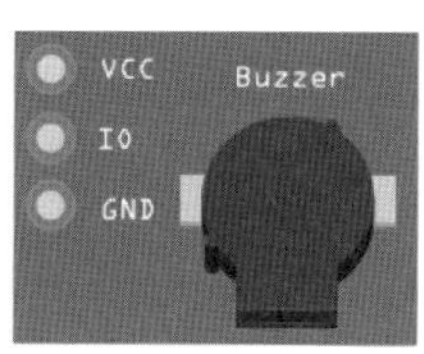		
초음파 센서	부저 실습	CDS 조도 센서	SW-18B20

동작감지 센서	근접 센서	DC to DC Converter
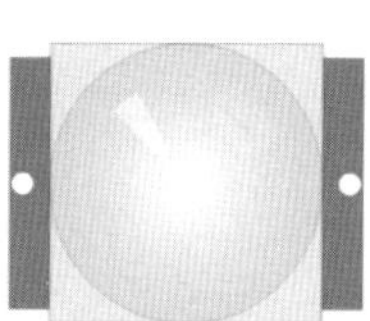	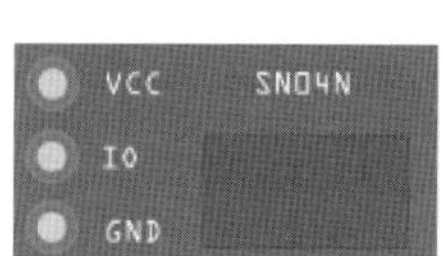	
동작 감지 센서	SN04-N	LM2587 DC-DC 변환 장치

모터제어 IC	다이오드	DC 모터	서보모터
	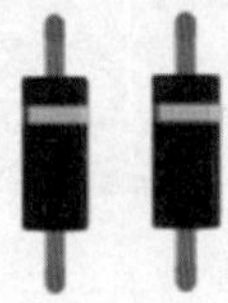		
L293B	1N4001	3.3V DC 모터	SG90

적외선 송신	적외선 수신	적외선 송신	EEPROM 모듈
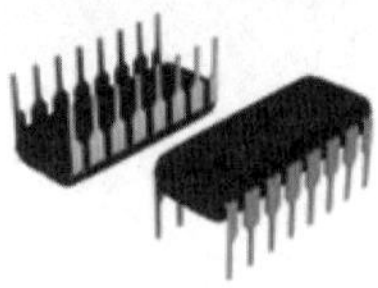			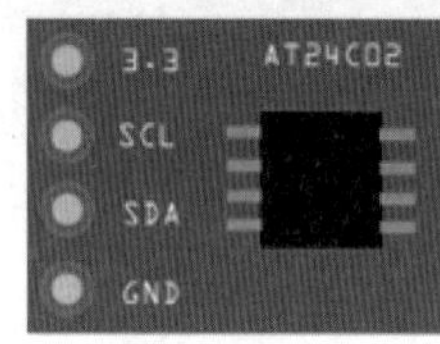
NE555	적외선 수신기	적외선 송신기	AT2C02

ERPROM 모듈	스테핑 모터	DIP 스위치	마이크

AT24C02	2상 모터	2핀	USB 마이크

전용 카메라	93C46		

Pi Camera	EEPROM Test		

라즈베리파이 3을 이용한
사물인터넷 기초부터 실무까지

발　　행 / 2022년 1월 28일

저　　자 / 김경희, 김장욱, 김경연

펴 낸 이 / 정 창 희

펴 낸 곳 / 동일출판사

주　　소 / 서울시 강서구 곰달래로31길7 (2층)

전　　화 / (02) 2608-8250

팩　　스 / (02) 2608-8265

등록번호 / 제109-90-92166호

ISBN 978-89-381-1054-1 93000

값 / 20,000원